O MÉTODO SWITCH

ELAINE
FOX

O MÉTODO SWITCH

A arte de adaptar-se e dominar as mudanças com flexibilidade mental

Tradução
Carolina Simmer

1ª edição

Rio de Janeiro | 2023

TÍTULO ORIGINAL
Switchcraft: Harnessing The Power of Mental Agility to Transform your Life

TRADUÇÃO
Carolina Simmer

CIP-BRASIL. CATALOGAÇÃO NA PUBLICAÇÃO
SINDICATO NACIONAL DOS EDITORES DE LIVROS, RJ

F863m Fox, Elaine
O método Switch : a arte de adaptar-se e dominar as mudanças com flexibilidade mental / Elaine Fox ; tradução Carolina Simmer. – 1. ed. – Rio de Janeiro : BestSeller, 2023.

Tradução de: Switch : harnessing the power of mental agility to transform your life
ISBN 978-65-5712-262-4

1. Adaptabilidade (Psicologia). 2. Mudança (Psicologia). 3. Técnicas de autoajuda. I. Simmer, Carolina. II. Título.

23-82587 CDD: 155.24
CDU: 159.923.3

Meri Gleice Rodrigues de Souza – Bibliotecária – CRB-7/6439

Texto revisado segundo o novo Acordo Ortográfico da Língua Portuguesa.

Direitos exclusivos de publicação em língua portuguesa para o Brasil adquiridos pela
Editora Best Seller Ltda.
Rua Argentina, 171, parte, São Cristóvão
Rio de Janeiro, RJ — 20921-380
que se reserva a propriedade literária desta tradução.

Impresso no Brasil

ISBN 978-65-5712-262-4

Seja um leitor preferencial Record.
Cadastre-se e receba informações sobre nossos lançamentos e nossas promoções.

Atendimento e venda direta ao leitor:
sac@record.com.br

SUMÁRIO

O SEGUNDO PILAR DO MÉTODO SWITCH
AUTOCONHECIMENTO

O TERCEIRO PILAR DO MÉTODO SWITCH
PERCEPÇÃO DAS EMOÇÕES

O QUARTO PILAR DO MÉTODO SWITCH
PERCEPÇÃO DAS SITUAÇÕES

"O apego ao passado é o problema. Aceitar a mudança é a resposta."

Gloria Steinem

"Liberdade e felicidade são encontradas na flexibilidade e na tranquilidade com as quais encaramos as mudanças."

Sidarta Gautama

INTRODUÇÃO

Deitada na cama, eu chorava incontrolavelmente.

Era raro eu chorar, mas estava desestabilizada com a enormidade do erro que havia cometido. Eu tinha 17 anos e, semanas antes, havia decidido não me inscrever no processo para ingressar em alguma faculdade. Em vez disso, meu plano era arrumar um estágio em contabilidade e juntar dinheiro suficiente para viajar pelo mundo. Entretanto, após várias semanas trabalhando em uma empresa local, sabia que havia tomado a decisão errada. A sensação era de que eu tinha destruído meu futuro.

No escritório, as pessoas eram muito simpáticas, mas eu achava o ambiente sério demais, e o trabalho estava destroçando minha alma. Todos os dias, eu ficava encarando a janela, contando os minutos até às cinco da tarde, para sair dali. Eu sabia que contabilidade não era a carreira ideal para mim, mas, por ter vindo de uma família humilde, porém encorajadora, da classe operária de Dublin, sempre senti que minhas opções eram extremamente limitadas. A educação poderia ter sido minha única escapatória, porém eu só tinha percebido isso quando já era tarde demais, e o prazo para as inscrições das universidades terminava no dia seguinte, ao meio-dia. O Setor Central de Inscrições, que processava as inscrições de todas as faculdades nacionais, ficava em Galway, do outro lado do país, e a data para envio da documentação por correio já tinha passado há muito tempo.

Enterrei a cabeça de volta no travesseiro, até que uma batida leve na porta me distraiu do meu sofrimento. Meus pais nunca tinham me visto tão triste quanto quando contei que tinha perdido minha oportunidade.

— Bom, na verdade, você não perdeu — disse minha mãe.

Fiquei chocada quando ela sugeriu que pegássemos um trem noturno para Galway, dormíssemos lá e entregássemos a documentação pessoalmente na manhã seguinte. Era muito estranho ver minha mãe sendo tão otimista, porque ela costumava se concentrar apenas nos problemas em vez de pensar nas soluções, porém minha tristeza pareceu lhe dar um impulso para entrar em ação. Quando dei por mim, meu pai havia nos levado de carro até a estação Heuston, do outro lado de Dublin, e eu estava sentada no trem para Galway, preenchendo meu formulário de inscrição. Eu e minha mãe nos hospedamos em uma pousada minúscula e jantamos peixe com fritas em um restaurante agitado com vista para o mar. Ainda tenho memórias vívidas da felicidade que senti na manhã seguinte, quando encontramos o Setor de Inscrições e entregamos meu envelope fechado.

Seis meses depois, após muito estudo para garantir notas boas o suficiente, uma carta chegou, me oferecendo uma vaga no programa de ciências da University College Dublin. E assim eu comecei uma jornada incrível pelo mundo acadêmico, que dura até hoje. Quando olho para trás, para os quarenta anos desde que me formei no ensino médio, é fantástico refletir sobre as muitas reviravoltas que aconteceram ao longo da jornada. Tive muitos altos e também muitos baixos. Todas as transições exigiram vários ajustes que me obrigaram a mudar como pessoa — tanto interna como externamente — para conseguir enfrentar as situações e me adaptar. Por exemplo, na época em que era uma adolescente tímida, raramente me posicionava como o foco das atenções e tinha pavor de me apresentar diante de grandes grupos. Precisei me esforçar muito para superar o medo de falar em público e me tornar professora universitária, comunicadora de ciências e coach para vários empresários e atletas de elite, a fim de ajudá--los a alcançar todo o potencial. Não tenho dúvida de que meu interesse em estudar a psicologia da adaptação e da resiliência, uma paixão que me acompanhou ao longo da vida, foi forjada por essas experiências iniciais. E, é claro, hoje entendo que, mesmo que eu tivesse perdido o prazo para a inscrição nas faculdades, haveria alguma outra solução, ou eu poderia ter seguido rumos completamente diferentes. No geral, a vida se trata de permanecermos abertos para novas possibilidades e de enxergarmos caminhos para superar obstáculos e derrotas.

Como navegar pelo seu futuro

Na vida, sempre precisamos fazer escolhas, e elas raramente são "certas" ou "erradas". Não importa a situação em que você se encontre, quase sempre é difícil decidir qual é a melhor opção. Essa incerteza natural faz parte da vida. Mesmo quando você olha para trás, é impossível ter certeza de que de fato tomou a decisão certa. Talvez você se sinta feliz por ter decidido se casar com seu cônjuge, por exemplo, porque tem filhos ótimos e uma vida feliz. Contudo, se você tivesse se casado com uma pessoa diferente, é possível que tivesse filhos igualmente ótimos e uma vida ainda melhor. Não dá para saber. E isso pode ser libertador.

Seja em relação à carreira, seja em relação a decisões pessoais, há muitos caminhos a serem tomados e raramente uma resposta "correta", mesmo quando olhamos para trás. É algo bem diferente de uma prova da escola ou da faculdade, por exemplo, em que existem respostas certas e erradas e a capacidade de identificar qual é qual é a medida do seu sucesso. Problemas rotineiros são diferentes; as respostas "erradas" podem existir, mas é bem provável que também existam várias soluções "certas".

A incerteza é a única certeza. É crucial aceitar e se adaptar a essa verdade. O mundo pode parecer um lugar incerto, e é mesmo. A menos que aprendamos a viver sem garantia de nada, é muito fácil nos sentir atordoados. O que minha pesquisa nas áreas de psicologia e neurociência me ensinou foi que se acostumar com a incerteza inerente ao mundo é essencial para o sucesso: as pessoas que prosperam são aquelas com a capacidade de aceitar e se adaptar a constantes mudanças e incertezas.

A boa notícia é que podemos aprimorar nossa capacidade de adaptação. Isso é algo que requer prática, e precisamos nos obrigar a sair da nossa zona de conforto com frequência. Eu consegui superar minha relutância em falar em público e, com o tempo, me adaptei às exigências que acompanhavam meu trabalho como psicóloga acadêmica.

Dominar as vantagens de uma mente ágil — um comportamento que chamo de switch,* a arte da adaptação — pode ser transformador. É importante lembrar que somos nós que administramos nosso bem-estar, em vez de vítimas passivas das mudanças, então devemos policiar ativamente a maneira como encaramos a vida. O método switch está relacionado àquelas habilidades naturais necessárias para navegar por um mundo complexo e imprevisível. Vejo o tempo todo como o desenvolvimento de uma mente ágil — da capacidade de sermos flexíveis com nossos pensamentos, sentimentos e atos — pode transformar nossa vida e estimular nossa resiliência. Neste livro, reúno o conhecimento que adquiri em décadas de trabalho, revelando os talentos mentais de que precisamos para nos ajudar a prosperar em momentos de incerteza e também nos mais tranquilos. Você vai aprender a encontrar formas de se tornar mais ágil, a descobrir o que realmente é importante na sua vida, a compreender melhor suas emoções e, por fim, a manter sua satisfação, sua curiosidade e seu entusiasmo para o restante da vida.

Uma mente flexível nos ajuda a prosperar em meio à mudança. O primeiro passo na sua jornada do método switch é aceitar que a mudança

---

* Método *Switchcraft*, no original. A tradução do termo *switchcraft* se aproxima da ideia de adaptação, transformação. A fim de preservar o sentido original e simultaneamente tornar o termo mais amigável para o leitor brasileiro, a editora optou por utilizar uma abreviação do termo: *switch*.

e a incerteza são ambas partes inevitáveis da vida. Nossa vida vai mudar, muitas vezes, em certos casos para melhor e em outros para pior. É a forma como lidamos com essas mudanças que molda nossa felicidade no presente e no futuro. Se você tiver relutância em mudar, ou sentir medo de tentar coisas novas, precisa exercitar essa questão — confie em mim, isso vai transformar sua vida.

A agilidade está em nosso DNA e nos ajuda a ser resilientes. A boa notícia é que a natureza nos deu todas as ferramentas de que precisamos para sermos ágeis. Nós podemos até achar que vivemos em uma era muito instável, porém a maior parte da história humana foi caracterizada por reviravoltas e incertezas imensas. As pessoas sempre tiveram que enfrentar guerras, crises de fome, enchentes, terremotos, revoluções políticas e pandemias. É por isso que somos intrinsecamente mais ágeis e resilientes do que imaginamos.

O segredo da resiliência é a nossa capacidade de sermos rápidos e adaptativos na forma como nos ajustamos a desafios e mudanças. Nossos ancestrais, juntamente com outras criaturas no planeta Terra, sempre tiveram que enfrentar um mundo em constante mudança. Conforme envelhecemos, é comum perder essa fluidez e criarmos hábitos aos quais nos apegamos, porém essa agilidade inata ainda pode ser usada em momentos de crise ou quando tentamos nos abrir para novas formas de nos comportar.

Nosso cérebro evoluiu para funcionar como uma "máquina de predizer o futuro". Pense em como é incômodo quando falta uma na frase em que estamos lendo. Por quê? Porque o cérebro prevê que uma "palavra" deveria estar presente, e sua ausência causa surpresa ou, como é registrado no cérebro, um "erro de predição". Apesar de sentirmos que podemos reagir aos acontecimentos que nos rodeiam, o que ocorre de verdade é que o cérebro constrói as probabilidades do que vai acontecer agora com base nas vastas experiências que registrou sobre o que aconteceu antes. As pesquisas científicas mais recentes dizem que todo momento consciente é dominado pela previsão de quais ações precisamos pôr em prática a seguir. Como resultado, o cérebro envia um aviso discreto sobre o que provavelmente vai acontecer a cada momento, e isso nos ajuda a interpretar nossos arredores, assim como os sinais transmitidos pelo próprio corpo. É um processo contínuo, que dá a cada um de nós a fantástica capacidade de adaptação e reação, mas precisamos saber como dominá-la. Cada previsão informa o corpo sobre os recursos necessários, e o corpo, por sua vez, elegantemente reparte suas reservas com a finalidade de garantir que estejamos prontos para qualquer ação.

As emoções estão no âmago da agilidade mental. Apesar de essas previsões costumarem acontecer de forma inconsciente, podemos acessá-las por meio de algo que professores de mindfulness chamam de "impressões sensoriais". Uma descoberta surpreendente nos estudos das emoções é que elas não têm sensações específicas. Em vez disso, nós temos uma sensação geral de prazer ou desprazer — uma impressão sensorial —, e isso nos informa sobre o que está acontecendo no ambiente ao redor antes de o cérebro consciente conseguir se situar. Impressões sensoriais são um pequeno vislumbre da nossa vida emocional e agem como um indicador contínuo da sensação que qualquer ação nos transmite, seja ela neutra, seja ela agradável, seja ela desagradável. É a impressão sensorial que nos transmite urgência sobre qualquer ação e pensamento possíveis. No barulhento mundo moderno, é comum ignorarmos os sinais emitidos por nosso corpo e deixarmos de captar a sabedoria que esses sentimentos carregam. É por isso que desenvolver a consciência emocional e a intuição é tão importante. Elas facilitam o acesso ao sistema de agilidade que vai nos ajudar a encarar todas as complexidades da vida diária.

Paradoxalmente, nossos processos biológicos da agilidade podem tornar nossos comportamentos mais inflexíveis. Isso mesmo: esse sistema preditivo e ágil é também o que nos torna *relutantes* a mudar. Apesar de permitir nossa rápida adaptação, ele também exige muita energia. Muitas das ações que prevemos nunca chegam de fato a acontecer, e isso pode ser cansativo.

O cérebro cansado acaba sendo tomado por preocupações e pensamentos. Em uma reviravolta irônica, a impressão sensorial desagradável resultante disso nos enche de negatividade, e é nesse momento que um crítico interior encontra formas cada vez mais criativas de nos dizer que estamos fracassando, que não somos bons o suficiente. Um vórtice de negatividade se forma, nos mantendo mais e mais engessados em nossos hábitos, conforme o cérebro tenta preservar energia e manter velhos costumes sempre que possível.

É por isso que a maioria de nós não gosta nem um pouco de mudanças. Eu apostaria que você frequentemente resiste a qualquer alteração nas suas formas já enraizadas de fazer e pensar nas coisas. Contudo, se você ignorar as mudanças e ficar teimosamente tentando manter as coisas do mesmo jeito, é inevitável que, aos poucos, sua energia e sua vitalidade sejam sugadas.

Para permanecermos ágeis e resilientes, precisamos de prática constante.

Uma mente inflexível gera ansiedade e depressão. Nas minhas décadas de pesquisa sobre psicologia e neurociência, e nos meus trabalhos como coach de inúmeros empresários e atletas de elite, percebi algo simples e extraordinário: uma mente ágil melhora drasticamente as chances de sucesso e de felicidade. Oposto, no entanto, também é verdade: uma mente inflexível estimula a ansiedade e o estresse e nos gera um "apego" que pode afundar nossa vida.

A semente dessa compreensão foi plantada no começo da minha carreira, em um minúsculo cubículo de ensaios, em que eu obsessivamente media as decisões que o cérebro toma em um microssegundo. Sempre fui fascinada pela maneira como nossa atenção é capturada por informações negativas. Uma aranha na parede, um inseto que corre pelo chão, a notícia chocante que foi anunciada no rádio — tudo isso prende nossa atenção. Estar alerta ao perigo é um resquício do passado, e só podemos imaginar como a vida dos nossos ancestrais era precária. Nós tendemos a focar em ameaças aparentes — mas, para os ansiosos, a situação é bem pior.

Há anos, cientistas tentam entender o que acontece no cérebro, especialmente no cérebro ansioso, ao se deparar com uma ameaça. Na época em que entrei na área, o pensamento vigente era que nós temos um sistema de detecção de ameaças no fundo do cérebro, que passa o tempo todo procurando por perigo. No caso de algumas pessoas, a ansiedade faz com que esse sistema entre no modo hipervigilante e em alerta total, mesmo quando estão seguras. Acreditava-se que essa fosse a essência da ansiedade e que estamos constantemente analisando nossos arredores em busca de perigos em potencial. Muitas evidências se encaixam bem com essa conclusão.

Eu nunca me convenci de que a teoria do "alerta total" contava a história toda. Em alguns dos meus estudos, notei que o problema principal de pessoas ansiosas não era *buscar* ameaças, mas ter dificuldade em *remover* o foco do problema depois de detectá-lo. A dificuldade em desviar a atenção da ameaça é muito diferente de uma capacidade maior de encontrá-la.

Aquilo que eu chamo de sistema de atenção "apegado" pode levar a uma mente rígida. É como o que acontece quando você nota uma aranha e não consegue parar de encará-la para ver o que ela está fazendo. O mesmo vale para nossos atos, nossas emoções e nossos pensamentos mais íntimos. Quando temos um pensamento aflitivo, costuma ser difícil tirá-lo da cabeça. Esse apego mental flui pelo cérebro, levando à preocupação repetitiva e à ruminação que nos mantêm presos, destruindo nosso bem-estar e minando nossa capacidade de aproveitar oportunidades.

A autoajuda nem sempre ajuda. No mundo desenvolvido, temos abrigo, comida e uma variedade impressionante de ferramentas para facilitar a vida. E mais: décadas de trabalho em laboratórios de psicologia por todo o mundo renderam vários métodos eficientes que nos ajudam a prosperar e a alcançar nosso potencial. Mesmo assim, muitos se arrastam pela rotina diária em vez de aproveitar a vida. Quando ofereço workshops para empresários bem-sucedidos, a maioria admite que não é tão feliz nem se sente tão realizada quanto gostaria. O que deu errado?

Inúmeras abordagens de autoajuda alegam ter a resposta. É importante permanecer atento, nos dizem, e aproveitar o momento presente. Às vezes, somos aconselhados a nunca pararmos de seguir em frente, a sermos destemidos, independentemente do que aconteça. Outros afirmam que adotar uma "mentalidade de crescimento" é a resposta. Essas recomendações têm respaldo científico de verdade, e milhões de pessoas melhoraram a própria vida com tais técnicas. No entanto, nesses casos, a complexidade da ciência costuma ser simplificada demais. A verdade é que não existe uma solução única para lidarmos com a vida. Ordenar a si mesmo para ser atento, ou destemido, para abandonar uma mentalidade antiga ou cultivar a positividade pode ser o equivalente a dizer a um jogador de golfe que ele só deve treinar o *putting* ou *drives* longos — ou seja, é ineficaz tentar apenas uma única abordagem; a compatibilidade entre a sua situação e a ferramenta que você usa acaba se perdendo no contexto. Não faz muito sentido mudar de tática quando o destemor é necessário, assim como a perseverança se torna inútil quando uma mudança se mostra essencial.

O fator mais importante para determinar felicidade e sucesso, na minha opinião, é saber como e quando mudar a abordagem. Há muitas evidências de que precisamos de uma série de abordagens para lidar com os desafios da vida. Só variedade, porém, não basta; também precisamos de agilidade para escolher qual é a opção correta para o momento certo. Essa é a essência do método switch.

O poder do método switch

Como o mundo é incerto e complexo, precisamos de muitos tipos diferentes de habilidade para lidar com ele. Voltando à analogia do golfe, é por isso que são necessários vários tacos diferentes para lidar com os desafios apresentados pelos 18 buracos do campo. Apesar de eu não jogar, sempre considerei o golfe uma metáfora perfeita para a vida. Ele é salpicado de problemas — você pode acabar dentro de um buraco, na água, ou até em uma floresta cheia de cobras. Não importa onde sua bola vai aterrissar, é preciso dar um jeito de resolver a situação e chegar até o último buraco. E o projeto topográfico e de obstáculos dos campos deve ser muito criativo, levando a inúmeras possibilidades. A vida é parecida. Encontrar a abordagem certa para cada momento é fundamental. Aprender várias formas de lidar com desafios e cultivar a agilidade para conseguir escolher a abordagem certa para o momento certo é a essência da prosperidade.

Ao desenvolver uma mentalidade ágil, você terá mais facilidade para lidar com mudanças e tomar decisões melhores sobre como enfrentar qualquer desafio ou decisão.

Eu sou psicóloga cognitiva e neurocientista afetiva. Estudo a ciência das circunstâncias que nos fazem prosperar no Oxford Centre for Emotion and Affective Science (OCEAN) [Centro da Ciência Emocional e Afetiva de Oxford] — um laboratório que fundei e administro na Universidade de Oxford. Nós levamos em consideração a expressão genética das pessoas, bem como a forma como seu cérebro funciona e o que nos diz que é importante enquanto tentamos aprofundar nosso conhecimento sobre resiliência e prosperidade. Também sou cofundadora de uma empresa — a Oxford Elite Performance —, juntamente com meu marido, Kevin Dutton, que também é psicólogo, para aplicar conceitos de ponta da psicologia e da neurociência a fim de ajudar atletas, empresários e militares no auge da carreira a alcançar o potencial máximo. Depois de já ter ensinado muitas pessoas a melhorar a performance nos esportes e no mundo dos negócios, testemunhei as vantagens de desenvolver a rapidez do pensamento em inúmeras ocasiões. E isso complementou minhas descobertas no laboratório. Uso o termo "switch" para ilustrar esse talento psicológico essencial, e mais evidências de sua eficácia são descobertas a cada instante.

Os quatro pilares do método switch

O método tem quatro pilares; cada um é importante individualmente, mas quando colocados em prática juntos, têm um impacto ainda maior. Esses pilares vão ajudar você a enfrentar tudo que a vida colocar no seu caminho.

- **Agilidade mental:** é a capacidade de ser ágil e sagaz na forma como você *raciocina*, *age* e *sente*, para que consiga percorrer todos os tipos de caminho, tanto os esburacados quanto os planos, e se adaptar bem à mudança de circunstâncias. A ciência mostra que a rapidez é composta por quatro elementos distintos — que eu chamo de ABCD da agilidade: Adaptação, Balancear nossa vida, Converter ou desafiar nossa perspectiva e Desenvolver nossa competência mental.
- **Autoconhecimento:** é a capacidade de olhar para dentro de si mesmo, com o objetivo de entender e apreciar profundamente seus valores e suas capacidades. Isso vai ajudar você a se tornar mais ciente dos seus sonhos e das suas esperanças e habilidades.
- **Percepção das emoções:** faz parte do autoconhecimento, mas é tão importante em nossa vida que se torna um pilar por conta própria. Aprender a aceitar e acalentar *todas* as suas emoções — tanto as boas quanto as ruins — é vital. Assim como a capacidade de regular suas emoções e dominá-las em prol dos seus valores e objetivos em vez de deixá-las controlar sua vida.
- **Percepção das situações:** este pilar depende de outros dois, o autoconhecimento e a percepção das emoções, mas também incorpora a capacidade de compreender seus arredores — olhar *para fora* —, para que você desenvolva uma consciência automática e profunda do contexto, assim como a própria "intuição". A mistura dessa percepção interior e exterior informa você sobre como se comportar em determinado ambiente.

O método switch é como uma bússola que aponta para a direção certa enquanto você caminha pela vida. Ele pode ser aprendido e aperfeiçoado ao longo do tempo. Seja para lidar com um chefe difícil, comandar uma equipe complexa, cuidar de crianças hiperativas, chegar a um consenso em uma discussão com um amigo, seja para aumentar a energia, sua bússola interna ajuda você a escolher a estratégia certa para o momento. Se essa bússola estiver minimamente desregulada, você pode acabar se desviando muito do caminho ideal. O método switch junta quatro talentos psicológicos vitais e forma uma arma mental poderosa, que vai ajudar você tanto a decidir se é melhor permanecer firme ou trocar de abordagem como a acertar mais ao tomar essa decisão. Por fim, ela vai conduzir você a sempre dar o melhor de si mesmo.

Espero que este livro traga a inspiração do mundo da psicologia e da neurociência para ajudar você a enfrentar os desafios inevitáveis que a vida apresenta. Baseado nas pesquisas científicas mais recentes, o método switch apresenta um modelo prático de como você pode estimular os talentos mentais necessários para ter uma vida bem-sucedida, satisfatória e resiliente. Você vai aprender a identificar os pensamentos e comportamentos que o mantém preso ao passado. Vai aprender a importância de cultivar uma mente mais aberta, a fazer ajustes e mudanças para se tornar mais ágil. Você vai aprender a aceitar mais a incerteza; apenas afrouxando as correntes que o estão prendendo, livrando-se dos padrões invisíveis de pensamentos e comportamentos que alimentam o medo e a ansiedade, você vai estar livre para encontrar um futuro mais agradável e recompensador.

Como usar este livro

Sugiro que você crie o hábito de escrever em um diário todos os dias. Há muitos exercícios e testes ao longo do livro que vão ajudar você a se tornar mais flexível, a aprender mais sobre si mesmo, a controlar suas emoções, a desenvolver o poder da intuição e a se preparar mentalmente para qualquer eventualidade. Muitas pessoas consideram extremamente útil cultivar este hábito de realizar esses exercícios e escrever pensamentos. Particularmente, gosto de usar um caderno A4, mas você pode escrever seu diário em um dispositivo eletrônico, se preferir. De toda forma, o diário vai ajudar você a acompanhar em que pé estão as coisas, e o simples ato de escrever alguns pensamentos e realizar exercícios pode ser transformador.

O livro foi organizado em cinco partes principais. Começamos com os fundamentos básicos que explicam por que o método switch é importante, observando a realidade das mudanças em nossa vida rotineira e a importância de encontrar mecanismos para lidar com a incerteza e a preocupação que acompanham mudanças. Vamos explorar os conceitos científicos fascinantes que mostram como a flexibilidade é uma parte essencial da natureza, e, por fim, veremos por que a agilidade é essencial para cultivarmos a resiliência.

Então analisaremos cada um dos pilares do método. No Pilar 1 (Agilidade mental), vamos explorar as vantagens de ser ágil; examinaremos o funcionamento da agilidade no cérebro, a partir de uma área de pesquisas na psicologia chamada de "flexibilidade cognitiva"; e, por fim, vamos explorar os quatro elementos essenciais — o ABCD — da agilidade. No Pilar 2 (Autoconhecimento), descobriremos por que é tão importante prestar mais atenção ao que o corpo diz e vamos mergulhar nas formas de descobrir quem você é de verdade e o que realmente importa na sua vida. O Pilar 3 (Percepção das emoções) explora a natureza das emoções e como podemos compreendê-las e controlá-las de forma mais eficiente. O último bloco do método switch, o Pilar 4 (Percepção das situações), examina a natureza da nossa consciência intuitiva sobre o mundo, e então veremos como a exposição a muitas experiências de vida diferentes pode impulsionar nossa intuição e nossa compreensão sobre o mundo exterior.

No fim, reúno alguns dos princípios fundamentais do método switch que foram apresentados ao longo do livro. Espero que essas habilidades adaptativas ajudem você a prosperar e a cuidar do seu bem-estar, especialmente em uma era de constantes mudanças e incertezas.

Aproveite a jornada!

OS FUNDAMENTOS

POR QUE O MÉTODO SWITCH FAZ DIFERENÇA

CAPÍTULO 1

ACEITE A MUDANÇA E SE ADAPTE

Geralmente é um breu. E ensurdecedor. O thup-thup-thup das hélices no céu noturno abafa o zunido esporádico dos mísseis que passam. Balançando de um lado para outro, as mulheres e os homens apinhados no espaço minúsculo nos fundos não têm como saber a qual distância o helicóptero se encontra do chão ou ainda se falta muito para chegar ao destino. "Dois minutos", avisam. Todos os membros da equipe então se perdem em um mundo particular de verificar e verificar mais uma vez. "Mochila presa", verificado; "lanterna de cabeça posicionada e desligada", verificado; "gandola fechada", verificado; "capacete preso", verificado. À medida que o helicóptero se aproxima do solo, uma porta lateral se abre. O comando "Vai, vai, vai" sinaliza a saída de cada membro da equipe enquanto saltam do helicóptero em movimento, um por um, a pouco mais de um metro do chão.

Segundos depois, a aeronave vai embora, para não alertar ninguém sobre a posição da equipe, que corre pela escuridão com o propósito de encontrar feridos. A primeira coisa que atinge você é o calor, depois o fedor. E o cheiro de carne queimada é algo impossível de esquecer.

O coronel Pete Mahoney comanda a Equipe de Atendimento de Emergências Médicas (MERT, na sigla em inglês) do Exército britânico.

O trabalho é feito em grupos pequenos, sob as condições mais difíceis, com o transporte geralmente ocorrendo em um helicóptero em total escuridão. É preciso manter as luzes apagadas para não chamar atenção do inimigo. Deixadas rapidamente em campos de guerra para tratar os feridos, é comum que as equipes se deparem com tiroteios intensos enquanto tentam chegar às vítimas. Esses grupos costumam ser compostos por cinco ou seis pessoas, entre elas, cirurgiões de trauma, anestesistas, enfermeiros e paramédicos, e pelo menos dois soldados comuns com a tarefa de proteger a equipe médica.

O coronel Pete, que é consultor médico, geralmente é o oficial de maior patente na equipe e fica no comando. Contudo membros diferentes do grupo podem assumir o controle da operação em momentos específicos, dependendo da situação. Na saída do helicóptero, são os soldados que tomam a frente. Quando a equipe encontra algum ferido, um membro da equipe médica assume o controle e começa uma avaliação sistemática dos ferimentos — no entanto, a unidade de segurança pode voltar ao comando a qualquer instante e ordenar que a equipe saia da área caso a situação seja considerada perigosa demais. Depois que as vítimas são classificadas por ordem de prioridade, o anestesista é quem decide quem pode ser sedado e transportado até o helicóptero e quem precisa ser tratado no local. Tudo isso acontece em um campo de batalha ativo, frequentemente sob intenso tiroteio. São situações dinâmicas que podem mudar em questão de segundos.

Pacientes em situação menos crítica recebem atendimento em uma ordem específica, geralmente no local, e alguém da equipe de enfermagem assume a responsabilidade pelo trabalho. A decisão sobre como e quando levar os feridos de volta para a segurança do helicóptero é tomada pelos soldados, e, nesse momento, é o piloto quem comanda a situação, decidindo se é seguro retornar e aterrissar no ponto indicado pela equipe em terra. Então, ao voltarem para a aeronave com as vítimas mais graves, é preciso decidir se devem começar uma cirurgia imediatamente, na escuridão quase total de um helicóptero que balança, ou se é melhor esperar até chegar ao hospital de campanha. Essa decisão é tomada pelo coronel Pete, em conjunto com outro oficial médico.

É difícil entender a agilidade de pensamento que essas condições de trabalho exigem. É comum que o coronel Pete tenha que receber ordens de um membro da equipe com patente muito inferior à dele. Essa situação é extremamente rara no Exército, mas o sistema otimiza a capacidade da equipe de realizar a missão. Ele exige que todos os membros cooperem com agilidade, e é extremamente eficaz.

Apesar de as condições da MERT serem, é lógico, excepcionais, elas refletem uma versão extrema das constantes mudanças e adaptações que ocorrem no nosso dia a dia. A qualquer instante, nosso trem pode atrasar, a internet pode parar de funcionar, nosso filho pode ter febre. Podemos perder o emprego e sermos obrigados a buscar uma recolocação, um parceiro pode dizer que não nos ama mais, um pai ou uma mãe pode falecer. Quanto mais cedo aceitarmos que mudanças acontecem, mais cedo começaremos a seguir pelo caminho da prosperidade.

Ao nosso redor, mudanças políticas e sociais parecem estar acontecendo tão rápido que mal conseguimos acompanhar. O mundo encarou com desconfiança as excentricidades da presidência de Donald Trump, as consequências do Brexit implicaram grandes incertezas na Europa e fomos tomados pelo medo e pela insegurança conforme o surto de coronavírus se transformou em uma pandemia. É difícil imaginar que o iPhone foi lançado apenas em 2007; hoje, os smartphones são responsáveis pela criação de uma quantidade imensa de empresas, como Uber, Tinder, Airbnb, TikTok e Instagram, e de muitos outros segmentos que não existiriam sem eles. A pandemia, enquanto isso, impulsionou o desenvolvimento do Zoom e de outros mecanismos de videoconferências que antes faziam parte de um nicho pequeno.

No trabalho, mudanças deviam ser encaradas como parte da rotina

Apesar de tudo isso, no mundo dos negócios, mudanças costumam ser encaradas como um processo de cura desagradável para um problema, como uma cirurgia. É algo que já vi acontecer muitas e muitas vezes com várias pessoas e empresas. Quando uma companhia implementa qualquer mudança, ela é vista como temporária, tendo começo, meio e fim; é algo que precisa ser feito, com especialistas encabeçando a tarefa — na verdade, a "gestão de mudanças" agora é um mercado em ascensão. Na realidade, porém é lógico que mudanças não são cirurgias isoladas; são processos contínuos, que deviam ser encarados como parte normal do ambiente de trabalho. Para encarar as mudanças de um jeito positivo, é preciso ter a mentalidade certa. Em vez de criar uma falsa divisão entre "mudanças" e "rotina", é importante aceitar que as mudanças *são parte* da rotina.

No trabalho, a maioria de nós encara a mudança como uma ameaça. Isso é especialmente comum quando uma empresa passa por reestruturações. Até mesmo quando você compreende que as mudanças implementadas são necessárias, continua sentindo que está fora da sua zona de conforto. É lógico que algumas mudanças podem ser ameaçadoras, porém, ao se deparar com algo novo e atordoante, você ainda assim precisa manter a cabeça fria para refletir sobre a situação e analisar o que está acontecendo.

O medidor do sucesso

O medidor do sucesso nos ajuda a identificar exatamente o que é uma mudança e quais são os aspectos positivos e negativos dela, utilizando as luzes do sinal de trânsito como referência. A ideia é comemorar e aproveitar as verdes, ficar atento às amarelas, mas prestar atenção imediata às vermelhas, que podem abalar seus planos. O segredo é tentar dedicar boa parte do seu tempo e energia às atividades com sinal verde, enquanto tenta encontrar uma forma de contornar as atividades com sinais amarelo e vermelho, que podem causar problemas. Vale a pena fazer este exercício com regularidade:

1. **Afaste-se da situação e analise como você está neste momento.** Pense na natureza da mudança, talvez elabore duas listas e em cada uma delas escreva as principais vantagens e desvantagens. Então, elabore uma terceira lista com seus objetivos profissionais a curto, médio e longo prazos.
2. **Use o sistema do sinal de trânsito para entender como a mudança pode afetar seus objetivos pessoais.** Classifique com "sinal vermelho" os elementos da mudança que podem atrapalhar você, um "sinal amarelo" para os que parecerem perigosos e um "sinal verde" para as coisas que podem ajudá-lo a alcançar seus objetivos. Por exemplo, caso sua empresa esteja migrando do modelo de salas individuais para o de planta aberta, você pode ter medo de ficar sempre "exposto", ou achar que o barulho do ambiente vai afetar sua produtividade, ou temer que conversas confidenciais com clientes sejam ouvidas. Cada um desses itens pode receber um "sinal vermelho" ou um "sinal amarelo", enquanto o "sinal verde" pode ser destinado às chances de trabalhar em equipe ou de ter conversas criativas com os colegas.

Eu estava mentoreando David, gerente sênior de uma incorporadora imobiliária, quando os chefes dele anunciaram que fundiriam duas grandes equipes de funcionários. David gerenciava a equipe comercial e foi informado de que teriam que se unir à equipe residencial. Isso causou a ele alguma empolgação com a ideia, mas, no geral, o que mais sentia era preocupação. Seu "sinal vermelho" era o medo de perder a diversão, a intimidade e o forte espírito de trabalho em equipe que compartilhava com os colegas atuais. Em um grupo muito maior, parecia impossível manter o mesmo clima. Um "sinal amarelo" era o fato de que a equipe teria que se dividir entre duas locações diferentes, e isso poderia interferir no tempo que ele passava com a família. No entanto, o grande "sinal verde" era que ele provavelmente seria escolhido para gerenciar a equipe maior, e esse seria um grande passo rumo às suas ambições de alcançar cargos maiores de liderança.

O sistema dos sinais ajudou David a compreender e a passar pela mudança. Ele organizou vários eventos sociais com grupos menores, compostos por membros da antiga "equipe residencial" e da mais familiar "equipe comercial". Isso ajudou os grupos a se conhecerem melhor e a manter o clima de diversão e de trabalho em equipe que David tanto apreciava. Agora, ele precisava dividir a equipe entre dois escritórios, mas tentou lidar com isso da melhor maneira possível, de forma que só precisasse estar longe de casa uma vez por semana. Ele também se matriculou em alguns cursos rápidos sobre liderança, para permanecer no caminho certo rumo às suas ambições do "sinal verde" e assim crescer na hierarquia da empresa.

Mudanças e transições

O escritor de autoajuda e life coach William Bridges faz uma distinção importante entre mudança e transição. *Mudança* se refere a acontecimentos externos que ocorrem ao longo da nossa vida. *Transição* é diferente — é a reorientação interna e a autodefinição sutis necessárias para lidarmos bem com as mudanças na nossa vida. "Sem uma transição", diz Bridges, "mudança significa apenas trocar os móveis de lugar." Muitos de nós fazemos planos detalhados a fim de nos preparar para uma grande mudança na vida, como a chegada de um bebê ou uma troca de emprego, mas raramente pensamos em nos preparar para a transição interna, e esse detalhe pode acabar nos pegando de surpresa.

Trabalhei com um atleta famoso — vamos chamá-lo de Harry — que teve uma carreira muito bem-sucedida no mundo dos esportes e se aposentou aos 30 anos. Ele já sofria com muitas contusões e estava tendo dificuldades para acompanhar os treinamentos intensos necessários. Harry sabia que se aposentar era a decisão certa; entendia que não estava mais no auge e havia chegado o momento de seguir em frente, mas, mesmo assim, me dizia que tinha muita dificuldade em aceitar sua nova identidade como "ex-astro do esporte".

No ano antes da aposentadoria, ele tinha feito grandes preparativos para a mudança. Assinou contrato com uma agência para dar palestras motivacionais, conversou com emissoras de televisão e de rádio sobre se tornar comentarista e se matriculou em um curso de coaching para ter mais uma opção de carreira. No início, tudo ia bem, e o trabalho como comentarista, em especial, começou a ganhar força. No entanto, um ano após parar de competir, ele notou que se sentia cada vez mais infeliz. A princípio, achou que o problema fosse a falta de uma rotina estruturada. Ele tinha passado de treinar três vezes por dia para não treinar mais. Então começou a acordar cedo e correr 8 quilômetros toda manhã, na mesma hora; depois fazia a barba e tomava café. Esses rituais simples ajudaram muito. Contudo o tédio ao longo do dia ainda era uma questão, e ele passou a beber muito e a sair quase todas as noites, o que lhe causou conflitos no casamento. O comportamento dele se tornou instável, e uma agência importante rescindiu seu contrato.

O problema, ele me explicou, era o que via ao se olhar no espelho. "Quem eu vejo?", perguntava a si mesmo. Se não mais um "campeão" nem um "astro do esporte", então quem? Nós entendemos que esse era o problema principal. Ele não tinha mais uma identidade nítida; apesar de ter se preparado para a *mudança*, não havia se preparado para a *transição* entre deixar de ser um atleta célebre e se transformar em um ex-astro do esporte. Em resumo, ele estava em um limbo entre as duas identidades.

Todo início começa com um fim

O processo de transição envolve primeiramente abrir mão das antigas circunstâncias, depois sofrer a confusão e a perplexidade do estado intermediário e, por fim, voltar à tona para recomeçar na nova situação. Para uma boa transição, é essencial passar por esses três processos. Incentivei Harry a voltar para o início — o fim da carreira —, e ele passou vários meses refletindo de verdade sobre o que significava abrir mão do esporte como uma profissão, algo que fazia parte da vida dele desde quando tinha 10 anos. Foi, de fato, quase um processo de luto. Felizmente, hoje ele está muito mais feliz com sua identidade como comentarista e mentor de jovens que estão começando a vida no mundo dos esportes. Juntos, nós determinamos quatro princípios gerais que ajudaram Harry a passar por essa transição difícil.

1. **Respeite o processo** — o crescimento segue o próprio ritmo, e você não deve forçar a barra.
2. **Uma mudança interna sobre sua identidade é necessária** — você só conseguirá se adaptar a novas circunstâncias se mudar seu interior.
3. **Aceite a si mesmo** pela pessoa que você é e de acordo com o que o processo de mudança exige.
4. **Reduza suas expectativas** sobre o que você pode e não pode fazer durante esse período.

O "vazio fértil"

É esperado que aconteçam mudanças na nossa vida profissional e pessoal. E, como já vimos, essas mudanças podem ser um desafio para o nosso senso de identidade e exigir uma transição interna para conseguirmos lidar bem com a situação, independentemente de sabermos que ela viria ou não. Um homem casado há muitos anos talvez passe por uma fase difícil ao se ver solteiro de novo depois de a esposa decidir pedir o divórcio. Esse tipo de mudança pessoal afeta profundamente a vida. Então como podemos aprender a encarar essas situações?

Uma série de estudos mostra que, apesar de mudanças serem assustadoras, especialmente quando já estamos nos sentindo ansiosos e apreensivos, somos capazes de aprender a lidar com elas. O que você precisa é de tempo, e de autocompaixão, para se permitir desconectar de planos anteriores e gradualmente começar a aceitar se abrir para novos objetivos e possibilidades. O psicanalista alemão Fritz Perls cunhou o termo "vazio fértil" para se referir a esse espaço difícil entre o término de uma coisa e o começo de outra.

Em uma linha do tempo bem mais rápida, meus experimentos em laboratório revelaram incômodos e atrasos — "custos da adaptação" — quando as pessoas alternam entre tarefas mentais muito simples, como parar de classificar um número como "par ou ímpar" e começar a categorizá-lo como "maior ou menor que três". Um intervalo é necessário para se desprender de uma tarefa (par/ímpar) antes de você conseguir passar para outra (maior ou menor que três). Então imagine quanto tempo e esforço são necessários para lidar com a mudança de um aspecto importante da sua identidade: de "casado e feliz", por exemplo, para "divorciado", ou "solteiro", ou "viúvo". Permitir-se ter um "vazio fértil" é essencial. E, como a expressão de Perls insinua, não se trata apenas de um tempo morto, mas de um período produtivo e essencial para se desconectar e gradualmente se reencaixar.

Transições grandes exigem tempo e esforço. A perda do emprego, o término de um relacionamento, a morte de um amigo próximo — tudo isso obriga você a parar e reavaliar sua vida e seus objetivos. Qualquer mudança gera perguntas desconfortáveis e desafia muitas crenças que você poderia considerar inquestionáveis. Nossa tendência natural é tentar fugir da dor que acompanha qualquer grande mudança, talvez mergulhando de cabeça no trabalho ou até tentando nos anestesiar com bebidas ou drogas. É importante, porém, se permitir sentir a dor e o incômodo e reservar um tempo para se acostumar à nova situação. Isso é igualmente necessário quando a mudança é positiva, como iniciar um novo relacionamento, mudar-se para uma nova casa, ou trocar de carreira. Em vez de ir direto de um emprego para outro, por exemplo, tente reservar um tempo — pode ser algo tão simples quanto viajar por um fim de semana — para criar um intervalo entre os dois. Mesmo que você só tenha um dia, separe um momento para sair e dar uma volta, meditar, se encontrar com um amigo para bater papo — qualquer coisa que gere uma pausa natural.

O cérebro precisa de tempo para se adaptar, não importa qual seja a situação pela qual esteja passando. Lidar com mudanças exige vários pequenos ajustes conforme você caminha partindo da surpresa inicial, passando pela aceitação gradual e alcançando a adaptação à nova realidade.

Aqui vão alguns passos que segui com um casal que estava mudando tanto de carreira como de país:

1. **Separe um momento do dia para ficar sozinho.** Dedique esse momento exclusivamente para ficar em silêncio, entrando em contato com seus sentimentos mais íntimos.
2. **Tire um momento para listar todas as formas em que sua nova vida será diferente.** Pedi a eles que tentassem pensar em todas as mudanças que aconteceriam quando saíssem daquele lugar familiar, e os efeitos que isso causaria em outras áreas da vida. É importante ser detalhista. Por exemplo, os dois escreveram coi-

sas como: "Vamos passar alguns meses ganhando menos, então precisamos tomar cuidado com os gastos", "Precisaremos fazer um esforço real para conhecer novas pessoas toda semana, porque ninguém nos conhece", ou "Teremos que separar um tempo para visitar diferentes bairros e decidir onde queremos morar". Dê prioridade a essas questões e preocupações em termos do que é mais importante para você, e as respostas vão amenizar muito a sua ansiedade. Saber o tipo de lugar que seria financeiramente viável para você morar é importante, então tente dedicar mais ou menos uma hora por semana pesquisando imóveis e preços em regiões diferentes pela internet. Isso proporciona uma noção do que esperar e ajuda a substituir as hesitações por empolgação. Também há perguntas mais profundas que são importantes e devem ser formuladas: "Meu papel atual é importante para a minha identidade?" ou "As pessoas vão mudar comigo se eu for embora?"

3. **Tire um tempo para lamentar suas perdas.** Espere e aceite os sinais de luto e não os confunda com desânimo ou fracasso. O casal com quem trabalhei sabia que sentiria falta de certos lugares e certas pessoas, o que era motivo de tristeza. E não há nada errado em sentir isso. É normal se sentir triste, assustado, deprimido e, talvez, confuso. Eles passaram por uma fase em que constantemente se perguntavam se estavam tomando a decisão certa. É importante permitir a si mesmo tempo para sentir esse desconforto. Não pense que você precisa se livrar desses sentimentos.
4. **Defina o que acabou e o que não acabou.** Nem tudo se resume a tristeza e lágrimas. Olhe para a grande lista de mudanças e as organize por temas. Procure as oportunidades interessantes que podem lhe ensinar mais sobre si mesmo. Muito dos seus temas provavelmente irão girar em torno do medo e das dúvidas: a perda de rituais reconfortantes, rotinas diárias, ou aspectos da sua identida-

de que se tornaram familiares. Algumas coisas podem ser perdidas para sempre, porque são associadas a um lugar e a um momento, mas nem tudo precisa acabar permanentemente. Identifique o que pode ser transformado ou adaptado para sua nova situação.

Tome a iniciativa de mudar

Quando eu tinha 26 anos, percebi que precisava parar de fumar. Havia passado muito tempo em negação, feliz, ignorando a ideia e até o bom senso de parar. Entretanto eu participava de competições de tênis e comecei a perder pontos no fim de partidas longas porque ficava sem fôlego. Fumar estava acabando com a minha resistência, e isso me assustou.

Pensei bem na minha condição — algo que hoje em dia eu chamaria de "análise da situação". Por que eu mantinha um hábito que, obviamente, me fazia mal? Não havia nenhum bom motivo para continuar fumando. Eu já tinha fracassado muitas vezes tentando cortar completamente o cigarro. Então meu plano inicial foi fumar apenas depois do almoço. Foi difícil no início, mas, aos poucos, consegui chegar ao ponto em que não pensava tanto em fumar antes desse horário. Era um sucesso frágil, e eu sabia muito bem que qualquer acontecimento estressante ou inesperado me faria voltar imediatamente para os cigarros matinais. Contudo, gradualmente, empurrei a "proibição do cigarro" até depois das três da tarde, então até depois das seis, então até depois das oito, até que parei de vez.

Tive várias recaídas. Em muitos momentos, geralmente em festas, minha mente pregava peças em mim, tentando me convencer de que parar de fumar era ridículo. Todo mundo estava aproveitando — então por que eu não podia? Não era de fato tão ruim assim para mim. Que diferença faria um cigarrinho? Todos esses pensamentos rondavam minha mente o tempo todo, enfraquecendo minha força de vontade. Não há nada mais criativo, e convincente, do que a cabeça de um viciado.

Comecei a aceitar que uma recaída era uma recaída, nada mais, nada menos. O importante era recomeçar imediatamente e, dessa vez, tentar não ter outro deslize. Cerca de 18 meses depois, parei de vez e nunca mais toquei em um cigarro. O momento em que a chavezinha mental girou veio quando comecei a me enxergar como alguém que não fumava. Minha identidade havia mudado, e, como vimos com Harry, essa transição é fundamental para ajudar você a manter uma mudança na sua vida.

Uma coisa é lidar com as mudanças que acontecem com a gente. Contudo, é lógico, também há momentos em que nós iniciamos a mudança. Isso pode ser tão ou até mais difícil do que lidar com as mudanças que nos foram impostas.

As cinco fases essenciais para implementar uma mudança na sua vida

Pesquisas extensivas sobre como parar de fumar mostram que o processo passa por cinco fases essenciais, que podem ser aplicadas a qualquer mudança que você queira implementar na vida — seja entrar em forma, seja perder peso, seja mudar de carreira. Reconheço todas elas nas minhas tentativas. As primeiras duas fases ocorrem quando você simplesmente não está pronto para mudar, e o erro que muitas pessoas cometem é não entender *o que* elas querem mudar, e *por quê*. Então chega o momento em que você entende as vantagens da mudança, mas também sente um pouco de medo dos aspectos negativos. Avaliar os prós e os contras pode levar algum tempo, alternando entre a procrastinação e a convicção de que chegou a hora de mudar. É só nesse momento que você está pronto para desenvolver um plano e dar o primeiro passo. Talvez você se matricule em aulas de zumba, corte os carboidratos ou converse com pessoas sobre novas opções de carreira. O último passo se trata de manutenção. Como permanecer firme nos seus novos comportamentos e objetivos? Isso pode significar não ter cigarros em casa, passar a conviver com pessoas que malham todo dia ou simplesmente determinar um horário regular destinado a treinar na sua agenda.

Aqui vai um resumo de cada uma das fases essenciais para mudar algo em sua vida.

Primeira fase: Pré-contemplação

Conduza uma "análise da situação". Faça uma lista das coisas que estão dando certo e você quer manter: isso pode incluir certos amigos, hábitos ou hobbies. Agora, faça uma lista das coisas que não são tão boas, que talvez você queira mudar: certas amizades, hábitos como fumar ou beber demais, ou talvez a qualidade do seu sono. Nesta etapa, não tome grandes decisões nem faça planos. Apenas liste os elementos na sua vida que realmente trazem felicidade e os que você não tem tanta certeza sobre.

Segunda fase: Contemplação

Agora, reflita de verdade sobre qualquer coisa que queira mudar, interromper ou começar, e faça uma lista dos benefícios e custos. Então, tome uma decisão firme. Quero parar de fumar; quero parar de beber durante a semana; quero me exercitar três vezes por semana. A decisão deve ser específica — em vez de "Quero perder peso", defina uma meta específica, como "Quero perder três quilos em três meses". Então, conte para alguém. Existem fortes evidências de que informar aos outros sobre nossas boas intenções aumenta as chances de seguirmos com elas.

Terceira fase: Preparo

Agora é o momento de começar a planejar e a pensar sobre a nova rotina. Por exemplo, se você quiser perder peso, faça uma lista dos momentos e situações em que tende a comer demais ou em que não vai querer se exercitar. Identifique seus gatilhos — talvez seja durante o café matinal, enquanto conversa ao telefone, ou em dias frios. Uma vez que estiver ciente desses gatilhos, vai poder pensar em estratégias alternativas para enfrentá-los. Há alguma mudança que precisa ser feita no seu ambiente ou comportamento, mesmo por um curto intervalo de tempo? Às vezes, até um ato simples, como determinar uma hora específica para se exercitar, pode ser útil. Vá à academia ou saia para correr sempre no mesmo horário, e, independentemente do clima ou de como você se sinta, comprometa-se consigo mesmo a sair e cumprir essa tarefa. Novamente, conte para alguém sobre as suas intenções e faça uma lista de pessoas que podem ofertar o apoio necessário para que você se mantenha firme na meta. Esta fase se trata do planejamento de como você vai implementar a mudança.

Quarta fase: Ação

Agora chegou o momento de colocar o plano em ação. Todos os planos do mundo são inúteis se você não colocá-los em prática. Então, uma vez que tenha estruturado seu plano — "Vou à academia às cinco da tarde", por exemplo —, não comece a criar desculpas, apenas siga-o sem pensar. Se você quiser começar a acordar mais cedo, programe o alarme e levante da cama assim que ele tocar — nada de apertar o botão da soneca, apenas se levante. Com o tempo, você vai ver que não precisa mais pensar muito nos seus planos; vai segui-los quase no automático. (É impressionante como pensar demais pode destruir os planos mais detalhados.) Por fim, não se esqueça de se recompensar pelo sucesso. Determine uma recompensa, talvez uma vez por semana, mas certifique-se de que ela não seja um gatilho que faça você voltar a velhos hábitos.

Quinta fase: Manutenção e recaídas

É quase certo que você terá recaídas. Se isso acontecer, não fique se martirizando; em vez disso, tenha empatia por si mesmo. O que você está tentando fazer é algo difícil. Faça com que a recaída se torne uma lição valiosa, transformando o tropeço em salto. Registre seus sucessos e fracassos no diário. Repasse mentalmente as situações, os sentimentos e os gatilhos responsáveis pela recaída. Para mim, na época em que parei de fumar, geralmente eram os momentos em que eu me sentia cansada e estressada no trabalho, ou quando estava cansada e saía para espairecer com amigos. A exaustão era um sinal nítido de perigo, então eu tentava dormir o suficiente e evitava eventos sociais quando me sentia cansada. Questione o que você poderia ter feito de diferente. O que você não levou em consideração? Que mudanças você pode fazer para evitar uma recaída parecida no futuro?

Tome cuidado com a rigidez com que você encara a vida

A persistência costuma ser algo positivo, mas nem sempre é. Se você constantemente fracassar em implementar mudanças e precisar recomeçar, talvez seja bom cogitar uma abordagem diferente. É preciso tomar cuidado com a lenta aparição de algo que chamo de "artrite mental" ao permanecer apegado a planos que não estão dando certo. Artrite mental significa apenas a inflexibilidade de conseguir agir ou pensar da forma mais apropriada para uma situação.

No meu caso, cortar completamente o cigarro era algo que nunca dava certo. Era uma tarefa grande demais para ser feita de uma vez. No entanto, quando determinei horários em que eu poderia fumar e dissequei o projeto "proibição do cigarro" em etapas menores, tudo ficou mais fácil. Passar de dois cigarros por dia para nenhum foi bem mais tranquilo do que passar de um maço inteiro para nada. No geral, o foco deve ser dar pequenos passos que não sejam difíceis por si só, mas gradualmente se transformem em uma série de hábitos que se tornam parte da sua vida — e a impulsionem em vez de prejudicá-la. Às vezes, também ficamos empacados na fase de transição. No começo, eu pensava em mim mesma como alguém que tentava se tornar uma "ex-fumante", mas me dei conta de que precisava fazer uma mudança ainda mais radical na minha identidade, passando para "não fumante".

A variedade é fundamental para lidarmos com mudanças. É importante nos lembrarmos constantemente de que é raro existir apenas uma solução para boa parte dos problemas da vida. A ideia de que a mudança pode ser alcançada por meio de algum segredo simples, que poderia ser facilmente implementado, é interessante, porém equivocada. A vida é bem mais complexa, e os problemas com os quais nos deparamos ao longo do tempo exigem muitas soluções diferentes e a agilidade de tentar novas abordagens.

As grandes religiões sempre souberam disso. Organizações que parecem ter regras muito enraizadas e rígidas são, na verdade, surpreendentemente flexíveis na forma como encaram a vida. Você já se perguntou, por exemplo, por que existe tanta variedade de práticas de yoga? Só na tradição hindu temos karma yoga, bhakti yoga, jnana yoga e saranagati. Acredita-se que suas versões diferentes nos ajudem a alcançar objetivos espirituais distintos. As histórias atribuídas a Krishna, o deus hindu da compaixão e do amor, deixam evidente que não existe um caminho único para alcançar o conhecimento e que cada um de nós deve encontrar o próprio rumo — é preciso ter certa flexibilidade.

Buda também consentia com algo que chamava de "flexibilidade ética", a sugestão de que, apesar dos escritos antigos oferecerem "conselhos sábios" na forma das orientações para ter uma vida boa, eles não deveriam ser encarados como regras ou mandamentos rígidos. Em vez disso, as pessoas deveriam decidir por conta própria qual a melhor forma de se comportarem, em vez de se sentirem obrigadas a seguir valores inflexíveis que não podem ser infringidos. Ideias parecidas têm papel importante na fé islâmica, com uma pequena quantidade de atividades proibidas em uma extremidade e uma pequena quantidade de obrigações na outra. A maioria das atividades humanas ocorre entre esses extremos, e, mais uma vez, ao usarem o próprio julgamento e a consciência, as pessoas são incentivadas a demonstrar individualidade na forma como se comportam e vivem, desenvolvendo uma prática islâmica individualizada e legítima.

Os cristãos também são incentivados a desenvolver a agilidade. O fundador do cristianismo moderno, são Paulo, reconheceu a importância da agilidade ao admitir: "Fiz-me tudo para todos, para por todos os meios chegar a salvar alguns."

Bruce Lee, o ator e lutador de artes marciais norte-americano, defendia princípios parecidos. Ao refletir sobre a vida, Lee concluiu que costumamos cometer o erro de tentar obrigar o mundo a se ajustar a nós, em vez de sermos ágeis e adaptáveis e tentar lidar com a situação da melhor forma possível. "Seja como a água", ensina Lee. Em vez de nos manter presos a crenças e ações rígidas, devemos ser mais parecidos com a água e encontrar um caminho pelas rachaduras. Segundo Lee, para nos expressar de verdade, devemos resistir à tendência de seguir um estilo, porque o "estilo é a cristalização", quando o necessário é um processo de crescimento contínuo. "A água corrente nunca fica imóvel, então você precisa continuar fluindo", disse ele, voltando para a sua metáfora favorita.

Switch é a capacidade de lidar com grandes mudanças e transições na vida, e de encontrar formas de enfrentar reviravoltas inesperadas. Essas habilidades são essenciais, porque a incerteza e a mudança fazem parte da vida. Assim, aprender a não apenas aceitar, mas também a aproveitar as mudanças é um passo inicial importante na sua jornada pelo método switch.

Resumo do capítulo

- Para prosperar, é essencial aceitar que as coisas não vão continuar iguais.
- É importante se permitir viver um "vazio fértil" durante a transição para uma grande mudança.
- Para instigar mudanças na sua vida, é necessário passar por cinco fases:
    - *Pré-contemplação* — decidir que mudar seria uma boa ideia.
    - *Contemplação* — pensar em como poderia mudar.
    - *Preparo* — elaborar um plano sobre como mudar.
    - *Ação* — colocar o plano em prática.
    - *Manutenção* — pensar em como você pode manter o novo comportamento fluindo.
- Para lidar com um mundo em constante mudança, é de vital importância reconhecer que várias abordagens diferentes são necessárias. Quase nunca existe uma solução mágica para os problemas da vida.

CAPÍTULO 2

COMO LIDAR COM INCERTEZAS E PREOCUPAÇÕES

A vida, às vezes, nos pega desprevenidos com alguma mudança. Sentimos pânico e parece que estamos à beira de um abismo, com plena consciência de como seria fácil cair. Seja uma guerra, seja um tsunami seja uma pandemia, crises fazem com que nossas fragilidades e vulnerabilidades venham à tona.

Incertezas fazem parte da vida, mesmo em nossos melhores momentos, mas nunca estiveram tão presentes quanto durante a pandemia do coronavírus, que explodiu em 2020. À medida que o vírus se espalhava pelo mundo, as perguntas não paravam de surgir: Quando poderemos viajar de novo? Teremos novas quarentenas? As escolas vão fechar? Vamos conseguir desenvolver uma vacina? Meu negócio vai sobreviver? Ficou evidente que não havia respostas objetivas. As inseguranças que ameaçavam nosso estilo de vida eram palpáveis. Países fecharam suas fronteiras, voos foram cancelados, restaurantes, bares e boates fecharam as portas; muitas pessoas se viram obrigadas a trabalhar de casa, algumas a tirar licença ou simplesmente perderam o emprego de vez, enquanto outras tiveram que trabalhar com algo completamente diferente.

O poder dos rituais

Rituais podem trazer certa ideia de organização, de ordem, para um mundo caótico e incerto. Durante a pandemia do coronavírus, medidas de distanciamento social implicaram o cancelamento de muitos eventos, como shows, competições esportivas e memoriais fúnebres, além de eventos mais pessoais, como batizados, festas de aniversário, casamentos e funerais. Passei boa parte do meu tempo conectada em chamadas no Zoom, orientando empresas e equipes sobre como manter o bem-estar durante uma época sem precedentes. Um conselho eficiente foi que adicionassem alguns rituais ou certa organização à rotina. Talvez acordar uma hora mais cedo para uma caminhada ou corrida, quem sabe fazer uma sessão de yoga antes do café da manhã. Separar um momento para ligar e falar com um amigo toda semana. Determinar uma hora do dia em que o telefone fica desligado, para você conseguir ler ou escutar música.

Esses pequenos rituais podem ter um impacto positivo surpreendente na sua vida, ajudando a encarar as incertezas, que são inevitáveis. O motivo do êxito está conectado ao fato de que o cérebro é uma máquina de fazer previsões. Como ele é incapaz de obter todas as informações necessárias para prever o futuro de forma exata, é comum que chegue a conclusões erradas. Por exemplo, o cérebro pode prever a altura de um degrau enquanto você sobe um lanço de escada e move os pés da forma correta; porém, se o cálculo estiver errado, mesmo por apenas dois centímetros, você rapidamente precisa se adaptar. No cérebro, isso é classificado como "sinal de erro", sendo armazenado para garantir que você acerte da próxima vez. O cérebro aprende, literalmente, com os erros que comete.

Apesar de tudo isso acontecer de forma inconsciente, caso o cérebro sinalize muitos erros de previsão — como acontece quando nossa rotina diária é interrompida —, você acaba sentindo apreensão e ansiedade. O cérebro é um tipo de "detector de incertezas": conforme as incertezas aumentam, sua vigilância e a sensação de ansiedade também se acentuam, enquanto situações mais confortáveis fazem com que você relaxe. Rituais funcionam porque oferecem ao cérebro a oportunidade de criar previsões mais estáveis, fazendo com que ele tenha mais espaço para criar perspectivas sobre todo o restante.

As consequências da pandemia acabaram fazendo o papel completo de acionar uma forte sensação de incerteza na mente de cada um de nós. Quando o mundo inteiro entra em caos, nós nos deparamos com uma sensação de instabilidade muito mais profunda do que os tipos específicos de mudança que debatemos no capítulo anterior. Essa incerteza mais ampla pode impulsionar ansiedades e preocupações que vêm do fundo de nossas entranhas.

Quais são os gatilhos da incerteza?

Pesquisas mostram que há dois tipos mais abrangentes de situação que podem causar a sensação de incerteza:

- **Situações novas:** quando você está em um ambiente novo, como nos primeiros dias de um novo emprego, com pessoas que não conhece, ou ao chegar a um país desconhecido.
- **Situações imprecisas e imprevisíveis:** a vida é cheia de imprecisão, o que torna difícil saber quando as coisas vão terminar bem ou mal. Por exemplo, quando você sente uma dorzinha, pode ser a indicação de algo bobo ou sinal de uma doença mais grave; quando alguém faz um comentário vago, tipo "Fiquei sabendo que as coisas estão mudando na sua empresa", que pode indicar boas notícias, como uma nova aquisição ou uma série de promoções, ou algo ruim, como demissões em massa ou o fechamento de uma filial. Quando você assiste a

uma partida de futebol em que o placar está apertado e o resultado é incerto; uma negociação com um investidor em potencial para sua empresa, em que você ainda não sabe se o negócio será fechado ou não; uma entrevista que talvez possa ter como consequência uma proposta de emprego; ou quando você espera o resultado de uma prova que terá consequências importantes para o seu futuro.

Essas situações podem fazer com que nossos níveis de ansiedade e estresse disparem. Podemos pensar na incerteza como uma alergia, uma exposição, mesmo sutil, que pode causar uma reação ruim. E essa reação vai piorando conforme a exposição aumenta. Nós, seres humanos, ansiamos por segurança, e é por isso que somos intolerantes à instabilidade, em graus variados. Em parte, é por isso que a imprecisão e a incerteza podem consumir energia demais do nosso cérebro. Não se esqueça de que o cérebro gosta de prever o futuro, então temos um impulso natural de reduzir qualquer imprecisão com tentativas de impor certeza e previsibilidade em nossa vida.

Todavia sempre haverá uma quantidade infinita de "e se" a serem analisadas. Você pode perder o emprego. Pode ser diagnosticado com uma doença fatal. A Terceira Guerra Mundial pode começar. Seu filho pode ser sequestrado no parquinho. Todos nós podemos fazer parte de uma grande simulação da matrix, orquestrada por uma civilização alienígena distante... E o problema é que não podemos descartar nenhuma dessas hipóteses *com certeza*, nem mesmo a dos alienígenas. Então, querendo ou não, a incerteza é algo que devemos aceitar.

Até que ponto você tolera a incerteza?

O conceito que nós chamamos formalmente de "intolerância à incerteza" na psicologia se trata de um indicador de quanto tememos o desconhecido.

Cada um de nós tem níveis de tolerância diferentes, mas isso não é "programado". A nossa tolerância também pode variar dependendo de como nos sentimos. Nós nos tornamos mais intolerantes em situações que nos transmitem sensação de ameaça; quando estamos relaxados e seguros, nosso nível de desconforto com a incerteza diminui. Quanto mais você luta com a incerteza, maior é a chance de tentar evitar a imprecisão natural da vida, em vez de desenvolver formas de lidar com ela. A boa notícia é que é possível mudar seu nível de tolerância, especialmente nos casos em que ele tenha um impacto negativo na forma como você aproveita a vida.

As questões a seguir vão dar a você uma ideia do seu limiar de desconforto com a incerteza. Avalie cada afirmação com sinceridade e classifique-a com uma pontuação de 1 a 5, de acordo com quanto você se ajusta a cada uma (1 = não parece nada comigo; 2 = parece um pouco comigo; 3 = parece comigo; 4 = parece muito comigo; 5 = parece totalmente comigo); depois calcule sua pontuação.

( ) Não gosto de surpresas.
( ) Fico frustrado quando não tenho todas as informações das quais preciso.
( ) Deixo de fazer muitas coisas se não tenho certeza quanto a elas.
( ) Sempre tento fazer planos para evitar acontecimentos inesperados.
( ) Um dia bem planejado pode ser arruinado até mesmo por bobagens inesperadas.
( ) Às vezes, não consigo fazer as coisas porque fico paralisado pela incerteza.
( ) Sempre quero saber o que vai acontecer comigo no futuro.
( ) Não sei agir bem quando me sinto não tenho certeza.
( ) Quando tenho dúvidas sobre algo, encontro muita dificuldade para tomar uma atitude.
( ) Tento evitar todas as situações imprecisas.

- Uma pontuação de 10 a 12 é *Muito Baixa*.
- Uma pontuação de 13 a 15 é *Baixa*.
- Uma pontuação de 16 a 28 é *Comum*.
- Uma pontuação de 29 a 45 é *Alta*.
- Uma pontuação de 46 a 50 é *Muito alta*.

Uma pontuação baixa revela, por um lado, que você tem alta tolerância à imprecisão — é provável que sinta curiosidade sobre o desconhecido e goste de encontrar informações novas e possivelmente inconsistentes. Por outro, a intolerância à incerteza, indicada por uma pontuação mais elevada, leva a uma necessidade desproporcional a se sentir são e salvo, junto da tendência a se preocupar, o que gera ansiedade e estresse. Em momentos de incerteza, tentamos encontrar uma forma de permanecermos seguros, e adotamos os chamados "comportamentos de segurança". Comportamentos de segurança oferecem reafirmações e diminuem nossa incerteza. Por exemplo: telefonar para seu filho adolescente quando você não sabe onde ele está; dar uma olhada no cardápio de um restaurante antes de visitá-lo. Todos nós podemos nos dedicar a diminuir nossa necessidade de ter certeza com os exercícios neste capítulo e nos acostumar um pouco mais a simplesmente não saber das coisas.

Buscar segurança e certeza não é algo ruim por si só, mas pode facilmente se tornar uma obsessão e causar um aumento na ansiedade. Hoje em dia, é lógico, a maioria de nós tem um smartphone, que é, em essência, um "aparelho que oferece segurança". Se eu não souber qual é a capital de Bangladesh, meu celular é capaz de me informar que é Daca em menos de um segundo. Se eu não souber onde estão meus amigos, posso mandar uma mensagem para eles e receber uma resposta imediata, ou até rastreá-los por meio de um aplicativo. Se quero saber onde fica a pizzaria mais próxima, posso descobrir a resposta na mesma hora.

Psicólogos estão pesquisando se smartphones podem gerar uma intolerância maior à incerteza, e como consequência mais ansiedade. Um estudo analisou dados dos Estados Unidos entre 1999 e 2014, durante a época em que o uso de telefones celulares apresentou um grande aumento, juntamente com uma coincidente acentuação marcante na intolerância à incerteza. É lógico que muitas outras mudanças que ocorreram nessa época podem ter contribuído para tal impacto, então precisamos interpretar esses tipos de dados com certa cautela. Mesmo assim, sabemos que certa exposição à incerteza faz bem, e, como telefones celulares funcionam como medidas de segurança instantânea, é provável que eles efetivamente diminuam nossa exposição diária à incerteza, diminuindo nossos níveis de tolerância e aumentando a ansiedade.

Não há dúvida de que se planejar um pouco e tentar estabelecer certa previsibilidade na vida é uma forma bastante útil de reduzir o estresse. No entanto, existe uma linha tênue entre um planejamento útil do futuro e uma tentativa inútil de eliminar todas as incertezas. Quando nos sentimos desconfortáveis com até a menor das incertezas, nossas tentativas cada vez mais desesperadas de encontrar alguma segurança e certeza podem se tornar um problema. Comportamentos comuns incluem:

- precisar frequentemente de reafirmações;
- procurar informações;
- fazer listas em excesso;
- se recusar a delegar tarefas e insistir em fazer tudo por conta própria;
- sempre checar as coisas mais de uma vez;
- tentar sempre estar preparado demais;
- almejar a perfeição;
- procrastinar;
- fugir de situações novas ou espontâneas.

O medo da incerteza é o que alimenta nossas preocupações

A verdade é que não existe praticamente nenhuma circunstância — se é que existe alguma — em que podemos ter certeza de tudo. E, dessa forma, faz sentido concluir que precisamos nos acostumar a nunca termos segurança absoluta. Contudo, assim como não gostamos de mudanças, também não gostamos de imprecisão. É por isso que a ansiedade é uma consequência comum da dificuldade em tolerar a incerteza. Quando nos sentimos incertos, nosso sistema de detecção de ameaças entra em alerta total, o que é a forma ideal de entrar e permanecer em uma espiral de preocupação e ansiedade.

A preocupação é uma forma de lidar com as circunstâncias

Quando nos sentimos incertos, a preocupação costuma ser uma forma de tentar recuperar algum controle do futuro. É um jeito de se preparar mentalmente para um resultado ruim. A preocupação que nos impulsiona a tomar atitudes pode ser produtiva, mas com frequência não é. Nós imaginamos que, se ficarmos remoendo o "pior cenário" e todos os aspectos de um problema, vamos encontrar uma solução. Infelizmente, isso não funciona. A preocupação constante não nos dá mais controle sobre os acontecimentos; ela apenas suga nossa energia e destrói nossa vitalidade.

No geral, a preocupação não é engatilhada por assuntos específicos, mas pela incerteza ao nosso redor. Pela manhã, talvez você se preocupe em levar seus filhos para a escola na hora certa; à tarde, talvez se preocupe com a saúde da sua família; à noite, pode estar questionando se já está na hora de trocar aquela velha máquina de lavar. O alvo da sua preocupação não são coisas específicas, mas, sim, a incerteza.

A intolerância à incerteza atrofia nossa habilidade de nos desafiar

Quando nos deparamos com um problema na nossa vida pessoal ou profissional, parte do sofrimento vem de não sabermos o que vai acontecer depois disso. No entanto, se você parar para pensar, toda decisão *deve* ser tomada sob clima de incerteza. As pessoas que não se incomodam com a incerteza costumam gostar de situações imprecisas, porque seu estilo de raciocínio está aberto a novidades e a informações desafiadoras, enquanto aquelas que se sentem muito desconfortáveis tendem a ter um estilo de raciocínio mais fechado, que busca situações familiares e previsíveis.

Ao lidar com a incerteza de tomar decisões, alguns de nós preferimos escolher soluções muito fáceis ou muito difíceis. As fáceis são interessantes porque, bem, são fáceis, mas as difíceis também podem ser tentadoras porque não irão abalar sua autoestima caso você fracasse. Uma das jovens maratonistas com quem trabalho estava enfrentando esse problema. Ela sempre optava pelo impossível ou almejava baixo demais. Ao escolher duplas para treinar, ou durante as corridas, Katie costumava se comparar a competidoras muito mais lentas, para ser fácil permanecer na frente. Em outros momentos, ela treinava com pessoas muito mais rápidas e experientes. E apesar de isso ajudá-la a alcançar tempos melhores, percebemos que ela continuava se limitando, porque ninguém acreditava que ela fosse capaz de vencer as atletas mais experientes, inclusive ela mesma. Katie admitiu para mim que tinha medo de competir com pessoas que tinham habilidades parecidas com as dela — situação em que o resultado seria mais incerto.

Nós concordamos que ela devia fazer uma grande mudança e começar a competir regularmente com maratonistas que tivessem habilidades semelhantes às dela. Conforme conversávamos sobre o assunto, Katie se deu conta de que era por isso que ela costumava se sentir muito nervosa e apresentar desempenhos piores em eventos importantes, como competições em nível nacional, quando não conseguia fugir de concorrentes que estivessem no nível dela. Por vários meses, ela se esforçou para diminuir sua intolerância à incerteza, utilizando alguns dos métodos que discutirei neste capítulo, mas principalmente expondo-se a treinamentos e corridas em que o resultado seria incerto de verdade. Ela passou a correr por distâncias diferentes das que estava acostumada para ver como seria seu desempenho e escolheu novas duplas de treino com habilidades mais parecidas com as dela. Conforme a incerteza foi se tornando cada vez mais familiar, Katie passou a gostar dela. Felizmente, sua ansiedade diminuiu muito e seu rendimento melhorou bastante em eventos importantes, e ela agora compete regularmente por uma vaga na seleção. Muitos de nós já ouvimos falar da ideia de que aprendemos mais com os fracassos do que com os sucessos, mas talvez se saiba menos que melhoramos e nos aperfeiçoamos mais quando encontramos o meio-termo entre o muito fácil e o muito difícil.

O medo da incerteza nos incentiva a tomar decisões apressadas e familiares

Vários estudos científicos revelam que a incerteza nos impulsiona na direção daquilo que já é familiar, sem qualquer reflexão sobre outras opções. Podemos observar isso na forma como as pessoas reagem a ameaças terroristas: geralmente com uma onda de apoio e confiança na liderança política do momento, com um desejo de frequentar celebrações religiosas e com uma tendência maior a exibir símbolos, como, por exemplo, a bandeira nacional. Nós buscamos um pouco de estabilidade, certeza ou familiaridade como forma de lidar com sentimentos intensos. Em um conjunto interessante de estudos, um grupo de estudantes estadunidenses assistiu a filmagens de um ataque terrorista. Ao serem lembrados desses ataques, os alunos começaram a tomar decisões sobre assuntos completamente diferentes bem mais rapidamente. E quanto mais inseguros se sentiam, maior era a probabilidade de preferirem líderes políticos descritos como "firmes" em vez de "com a mente aberta".

Quando sentimos insegurança, estresse ou cansaço, o cérebro anseia por respostas sólidas. Nossa necessidade de encontrar uma solução para questões complexas é forte porque a motivação por trás disso costuma ser a de reduzir a quantidade de incerteza que sentimos, em vez de ser a de encontrar a melhor resposta. Apesar de nem sempre ser possível, é lógico que o ideal é tomar decisões importantes quando você estiver se sentindo relaxado e seguro, especialmente quando o resultado delas é incerto.

Como se sentir mais confortável com o desconforto

Os terapeutas costumam usar a metáfora de um barco para transmitir esta ideia. Imagine que você navega pela vida em um barquinho, do qual é o capitão. Ao seguir pelas águas, ondas batem nas laterais do barco, às vezes calmas, às vezes agitadas, molhando seus pés e deixando-os gelados. Não é um problema que ameaça sua vida, e você sabe que isso não afundaria o barco, mas ainda assim é desconfortável. Você usa um baldinho para remover a água de dentro. Quanto mais as ondas batem, mais você usa o balde. Após se distrair por um tempo com essa tarefa, você dá uma olhada ao redor para ver o que está acontecendo com o barco. Ele continua seguindo na direção certa? Você estava mais focado em tirar a água do barco do que em navegar?

Agora, você olha para o balde com mais atenção e percebe que ele está cheio de buracos. Você estava usando a ferramenta errada para o trabalho enquanto o barco seguia sem rumo. É melhor estar em um barco seco que navega sem destino ou aguentar um pouquinho de água e frio nos pés enquanto ruma na direção certa? A preocupação é o balde furado da nossa história. Ela é a ferramenta errada para lidar com incertezas e nos impede de enfrentar as questões que precisamos encarar. Aumentar a tolerância ao desconforto e à incerteza pode ser uma experiência transformadora. É algo que ajuda todos nós a tomar decisões melhores e baseadas em fatos para alcançar nossos objetivos — com a inclusão de nossos líderes políticos, se dermos chance a eles.

Para ter um bom desempenho e conquistar tudo o que deseja, você não precisa se sentir bem o tempo todo. Vale a pena refletir sobre isso. Muitas vezes, precisamos aceitar a incerteza, o estresse e, sinceramente, até mesmo nos sentir péssimos, e seguir em frente. As pessoas que prosperam não fogem de pensamentos e sentimentos negativos, tampouco da incerteza. Elas os aceitam como uma parte normal da vida. O sucesso na psicoterapia, por exemplo, geralmente não ocorre quando os pacientes se sentem felizes e cheios de energia — apesar de ser ótimo quando isso acontece —, mas quando as pessoas aprendem a conviver bem com a incerteza e com sensações negativas.

Aumente sua exposição à incerteza

Catastrofização é o que ocorre quando você chega à pior conclusão possível, geralmente com imagens vívidas dos seus medos se tornando realidade. Uma empresária que mentoreei, Alexa, tinha sérios problemas quando seu companheiro, Ahmad, não telefonava em determinados momentos. A situação chegou a um ponto tão grave que até a ansiedade dele começou a aumentar. Sempre que uma reunião durava mais do que o esperado, ou Ahmad ficava preso no trânsito e não conseguia ligar, ele ficava nervoso por saber que ela entraria em pânico. Conforme a incerteza perdurava, Alexa se tornava cada vez mais ansiosa, tendo uma série de comportamentos de segurança, como buscar constante reafirmação ao mandar inúmeras mensagens para ele, perguntando se estava tudo bem, e para colegas ou amigos que poderiam estar com ele, e até buscando notícias de acidentes de trânsito em jornais locais. Nada disso ajudava, só fazia com que ela se sentisse pior; quando os dois finalmente conseguiam se falar, ele era surpreendido por uma versão raivosa dela, por ter ficado tão angustiada com a falta de comunicação.

Juntos, nós três arquitetamos um plano para ajudar Alexa a se tornar mais confortável com a incerteza e a entender que a imprevisibilidade da vida nem sempre é algo negativo. Planejamos algumas surpresas agradáveis — Ahmad fazia ligações inesperadas só para perguntar como ela estava, ou aparecia no trabalho dela com flores e a levava para almoçar. Em outras ocasiões, ela concordou que ele não precisava dar um dos telefonemas programados pelos dois e prometeu tentar não entrar em contato. Alexa teve muita dificuldade com essa parte do plano, mas, com o tempo, começou a entender que sua preocupação e suas tentativas de ficar mais tranquila apenas pioravam o problema. Caso você se pegue catastrofizando algo, vale a pena reservar um momento para pensar se há, de fato, vantagens em fazer isso. No geral, será difícil encontrar alguma.

Incentivei Alexa a pensar bem sobre as crenças negativas que tinha sobre a incerteza e testá-las. Uma delas era: "Quando não sei como Ahmad está, não consigo me concentrar em qualquer outra coisa." Pedi a ela que fizesse um teste e passasse uma hora sem entrar em contato com ele, se concentrando em uma reunião ou em terminar um projeto. Ela não se sentiu muito confortável com a atividade, mas percebeu que era possível fazer aquilo e, no fim das contas, nada de ruim aconteceu.

O poder dos "experimentos comportamentais"

Os exercícios que fiz com Alexa são exemplos de algo que os psicólogos chamam de "experimentos comportamentais" — atividades que testam nossas crenças e expectativas. Elas fazem as pessoas se exporem a pequenas "doses" de incerteza e exploram a utilidade da preocupação, além de outras questões. Ao enfrentar crenças com ações, você pode testar suas expectativas mais temidas. Os experimentos conseguem mudar a forma como encaramos incertezas e amenizar a convicção de que situações incertas são sempre negativas.

Tente planejar alguns experimentos comportamentais por conta própria, focando nas áreas da sua vida em que você é mais intolerante a incertezas. Comece com tarefas menores: se você tem medo de entrar em contato com algum parente após uma briga de família que gerou muita amargura e hostilidade, fazendo com que as relações fossem cortadas há dez anos... talvez deixe isso de lado por enquanto. Talvez seja melhor entrar em contato com um amigo ou conhecido que você não vê há um tempo e testar o que sente depois disso. Em seguida, passe para uma conversa levemente difícil — como negociar um desconto em uma loja ou em um hotel. A ideia é começar com um pequeno grau de incerteza e, aos poucos, ir se expondo a graus cada vez maiores, até que o exercício se torne confortável.

Você vive grudado nas redes sociais para acompanhar as notícias? Limite-se a checá-las apenas uma vez a cada meia hora. Depois, quando você se acostumar com a mudança, passe a verificá-las uma vez cada uma hora, e assim por diante. Com o tempo, tente acessar apenas uma ou duas vezes por dia, de preferência em horários bem determinados. Dê folgas a si mesmo — saia de casa por uma hora e não leve o celular, ou simplesmente o desligue por duas horas. (Recentemente, fiz essa sugestão para um grupo de adolescentes em uma palestra escolar e eles ficaram em definitivo horrorizados.) Não corte essas atividades em definitivo — a ideia é ganhar algum controle sobre as suas ações e se sentir mais confortável em não saber das coisas.

Encare os experimentos com curiosidade. A incerteza se torna menos difícil quando nos tornamos mais abertos e interessados no que "pode acontecer", nos permitindo cogitar as boas possibilidades, em vez de sempre achar que tudo vai dar errado. Anote os resultados que você espera: são negativos, positivos ou neutros? Então, escreva o resultado real — foi negativo, positivo ou neutro? Se o resultado foi ruim, como você lidou com ele? Foi capaz de lidar com a situação? Conseguiu se virar bem? Havia mais alguma coisa que você poderia ter feito para evitar ou resolver o problema? Isso é importante, porque saber que você encontrou formas de lidar com a situação vai ser vantajoso na próxima vez que incertezas surgirem. O objetivo geral é parar de acreditar que "é sempre ruim me sentir inseguro e não sei lidar com isso" e passar para "às vezes, situações incertas acabam bem, e, quando não acabam, eu consigo lidar com elas".

Registrar alguns dos seus experimentos comportamentais em seu diário, detalhando sua crença sobre a incerteza, como você irá testá-la e o resultado final, como no exemplo a seguir, pode ser muito útil.

Crença	**Teste**	**Resultado**
Qual crença sobre a incerteza você quer testar? No momento, qual o seu grau de convicção nessa crença? (0-100%)	O que você pode fazer para testar essa crença?	O que aconteceu no fim? Qual o seu grau de convicção na crença agora? (0-100%)
Se não sei onde meu companheiro está, não consigo me concentrar no trabalho. Convicção: 90%	Não entrar em contato com meu companheiro por duas horas. Medida: concentrar-se em um projeto.	Passei duas horas sem entrar em contato. Senti muito estresse e preocupação, especialmente após a primeira hora. No entanto, consegui adiantar um pouco o projeto. Consegui me concentrar um pouco. Convicção: 80%

Se eu telefonar para uma amiga após muito tempo sem termos contato, ela ficará irritada comigo e não vai querer conversar. Convicção: 70%	Ligar para minha amiga.	Ela adorou receber a ligação e ter notícias minhas, e conversamos por muito tempo. Convicção: 10%
Se eu não arrumar a mochila do meu filho para a educação física, o professor vai ficar irritado e ele vai perder a aula. Convicção: 85%	Permitir que meu filho arrume a própria mochila.	Meu filho esqueceu o almoço e as meias, mas conversou com o professor, que lhe emprestou um par de meias, e os amigos dividiram o almoço com ele. Convicção: 65%

Aprenda a manejar a preocupação

O seu bem-estar é dinâmico, volátil e exige cuidados todos os dias. Lembre-se de que é você quem o administra. Alguns elementos podem ser controlados; outros, não. Então, é importante que você tente se concentrar nos que *consegue*.

Além de se expor a pequenas doses de incerteza, também é interessante refletir sobre seus padrões de preocupação. Pergunte a si mesmo: "Quanto tempo passei me preocupando hoje?" Psicólogos costumam usar uma escala de 100 pontos para ter uma ideia da frequência e do grau de intensidade da preocupação de alguém. A escala pode ser elucidadora, já que você pode nem se dar conta de *quanto* se preocupa. Também é bom manter um registro de todas as mudanças nas suas preocupações com o tempo — esta é outra oportunidade de usar seu diário:

Pense nas últimas 24 horas e escolha a palavra que melhor descreve o grau da sua preocupação: nenhuma (0), mínima (1-20), pouca (21-40), regular (41-60), muita (61-80) e extrema (81-100). Isso oferecerá uma base para que você se localize entre os níveis de "nenhuma preocupação" e "preocupação extrema".

Depois, escolha o número mais exato no intervalo de variação dessa base. Se você escolheu "regular" no primeiro passo, por exemplo, talvez se dê uma nota 56. Ou, caso tenha afirmado que se preocupou "muito", pode escolher qualquer pontuação entre 61, logo acima de regular, até 80, quase chegando à zona "extrema".

Então, reflita sobre o motivo da sua preocupação e pergunte a si mesmo: "É possível resolver o problema com o qual estou me preocupando?"

É óbvio que alguns problemas são mais fáceis de resolver do que outros. Se você estiver constantemente entrando em conflito com seu companheiro ou companheira, reservar um tempo para conversar sobre isso pode ajudar. Contudo, se estiver se preocupando com a possibilidade de um parente ficar doente no futuro, não há forma alguma de solucionar isso.

Caso suas preocupações principais possam ser resolvidas, identifique os elementos-chave e pense no que pode ser feito para resolver a questão. Tente não se apegar a detalhes irrelevantes — essa é uma forma recorrente e inútil de evitar ter que lidar com o problema. É comum que precisemos resolver questões sem termos acesso a todas as informações que julgamos necessárias, então é importante tomar decisões estando expostos a certo grau de incerteza. Você precisa encontrar um bom meio-termo entre reunir quantidades excessivas de informações e fugir completamente do problema.

No caso de preocupações impossíveis de resolver, confronte-as diretamente. Um jeito surpreendentemente eficiente de fazer isso é gravar a si mesmo descrevendo a preocupação da forma mais vívida possível, no celular. Escute a gravação quatro ou cinco vezes, prestando atenção e pensando nos detalhes. Enquanto você escuta, tente não reprimir a preocupação, apenas a absorva. Pode ser um exercício incômodo no começo, mas a exposição constante vai fazer a preocupação parecer cada vez menos ameaçadora.

Você acha que se preocupar faz diferença? É comum achar que o próprio ato de se preocupar faz alguma diferença. Trabalhei com o presidente de uma fábrica o qual achava que sua preocupação com a possibilidade de a equipe fazer o trabalho de forma descuidada era essencial para manter uma cultura de segurança. Isso se tornou um fardo pesado, porque ele não conseguia parar de pensar no que as pessoas estavam fazendo, questionando-as várias vezes ao dia sobre procedimentos de segurança. Como era de esperar, isso incomodou a equipe, porque os funcionários viam as perguntas constantes como um sinal de que o chefe não confiava em ninguém. Pedi a ele que tentasse se preocupar com apenas um funcionário por alguns dias, depois por outro nos dias seguintes, e então avaliar se havia alguma diferença no desempenho dessas duas pessoas. Aos poucos, ele começou a entender que suas preocupações só serviam para deixá-lo estressado e passou a ficar mais confortável com a incerteza, encontrando uma estratégia mais prática de lidar com a questão: limitou-se a debater os procedimentos de segurança com seus funcionários apenas uma vez por semana.

A preocupação costuma ser usada como uma estratégia rotineira, e, como acabamos de ver, isso nem sempre é útil. Muitas pessoas conseguem conter suas preocupações até se depararem com um momento de crise; e então elas se preocupam, e o "pensamento catastrófico" entra em palco.

Como lidar com uma crise

O que determina um ótimo desempenho costuma ser a sua capacidade de conseguir lidar consigo mesmo de forma eficiente no mundo imprevisível e incerto ao seu redor. E haverá momentos em que você irá se deparar com uma crise inesperada: o diagnóstico de uma doença grave, a morte de um ente querido ou a perda de um emprego. Em um momento de crise, você tenta manter tudo sob controle?

Bem, infelizmente tenho uma coisa para lhe contar — é impossível ter controle sobre tudo, além de ser a receita para o estresse contínuo.

1. Ao se deparar com uma crise ou um momento de grande incerteza, seu sistema de ameaças vai entrar em alerta total. Você pode sentir o coração acelerar, pode ficar tonto e até começar a sentir a respiração ofegante. Há uma série de passos que, se colocados em prática, podem ser úteis. Respirar fundo é um exercício extremamente calmante. Apenas pare por um momento e respire fundo várias vezes, lembrando-se de passar mais tempo soltando o ar do que o puxando. A menos que exista uma rota de fuga óbvia ou que seja necessário tomar uma atitude imediatamente, não tente melhorar a situação por enquanto.
2. Depois que você tiver se acalmado e absorvido o choque, observe o que está acontecendo na sua cabeça. Seus pensamentos são catastróficos? A situação pode ser resolvida em pouco tempo ou é provável que se prolongue, como no caso de receber o diagnóstico de uma doença grave?
3. Tente se afastar mentalmente da situação e analisá-la de um jeito objetivo, independentemente dos seus sentimentos e pensamentos. Isso se chama descentramento. Não é uma técnica fácil, mas é muito benéfica. O descentramento requer que você mude sua perspectiva e observe a situação e a sua reação sem julgamentos. Uma forma de fazer isso é usando a técnica NOSE, uma ferramenta surpreendentemente calmante. É algo que merece ser feito todos os dias, como um exercício de tranquilização, ou durante qualquer situação desagradável — você não precisa esperar por uma crise.

- Note o que está acontecendo no seu corpo.
- Observe a situação e o que está se passando em sua mente.
- Separe-se do que está acontecendo na sua mente.
- Experiencie a situação a partir de uma perspectiva diferente: *descentre.*

Espere pelo inesperado

Will Greenwood, hoje aposentado do rúgbi internacional, fez parte da seleção britânica vencedora da Copa do Mundo de Rugby de 2003. Nós dois fizemos uma apresentação em um evento sobre "adaptabilidade" e falamos sobre como a seleção da Inglaterra fez treinos específicos para se acostumar a "expectativas deslocadas". Eles se inspiraram no conceito da filosofia de treinamento da Marinha Real, que diz que "aquilo que você está esperando não vai acontecer". Uma técnica militar conhecida é esperar até o fim de um treino de corrida longo e difícil, quando os recrutas estão animados para entrar no transporte em direção a uma refeição e a um banho quente. No instante em que começam a relaxar, eles são informados de que precisam correr mais 8 quilômetros. A seleção de rúgbi adaptou a ideia para os próprios treinos e buscou estar preparada para todo tipo de situação inesperada: o outro time marcar pontos no último minuto, seus dois melhores jogadores sofrerem contusões, ter uma desvantagem grande no placar logo no começo da partida. A ideia não era apenas tentar prever e se preparar para essas situações específicas, mas consolidar a mentalidade de que as coisas nunca acontecem conforme o esperado.

Bob Bowman, técnico do nadador estadunidense Michael Phelps, também era um grande adepto dessa filosofia. Às vezes, ele quebrava os óculos de Michael pouco antes do treino ou de uma competição menos importante, para que Phelps precisasse nadar sem enxergar. Nas Olimpíadas de 2008, no começo da prova dos 200 metros borboleta, os óculos de Phelps afrouxaram e começaram a ficar cheios de água. Ele enxergou mal por boa parte da prova e não conseguiu enxergar nada nos últimos 50 metros — mas isso não o impediu de vencer e quebrar outro recorde mundial. Graças às técnicas pouco convencionais de Bowman, Phelps estava mentalmente preparado para aquela situação; ele sabia quantas braçadas precisaria dar para chegar ao fim da piscina, quando precisaria virar, e não foi afetado pelo incidente dos óculos.

Resumo do capítulo

- As pessoas têm diferentes graus de tolerância à incerteza, mas podemos nos esforçar para deslocá-los.
- A incerteza pode levar você a tomar decisões rápido demais e incentivá-lo a optar sempre pelo que é familiar, ainda que não seja necessariamente o melhor.
- Aprender a ficar mais confortável com sentimentos e pensamentos negativos vai ajudar você a lidar com a incerteza.
- Ser exposto a pequenas doses de incerteza em situações reais é uma forma poderosa de aumentar sua tolerância.

CAPÍTULO 3

A FLEXIBILIDADE DA NATUREZA

Na década de 1960, os biólogos estavam fascinados pelo sistema nervoso e seus segredos, e por isso buscavam a criatura perfeita para se estudar e chegar até eles. O sistema nervoso é composto pelo cérebro e pela medula espinhal, contendo emaranhados complicados de fibras nervosas que captam informações do mundo exterior e direcionam as ações do animal. O raciocínio é o de que, ao compreendermos o sistema nervoso, compreenderíamos as motivações dos animais e, eventualmente, o comportamento humano. O cérebro humano é complexo demais; os biólogos precisavam de um animal pequeno, com um sistema nervoso simples, que pudesse ser facilmente estudado.

A resposta se materializou na forma de uma espécie de nematódeo chamada *Caenorhabditis elegans*, e o biólogo Sydney Brenner começou o hoje famoso "projeto minhoca", no Laboratório de Biologia Molecular do Conselho de Pesquisa Médica (MRC, na sigla em inglês) da Universidade Cambridge, em 1963. As minhocas ainda são estudadas em laboratórios em todo o mundo e, desde então, se tornaram as criaturas mais compreendidas do planeta. Elas também são a base de tudo o que sabemos sobre o funcionamento do cérebro.

A agilidade faz parte do funcionamento até dos cérebros mais simples

Brenner e sua equipe descobriram muitas coisas fascinantes sobre o cérebro estudando a C. *elegans*, entre elas, o fato de que a agilidade está embutida até mesmo nessas minhocas com um sistema tão simples. A C. *elegans* tem exatamente 302 células cerebrais — ou neurônios —, com um total de oito mil conexões, ou sinapses, sendo realizadas entre elas. Esse sistema nervoso simples resulta em uma grande variação de comportamentos que ocorrem em circunstâncias bem restritas, o que significa que qualquer ação tomada pela minhoca costuma estar evidentemente conectada a um estímulo específico. Por exemplo, o estímulo da sensação de "frio" está estreitamente associado ao da ação "afaste-se", e uma queda no nível de oxigênio no solo aciona o estímulo da reação muito específica "fuja".

Contudo ainda há surpresas. Pesquisas bem mais recentes descobriram que, apesar dessa conexão rígida entre estímulo e ação, as minhocas ainda conseguem ser bem adaptáveis em suas respostas. Quando uma ameaça é detectada, a minhoca automaticamente começa sua rotina de fuga, mas há variações entre os *tipos* de fuga. Os cientistas perceberam que uma pequena quantidade dos neurônios das minhocas — chamados de "interneurônios de comando" — permanece ativa o tempo todo e pode gerar mudanças e retornos espontâneos de direção de formas aparentemente aleatórias. A minhoca se comporta de um jeito inesperado, virando para a esquerda ou para a direita, por exemplo, mesmo quando não há qualquer sinal ou gatilho externo para isso. Essa espontaneidade permite que a minhoca aprenda com as próprias experiências; por exemplo, ela pode encontrar uma fonte inesperada de alimentos ao mudar seu padrão de comportamento e virar para a esquerda. Então, até o simples sistema nervoso da C. *elegans* apresenta agilidade.

A agilidade no mundo natural

Desde células únicas até os sistemas biológicos mais complexos, a agilidade e a flexibilidade são essenciais. Quase todos os peixes, por exemplo, conseguem trocar de sexo no estágio embrionário para beneficiar a reprodução da própria espécie. Caso a população comece a diminuir, talvez devido à poluição química na água ou por grandes variações de temperatura, os machos em fase embrionária transicionam para fêmeas em uma tentativa de ajudar a sobrevivência da espécie. O oposto também acontece. Vejamos o goraz, por exemplo, uma espécie muito encontrada nas águas frias do Atlântico Norte. Por serem maiores, os peixes machos são mais visados por pescadores. Então algumas fêmeas mudam de sexo para preservar o equilíbrio. Da mesma forma, quando um cardume de peixes recifais perde seu único macho, a maior fêmea começa a se comportar como um macho em questão de horas e passa a produzir esperma após dez dias. Essa façanha impressionante é conquistada por meio de mudanças hormonais que começam a transformação dos órgãos, mudando o sexo dos indivíduos. A habilidade adaptativa de mudar de sexo explica o alto grau de diversidade que encontramos nos peixes — há cerca de 33 mil espécies diferentes de peixes, em comparação com as somente seis mil espécies de mamíferos.

Grandes adaptações naturais também ocorrem no comportamento de mamíferos para permitir que indivíduos ou grupos lidem rapidamente com ameaças. Essas mudanças podem passar por várias gerações até que se estabeleçam com firmeza, e espécies diferentes podem enfrentar ameaças comuns de formas muito variadas. Por exemplo, o frio extremo e a escassez de comida no inverno podem levar algumas espécies a migrar para climas mais quentes, onde há abundância de alimentos, enquanto outras hibernam durante toda a temporada mais hostil; a temperatura corporal desses animais diminui, de forma que não precisam comer nem se expor ao frio. São duas abordagens completamente diferentes para o mesmo problema, porém ambas funcionam muito bem.

Em um nível mais básico, temos as bactérias, que são capazes de se adaptar ao sequestrar genes de outro lugar, seja de células, incluídas outras bactérias, seja até de moléculas de DNA que flutuam no ambiente. Esse sistema de "transferência horizontal de genes" permite que as bactérias "adquiram" novas técnicas e hábitos que as ajudam a prosperar em diversos tipos de ambiente. Com essa adaptabilidade, além de outros fatores, elas são capazes de desenvolver forte resistência a antibióticos. Os vírus também se adaptam para sobreviver, de forma bem semelhante. Eles conseguem sofrer mutações rápidas para tentar se encaixar a um novo hospedeiro. Vimos isso acontecer com o coronavírus. Conforme as populações foram se vacinando, o vírus constantemente mudava. Essa é uma evolução biológica e a agilidade em ação, ainda que não tenhamos gostado do resultado.

Por sorte, nosso sistema imunológico também conta com uma série de artifícios para se defender. Gerald Edelman, biólogo estadunidense vencedor do Prêmio Nobel de 1972, descobriu que o sistema imunológico humano produz milhões de anticorpos, cada um com um formato levemente diferente, de forma que alguns deles tenham chance de se encaixar nos receptores químicos de um invasor e bloqueá-los. Isso oferece ao sistema imunológico uma capacidade impressionante de adaptabilidade. Ao produzir uma defesa para cada situação possível, ele está pronto para repelir praticamente todo e qualquer tipo de ataque.

O que vemos com frequência é que muitos genes, células do sistema biológico e estruturas biológicas distintas entre si conseguem executar a mesma função de formas variadas. Essa tendência dos sistemas de fazer a mesma coisa, apesar das vastas diferenças estruturais entre eles, é chamada de "degenerescência" na biologia, e é ela quem faz o sistema ser tão ágil e resiliente. Um bom exemplo é que vários processos bem distintos do corpo são capazes de converter o alimento em energia rapidamente. Isso significa que o metabolismo (a conversão de comida em energia) é um processo muito robusto, ou seja, mesmo que uma via não funcione — devido a alguma doença, por exemplo —, outra assume o controle, para que o sistema inteiro continue funcionando bem.

A flexibilidade também é essencial para o funcionamento do cérebro

A diversidade também é uma característica do nosso sistema nervoso. Em comparação aos 302 neurônios e oito mil sinapses no cérebro da C. *elegans*, estima-se que o cérebro humano tenha 86 bilhões de neurônios e faça centenas de bilhões de sinapses. Isso significa que temos uma capacidade muito maior de sermos ágeis. O lado negativo é que essa flexibilidade tem seu preço: enquanto o cérebro ocupa apenas 2% do nosso peso corporal, consome impressionantes 25% da nossa energia. No entanto, ele também é incrivelmente sofisticado e nos permite lidar com vários objetivos ao mesmo tempo.

Isso dá certo porque o cérebro se comunica com o corpo e consigo mesmo por meio de complexos padrões de conexões entre neurônios que fluem como ondas pelo cérebro. Não existem neurônios iguais em formato e tamanho, e cada um costuma receber mensagens de outros milhares. Isso significa que uma área minúscula do cérebro abriga bilhões de conexões, ou sinapses. Esses padrões extremamente intricados de conectividade não apenas são únicos para cada um de nós, como também não são fixos, podendo mudar com o tempo. Essa complexidade indica que é pouquíssimo provável que as conexões sejam sempre pré-programadas — em vez disso, precisamos da agilidade para que o sistema nervoso possa reagir rapidamente a novas circunstâncias.

Isso funciona de um jeito simples. Quando aprendemos algo novo, certas conexões neurais se fortalecem. Esse processo é chamado de regra de Hebb (ou teoria hebbiana), em homenagem ao psicólogo canadense Donald Olding Hebb, que descobriu que "células que disparam juntas permanecem conectadas". Em outras palavras, quando neurônios específicos são ativados ao mesmo tempo, as conexões entre eles se intensificam e todos reagem juntos, como se estivessem fisicamente conectados em um circuito. A conexão, porém, não é física; eles são unidos apenas por seu papel e pelo fato de que são ativados ao mesmo tempo. Se esses "circuitos" passarem um tempo sem serem usados com regularidade, então a aliança perderá a força e o "caminho" pode desaparecer.

Os circuitos de conexões neurais surgem e se transformam em reação a mudanças no ambiente e permitem que o cérebro ofereça respostas flexíveis a praticamente todas as situações. Para aumentar sua complexidade, muitos padrões diferentes de conexões neurais podem ter o mesmo resultado — outro exemplo de degenerescência. Quando aprendemos a falar uma palavra nova, por exemplo, um circuito de conexões entre os neurônios que associam um pensamento em nossa cabeça a movimentos musculares muito específicos da língua, da boca e das cordas vocais gradualmente se fortalece conforme aprendemos a pronunciar aquela palavra no contexto certo. No entanto, se você acabou de receber uma injeção de anestesia no dentista, os neurônios habituais que ativam os músculos da língua podem ter parado de funcionar momentaneamente, então outro circuito trata de entrar em ação, usando músculos um pouco diferentes, para desempenhar a mesma função. Isso explica a razão pela qual você fala meio esquisito até o efeito da anestesia passar. É algo que acontece o tempo todo. Se um circuito neural for abalado ou distraído, outro rapidamente pode tomar o lugar.

A recém-descoberta importância do intestino

Além das comunicações internas no cérebro, hoje sabemos que a conexão entre o cérebro e o corpo, especialmente o intestino, tem um papel bem maior em determinar nossos pensamentos e comportamentos do que imaginávamos. A principal prioridade do cérebro é manter a homeostase do corpo, coordenando todas as informações que recebemos do mundo exterior com o sistema que controla a maneira como agimos e o funcionamento da nossa fisiologia interna. Essa troca entre três partes — o eixo intestino-cérebro-arredores — garante que tenhamos recursos metabólicos suficientes para sobreviver e prosperar, e é com isso que o cérebro se importa de verdade. Isso é um reflexo do método switch na prática em um nível biológico; estar alerta às mudanças no ambiente, estar ciente do nosso interior e ser ágil são habilidades embutidas na maneira como o corpo e o cérebro dos seres humanos funcionam juntos.

A neurocientista Lisa Feldman Barrett descreve o processo como um "orçamento corporal" interno em que o corpo e o cérebro prestam atenção o tempo todo. O corpo tem recursos limitados, e, portanto, sempre que o cérebro se prepara para iniciar uma atividade, seja ela pensar, se mover, seja ligar para um amigo, ele calcula se o investimento vale a pena. Há energia o suficiente estocada para justificar esse gasto? Se você estiver demandando algum nutriente específico, por exemplo, o cérebro pode suprimir todos os outros processos e ações metabólicas para priorizar a busca por esse nutriente.

Essa contabilidade e antecipação constantes significam que o cérebro está o tempo todo fazendo previsões sobre os melhores caminhos a serem tomados, como mencionamos em capítulos anteriores. Talvez você precise fazer uma pausa no trabalho para lanchar, ou tenha que dormir, ou talvez precise se exercitar, ou esteja precisando de um alimento específico. O cérebro é projetado para ser ágil e permanecer alerta aos arredores.

A cada momento que passa, ele prevê o que deve acontecer em seguida, e então rapidamente absorve as informações sobre o que ocorreu. Se as coisas seguiram o esperado, as previsões continuam o ritmo normal. Se o resultado foi diferente, há uma pausa, um sinal de erro, que é armazenado nas redes cerebrais para consultas futuras. As consequências desse sistema são profundas. Em vez de ser um observador passivo da realidade, a forma como você vivencia o mundo é construída dentro do seu cérebro. Ele arrisca seu melhor palpite e então o cruza e verifica-o de acordo com as informações que recebe.

Pense no tenista Roger Federer esperando para rebater um saque. Os melhores profissionais, como Novak Djokovic, geralmente lançam bolas a 200 km/h. Isso faz com que Federer tenha menos de meio segundo para reagir, tempo que não é suficiente para se mover na direção certa, posicionar a raquete e acertar a bola. Em vez disso, o cérebro de Federer faz uma *previsão* inconsciente sobre a provável localização da bola, planeja a movimentação necessária antes de Djokovic dar o saque e rapidamente se reajusta caso algo inesperado aconteça. Estudos sobre o olhar de tenistas revelam que os jogadores normais observam a bola durante um saque, enquanto os atletas de elite observam os braços, o quadril e os movimentos gerais do corpo do oponente antes de ele acertar a bola. É assim que o nosso cérebro funciona, por antecipação em vez de reação, e isso vale tanto para a vida diária quanto para uma quadra de tênis.

E a natureza preditiva do cérebro é o motivo pelo qual fracassos e contratempos são tão importantes para o aprendizado. Às vezes, mais do que os sucessos.

Resumo do capítulo

- A agilidade está programada no nosso cérebro. Até uma simples minhoca, com apenas 302 neurônios, é ágil e consegue aprender com as próprias experiências.
- A agilidade é muito frequente no mundo natural e essencial para a sobrevivência. Ela é observada desde em peixes que trocam de sexo até o funcionamento dos sistemas imunológicos de mamíferos e a maneira como bactérias e vírus sobrevivem.
- Os principais componentes do método switch — estar alerta às mudanças no ambiente, estar ciente do nosso interior e ser ágil — são habilidades embutidas na maneira como nosso corpo e nosso cérebro funcionam.
- A flexibilidade é essencial para o funcionamento preditivo do cérebro.

CAPÍTULO 4

AGILIDADE E RESILIÊNCIA

Todos nós conhecemos alguém que parece lidar bem com qualquer desafio que surja na vida. Então qual é a diferença entre essas pessoas resilientes e o restante? É apenas uma característica da personalidade? É algo genético? Ainda não temos respostas definitivas. Nos últimos anos, resiliência se tornou uma palavra da moda, virando um objeto de estudo frenético de pesquisas científicas, porém ainda há muitas incertezas sobre o assunto, além de um debate interminável sobre o que queremos dizer com "resiliência". Na verdade, há pouco tempo percebemos que os pesquisadores estavam procurando por respostas no lugar errado, fazendo perguntas equivocadas.

O que é resiliência?

Ser resiliente significa ir melhor do que o esperado

Nossa compreensão sobre a resiliência mudou muito nas últimas décadas. Houve uma época em que uma pessoa resiliente era considerada aquela que não se abalava com o estresse, ou que era bem-sucedida e feliz o tempo todo, ou que conseguia "dar a volta por cima" após qualquer adversidade.

Entretanto, é óbvio, essas pessoas não existem. O estresse afeta todo mundo de alguma maneira. Hoje, sabemos que a resiliência é um processo contínuo e dinâmico de se adaptar a situações transformadoras e a muito estresse; às vezes reagimos bem, em outras nem tanto. O conceito mais adequado de pessoa resiliente é alguém que está indo "melhor do que o esperado" diante do problema que enfrenta. Talvez você esteja passando por uma fase difícil, se sentindo ansioso e deprimido após um trauma. No entanto, se isso for "melhor do que o esperado" levando em conta o contexto, então você continua sendo resiliente.

Nós somos bem mais resilientes do que pensamos

Quando observamos o que acontece com as pessoas pouco depois de um grande trauma, notamos que existem muitas vias levando à resiliência e ao sucesso. Contudo não costumamos levar em conta o fato de que, essencialmente, somos muito resilientes. Diversos estudos revelam que a maioria de nós, dois terços na verdade, supera até mesmo traumas graves de forma resiliente. Mesmo ao encarar situações arrebatadoras, como terremotos, a morte de um ente querido, ataques terroristas, perder tudo e se tornar um refugiado, dois terços das pessoas se adaptam bem e conseguem seguir em frente de forma funcional.

A resiliência não se resume apenas à mente

A resiliência tem tanto a ver com aquilo que *fazemos* e *temos* quanto com o que pensamos e sentimos. Em vez de buscar pela poção mágica que torna uma pessoa mais resiliente do que a outra, é mais realista encarar a resiliência de forma mais holística. Na verdade, pesquisas recentes revelam que há uma variedade de fatores "protetores" — vantagens práticas que afetam a resiliência — que a aumentam e, ainda mais importante, que podem ser modificados. Por exemplo, há cada vez mais evidências de que nossos relacionamentos e uma rede de apoio social são fundamentais, e que a resiliência costuma se resumir em conseguir aquilo de que você precisa em meio a uma situação difícil. Isso pode incluir ações como buscar ajuda, ao invés de se afastar dos outros, quando as coisas dão errado, reduzir o consumo de álcool e drogas, preferir comportamentos saudáveis, como uma dieta melhor e exercícios físicos, assim como resistir a hábitos problemáticos, como se preocupar demais e ficar remoendo problemas. Ter acesso a recursos externos, como quando temos a sorte de usufruir serviços básicos, também é essencial.

Michael Ungar, renomado pesquisador sobre a resiliência, usa o conto de fadas "Cinderela" para ilustrar isso. "Nós interpretamos a história do jeito errado", diz ele. "Todo mundo acha que a transformação de Cinderela acontece por causa de suas características interiores, sua beleza, sua bondade, seu otimismo e sua determinação." Apesar de tudo isso ter sido importante, Ungar sugere que o fator a ter feito que realmente a diferença foi a fada madrinha. "Pense bem", diz ele. "A fada madrinha deu tudo o que ela precisava para ir ao baile; sem as roupas bonitas e a carruagem para levá-la, ela jamais conseguiria conhecer o príncipe."

Caso sua casa seja inundada, a coisa que mais lhe ajudaria seria ter um bom seguro para a reconstrução; para se recuperar de uma doença grave, você precisa de acesso a tratamento médico e tempo para se recuperar; se você perdeu seu lar e se tornou um refugiado, um pacote de apoio financeiro e social é a medida que provavelmente lhe ajudaria mais. Vários estudos sobre resiliência em refugiados realocados em outros países mostram que um indicador importante é a presença de pelo menos um filho que saiba falar o idioma do novo país. Conseguir se comunicar em um ambiente diferente e estranho faz com que uma pessoa tenha mais chances de conseguir aquilo de que precisa. Talvez não tenhamos todos os mesmos recursos físicos, porém a capacidade de negociá-los pode ser transformadora.

Não existe apenas uma forma de ser resiliente

Esses "fatores protetores" não necessariamente estarão sob nosso controle e serão diferentes em cada situação. Pense no impacto que um professor pode causar em uma criança pequena. Muitas pesquisas indicam que um professor incentivador e encorajador costuma transformar a vida de uma criança de forma decisiva — e pode fazer com que ela se liberte de um caminho desastroso e siga rumo ao sucesso. Outros estudos, porém, concluíram que um bom professor pode ter pouca influência sobre a resiliência de seus alunos. Por que isso acontece? A resposta é bem evidente. Se uma criança vem de uma família que já lhe oferece apoio, uma base segura e muito incentivo, então o impacto de uma escola, ou de um professor específico, é relativamente menor. Em contraste com esse cenário, para crianças que vêm de famílias complicadas, com pouco apoio e incentivo, o impacto de um professor encorajador é imenso. Assim, certos fatores — nesse caso, um professor acolhedor — não são exatamente "protetores". No lugar, o grau de proteção depende tanto das circunstâncias da criança quanto do comportamento do professor.

Isso significa que a busca pela essência da resiliência em um indivíduo está fadada ao fracasso, porque, conforme o contexto, ela varia muito. A utilidade dos nossos mais variados hábitos e habilidades pessoais é determinada apenas pela natureza da crise que tentamos enfrentar. Algo que pode ajudar uma pessoa a lidar com a perda do lar e de todas as posses quando casa em que ela mora pega fogo não é o mesmo que pode ajudar alguém que tenta salvar uma empresa da falência. Isso também vale para a maioria das situações rotineiras. Por exemplo, treinar com regularidade na academia e permanecer fisicamente ativo podem ser uma ótima forma de aumentar a resiliência, porém se você estiver se recuperando de uma doença grave, obrigar-se a fazer exercícios pode ser prejudicial e enfraquecer sua resiliência. O consenso mais recente sobre a resiliência é mais sutil e nos diz que, ao nos deparar com adversidades, cada um de nós precisa seguir o próprio caminho de superação.

A agilidade é essencial para a resiliência

Como a resiliência é um processo dinâmico com muitas facetas, e não uma característica interior, diferentes soluções são necessárias em situações distintas. É por isso que uma mente ágil é tão importante: ela nos ajuda a negociar e a encontrar os recursos dos quais precisamos. Em algumas ocasiões, eles são internos; em outras, vêm de fora. Caso você esteja sofrendo assédio ou provocações de um chefe agressivo, dedicar uma hora toda manhã para meditar e lidar com o estresse pode não ser a estratégia mais útil. Por um lado, talvez seja melhor tentar encontrar um novo chefe ou buscar formas de se afastar dessa situação. Por outro, caso esteja tentando lidar com o estresse de um longo tratamento de quimioterapia, a meditação pode ser muito útil.

Estudos realizados pelo grupo do meu laboratório exploraram a resiliência em relação à ansiedade e a depressão ao longo dos anos cruciais da adolescência. Nosso plano de condução é entender bem as situações pelas quais as pessoas passaram antes de avaliar se elas estão indo melhor ou pior do que seria esperado. Focamos nosso estudo em uma série de acontecimentos graves, como a morte de um genitor, agressão familiar e divórcio, mas também em situações mais positivas, como se mudar. Concluímos que vir de uma família com mais acesso a recursos com certeza oferece mais vantagens quanto à resiliência, assim como ser homem e ter boa autoestima. Os motivos para isso são, obviamente, complexos, ainda mais quando se trata da questão de gênero. Nos estudos em ambientes corporativos, as mulheres estão no mesmo patamar que seus colegas homens em termos de autoestima e capacidade de negociação. No entanto, há também evidências de que algumas das características relacionadas — a capacidade de pedir por aquilo de que você precisa, por exemplo — são elogiadas nos homens, mas parecem ser socialmente indesejáveis em mulheres.

Como podemos nos tornar mais resilientes?

Podemos escolher lidar com nossos problemas nos concentrando neles ou no que sentimos. Nossas descobertas sobre gênero e resiliência também refletem o fato de que mulheres costumam sentir mais ansiedade e sofrer de depressão do que homens. Não sabemos exatamente por que isso acontece, mas uma pista pode estar na diferença de comportamento que homens e mulheres exibem ao se deparar com situações estressantes. Em momentos de estresse, os homens costumam tentar solucionar os problemas, enquanto as mulheres tendem a remoê-los. Essas estratégias objetivam eliminar as situações difíceis enfrentadas — "foco no problema" — ou enfrentar a fonte do estresse de alguma maneira — "foco na emoção". E há uma imensa quantidade de pesquisas acerca das vantagens e desvantagens de ambas.

A estratégia com foco na emoção está relacionada à forma como o indivíduo tenta lidar com o estresse. Talvez a pessoa tente rezar e pedir por orientação e força, ou busque se distrair, conversar com amigos sobre o problema, se reconfortar com comida, usar drogas, se embriagar ou pensar sobre a situação de um jeito que reduza o impacto emocional que ela causa. Algumas dessas abordagens são úteis para enfrentar situações quando você não tem muito controle sobre a fonte do estresse. No entanto, quando existe a possibilidade de controlar a raiz da questão, estratégias focadas no problema costumam ser uma solução mais eficaz. Isso envolve avaliar os prós e contras de ideias diferentes para tentar confrontar diretamente a situação estressora. Imagine um contexto em que é nítido que você esteja sofrendo discriminação ou sendo ignorado no ambiente de trabalho quando surgem oportunidades de promoção. Se você preferir uma abordagem com foco emocional, talvez reclame com amigos fora do trabalho, tente meditar, relaxe e evite pensar no assunto. Todas essas abordagens podem ajudar você a lidar com a situação em curto prazo e a se sentir melhor, mas não vão resolver nada. Uma abordagem focada no problema pode ser conversar sobre o assunto com o seu superior direto, começar uma campanha com o sindicato ou simplesmente procurar um novo emprego.

Pergunte a si mesmo se você é flexível quanto a sua abordagem

Como vimos no Capítulo 2, é sempre importante se afastar da situação e refletir se você realmente tem qualquer controle sobre uma situação difícil. Só então é possível decidir qual será a melhor forma de lidar com ele. Você é capaz de enfrentar diretamente o problema? Ou ele é do tipo que você precisa esperar passar? Caso precise extrair um siso, precisa enfrentar a situação. Algumas pessoas são inflexíveis em seu zelo pelo controle e tentam desesperadamente solucionar toda situação estressante que encontram. Outras são rígidas, compreendendo todo acontecimento estressante como algo incontrolável. As mais ágeis vão julgar algumas situações como controláveis e outras como incontroláveis. Cada vez mais pesquisas revelam que encarar as coisas de forma flexível está associado a uma sensação maior de felicidade e bem-estar. Pense em si mesmo. Você tende a enxergar os acontecimentos mais estressantes como controláveis ou incontroláveis? Será que sua abordagem poderia ser mais flexível?

Quando converso com jovens em eventos escolares, a flexibilidade é um assunto constante. Ao explicar como lidam com dificuldades e desafios, os que enfrentam bem as situações costumam descrever que sempre tentam várias soluções em potencial. As crianças que encaram as dificuldades de formas variadas, e implementam essas abordagens mais rapidamente, têm mais chances de superar as adversidades. Na verdade, uma conclusão intrigante que surgiu dessas discussões mostra que a adversidade, em certos casos, pode ser algo positivo. Ecoando o velho mantra "O que não te mata, te deixa mais forte", as crianças que passam por muitos momentos difíceis costumam desenvolver uma série de mecanismos que usam de forma flexível e eficiente, o que as torna muito mais resilientes. Essa conclusão tem o respaldo dos nossos estudos, que analisaram os dados com cuidado e indicam que estilos de raciocínio mais flexíveis também estão associados a um grau maior de resiliência.

Uma infância com graves privações pode causar sérios problemas no desenvolvimento, na saúde geral e na capacidade de aprender e prosperar de uma criança. Por esse motivo, cientistas sociais e políticos costumam se concentrar apenas no chamado "modelo de déficit". Isso significa observar o que há de *errado* com crianças que vêm de lares pobres e em situação de desamparo, e não no que há de certo. O modelo de déficit, porém, ignora informações interessantes sobre crianças nessa situação: elas aprendem a se adaptar ao seu ambiente imediato e também costumam adaptar seus processos mentais para lidar com os desafios da melhor forma possível.

Privações e dificuldades podem impulsionar a resiliência

Durante um dos meus estudos, conheci um adolescente chamado Andy. Os pais de Andy eram viciados em drogas, e a mãe frequentemente era violenta. Por causa disso, desde os 8 anos de idade, Andy entrava e saía de programas de acolhimento público. "Chegava um momento no dia", contou Andy, "em que eu começava a notar os sinais de que ela estava se transformando." "Que tipo de sinais?", perguntei. "A voz dela mudava", explicou ele. "Ela me olhava com uma cara feia." Era então que Andy entendia que precisava sumir. Ele se tornou mestre em notar até mesmo as mudanças mais sutis. Desde que ficasse fora do caminho da mãe, estava seguro, mas, se resolvesse passar um tempo na cozinha enquanto ela estava com aquele humor, sabia que teria problemas.

A capacidade de notar o menor sinal de raiva é essencial para a sobrevivência de uma criança que, assim como Andy, vive com um adulto violento. Andy se tornou extremamente vigilante, o que poderia criar dificuldades nas situações erradas, mas também era muito resiliente e lidava bem com os problemas. O fato de ele ter uma inteligência social impressionante e ajudar muitos colegas a superar as próprias adversidades não era coincidência. Os professores relatavam que Andy estava se tornando um líder muito habilidoso. Ele aprendeu a adaptar seu comportamento às necessidades específicas da situação imediata.

Essa habilidade de equiparar atos e pensamentos à situação imediata é fundamental para um resultado resiliente. Anos depois, quando já estava em um relacionamento feliz e estável, Andy não seria tão próspero se tivesse mantido o mesmo grau de vigilância necessário durante a infância. É a *flexibilidade* para modificar e adaptar esses processos de acordo com situações diferentes que realmente prevê quem prospera e quem tem dificuldades com vários desafios da vida.

A mensagem para todos nós é que a agilidade é uma habilidade vital para termos uma vida mais resiliente. Não podemos fugir das adversidades e desafios; portanto, a resiliência depende de encontrarmos o máximo de formas possíveis de lidar com eles, juntamente com a flexibilidade para mudar de tática, caso seja necessário.

Ser ágil é a alma da resiliência

Quanto mais testamos diversos tipos de solução para problemas diferentes da vida, mais profundamente absorvemos um conhecimento profundo do tipo de estratégia que pode funcionar em situações específicas. Ao longo do livro, você verá que o segredo da prosperidade é resistir à rigidez que se torna tão tentadora após encontrarmos um cantinho confortável. E se você for capaz de se comportar e pensar com agilidade, desenvolverá a plasticidade mental necessária para adaptar e otimizar seu desempenho, independentemente dos desafios que a vida apresentar.

Vejamos outro exemplo. No começo da década de 1980, Jason Everman explodiu um vaso sanitário da escola com uma bombinha ilegal. Ele foi suspenso por algumas semanas e passou a ter acompanhamento psiquiátrico. Jason se recusava a falar durante as sessões, mas, por um acaso, o psiquiatra gostava de violão e começou a tocar algumas músicas, ensinando os acordes para Jason. Sua família brincava que aquelas eram as aulas de violão mais caras do mundo. O psiquiatra achava que a música ajudaria Jason a se abrir. Não ajudou; no entanto, mudou a vida de Jason. Poucos anos depois, um amigo de infância o convidou para integrar uma banda nova, que precisava de um baixista. Ela se chamava Nirvana. Jason, que ainda passava por situações de humores soturnos, foi expulso da banda apenas alguns meses antes de ela estourar.

No entanto, ele se adaptou rapidamente e logo foi convidado para tornar-se membro de outra banda, que era ainda maior que o Nirvana na época, os Soundgarden. Ele sempre teve desejo de tocar com o grupo, por isso ficou muito feliz. O ano seguinte foi uma mistura empolgante de turnês pela Europa e pelos Estados Unidos, aprimoramento de suas habilidades e planejamento de um novo álbum, que Jason ajudou a pagar com o que ainda restava de suas economias. Quando a banda voltou para casa, prestes a alcançar o estrelato, Jason foi expulso — de novo. No ano seguinte, o novo álbum dos Soundgarden, que Jason havia ajudado a bancar, ganhou disco de platina duplo, e o Nirvana, todos sabemos, se tornou a maior banda de rock do planeta. Muitos anos depois, em uma entrevista para o *New York Times*, Jason admitiu que ficou arrasado na época, e precisou de meses para se recuperar.

Ele se mudou para Nova York e se juntou a outro grupo, chamado Mindfunk, mas logo se deu conta de que não queria ser um cara em sua

15ª banda, relembrando a época emocionante em que tinha feito parte do Nirvana e dos Soundgarden. "Eu toquei em bandas maneiras", disse ele, "mas fiquei muito empolgado para fazer a coisa menos maneira do mundo." Lá se foi o piercing no nariz, lá se foi o cabelo comprido, e, aos 26 anos, Jason se alistou no Exército. Ele também se destacou lá, e acabou servindo nas Forças Especiais dos Estados Unidos no Afeganistão e no Iraque, recebendo várias medalhas por bravura. "Os humores soturnos não desapareceram", contou um colega militar para o *New York Times*, "eles simplesmente pararam de fazer diferença: não interferiam mais em seu trabalho." Quando saiu do Exército, Jason entrou na faculdade e concluiu um bacharelado em filosofia na Universidade Columbia, em Nova York, aos 45 anos, e depois foi estudar História Militar na Universidade Norwich. Atualmente, ele está aprendendo a velejar e almeja dar a volta ao mundo sozinho, porque é "o clássico conflito do homem contra a natureza". Ele pretende "continuar envolvido com o mundo, com a vida", porque "envelhecer, por si só, já é uma aventura".

A pressão e o estresse podem aumentar a tentação de se manter apegado ao que é familiar. Como vimos no Capítulo 2, quando nos sentimos inseguros ou assustados, nossa tendência natural é voltar ao que deu certo antes, em vez de manter a mente aberta. Jason podia ter continuado tocando em bandas, porque era algo familiar e algo em que era muito bom, mas também entendeu que aquilo não estava dando certo. Então teve a coragem de mudar para um estilo de vida completamente novo. Essa agilidade o ajudou a se adaptar, no lugar de permanecer apegado a velhos hábitos.

Para aumentar a resiliência, precisamos do método switch

Essa mentalidade de enxergar a vida como uma aventura, de manter a mente aberta e também a agilidade de tentar coisas novas é o melhor exemplo do método switch e da resiliência. Nossos ancestrais prosperaram porque desenvolveram a capacidade de se adaptar a uma grande variedade de ambientes; da mesma forma, pessoas resilientes conseguem usar uma série de estratégias para se ajustar aos desafios que a vida oferece.

Todos nós podemos melhorar nossa capacidade de resiliência ao desenvolver os quatro pilares do método switch, que serão apresentados nos próximos capítulos. Ser ágil significa usar quaisquer características, habilidades ou recursos que sejam mais adequados para a situação que se esteja enfrentando. Para desenvolver resiliência, precisamos abrir a mente, avaliar a situação com um novo olhar e decidir qual é a melhor estratégia naquele momento. Quanto mais dominarmos os princípios do switch, mais resilientes nos tornaremos.

Resumo do capítulo

- Resiliência não se trata de permanecer impassível diante de mudanças e adversidades, mas de ir "melhor do que o esperado" no contexto da situação que você enfrentou.
- A resiliência não é uma poção mágica, mas algo dinâmico, influenciado por muitas coisas diferentes, e é por isso que está tão associada à agilidade.
- A resiliência é determinada tanto pelo que *fazemos* e *temos* quanto pelo que pensamos e sentimos.
- Superar desafios e passar por adversidades costumam aumentar a resiliência.
- A agilidade, ou flexibilidade, para lidar com situações estressantes é essencial para o desenvolvimento da resiliência.

O PRIMEIRO PILAR DO MÉTODO SWITCH

AGILIDADE MENTAL

CAPÍTULO 5

AS VANTAGENS DA AGILIDADE MENTAL

Era uma linda manhã ensolarada, e Paddi Lund estava prestes a sofrer um colapso mental.

Externamente, ele estava bem. Sua vida financeira era boa e ele tinha uma clínica de odontologia bem-sucedida em um bairro residencial agitado de Brisbane, cidade na Austrália. No entanto, estava obcecado em tentar construir um império empresarial, em vez de apenas trabalhar no emprego que amava. Ele vivia estressado, e seus relacionamentos pessoais estavam se deteriorando um a um. A vida era profundamente infeliz e não lhe trazia prazer algum.

Paddi se deu conta de que precisava fazer algo radical. Após dez anos construindo uma empresa lucrativa, ele perguntou a si mesmo do que realmente gostava e como poderia aprimorar essas experiências. Então percebeu que parte do problema era que só gostava da companhia de alguns pacientes — e se incomodava com o restante, que configuravam a maioria. Paddi decidiu diminuir o ritmo e atender apenas os pacientes de quem gostava. Isso significou se livrar de quase oitenta por cento de sua clientela. Ele tirou o consultório da lista telefônica, deletou seu site, retirou todas as placas da fachada e pediu aos pacientes restantes que o recomendassem a amigos. Seu raciocínio foi o de que provavelmente seria mais fácil se dar bem com os amigos das pessoas de quem ele já gostava. Então Paddi transformou metade do seu prédio em uma cafeteria, com o objetivo de criar uma clínica com um ambiente feliz. Alguns anos depois, ele trabalhava cerca de 22 horas por semana e tinha mais do que dobrado sua renda. A carga horária reduzida possibilitou que ele passasse mais tempo com a família e os amigos, e também descobrindo novos hobbies. E o mais importante de tudo: Paddi estava feliz.

O que é agilidade mental?

Todos nós iremos encarar níveis diferentes de estresse em momentos distintos da vida. "Em toda vida cai um pouco de chuva", refletiu o poeta Henry Wadsworth Longfellow. O dentista Paddi Lund encontrou a própria forma inovadora e ágil de lidar com uma vida estressante e fez uma grande mudança. Há, porém, muitas formas de lidar com estresse, e nem todas são radicais. Então é importante ter um leque de opções para lidar com o estresse e a ansiedade. Isso faz parte da agilidade mental — encarar nosso mundo complicado de forma flexível. É bem provável que não exista uma abordagem única que solucione todas as questões. Como alertou o psicólogo estadunidense Abraham Maslow: "Se a única ferramenta que você tem é um martelo, imagino que seja tentador tratar tudo como se fosse um prego." Maslow quis dizer que tendemos a enfrentar problemas com as ferramentas mais próximas, em vez de olharmos ao redor para identificarmos uma opção melhor.

O mesmo vale para processos mentais. Se você tiver o hábito de lidar com um problema de determinada forma, então sua abordagem pode dar certo em alguns momentos, porém, em outros, ela pode ser a pior possível. Nós já vimos que se voltar para dentro e ficar rigidamente remoendo um problema em sua mente — se preocupando — é o método mais escolhido em fases atordoantes ou incertas. Em certas ocasiões, isso pode ajudar; porém, na maioria das vezes, só piora tudo. Chega um momento em que você precisa ir além de seus pensamentos, de remoer as coisas, e, como Paddi Lund descobriu, começar a pensar rápido, para encontrar soluções no mundo exterior.

Como saber se você é mentalmente ágil?

Vários anos atrás, percebi que as classificações disponíveis para agilidade mental eram inadequadas. Então, junto da minha equipe do laboratório, desenvolvemos um novo questionário com os principais componentes da flexibilidade psicológica, passando quase dois anos aplicando essas perguntas a centenas de voluntários. Você pode responder ao *Questionário de agilidade mental* abaixo para descobrir sua agilidade mental em comparação com a de milhares de estudantes, empresários e atletas que já se submeteram a ele.

Questionário de agilidade mental

Seguindo a escala a seguir, avalie o grau com que você concorda ou discorda de cada uma das questões. Pense bem sobre cada uma e responda com sinceridade.

6. Concordo totalmente
5. Concordo
4. Concordo um pouco
3. Discordo um pouco
2. Discordo
1. Discordo totalmente

( ) Sou otimista quanto ao futuro.
( ) Sou muito mais aberto a mudanças do que meus amigos.
( ) Tenho facilidade para me acostumar com situações diferentes.

( ) Às vezes, tenho atitudes incomuns.
( ) Sei que consigo me adaptar a novas situações.
( ) Sei que, na vida, as coisas sempre mudam.
( ) Quando começo algo, tenho facilidade em parar, caso seja necessário.
( ) Quando me deparo com dificuldades, busco uma solução de várias formas diferentes.
( ) Tenho facilidade para mudar o foco dos meus pensamentos.
( ) Lido bem com o inesperado.
( ) Fico empolgado com as mudanças, e não estressado.
( ) Às vezes, penso de um jeito muito diferente do restante das pessoas.
( ) Gosto de aprender com os outros.
( ) Consigo lidar com ideias diferentes simultaneamente.
( ) Tenho facilidade em equilibrar meus objetivos em longo prazo com o que desejo fazer em curto prazo.
( ) Aprendi que algumas coisas que faço dão certo em determinadas situações, mas não em outras.
( ) A maioria das coisas não é facilmente definida, mas bastante complexa.
( ) Consigo perceber quando o humor das pessoas muda.
( ) Consigo aprender com os meus erros.
( ) Tenho facilidade para mudar de ideia quando vejo que isso dá certo para outras pessoas.

Agora, calcule sua pontuação para encontrar um valor de 20 a 120. Em resumo, podemos chegar às seguintes conclusões:

1. Uma média de 20 a 60 indica *Baixa Agilidade* ou *Inflexível*.
2. Uma média de 61 a 79 fica no espectro mais baixo de *Agilidade Normal*.

3. Uma média de 80 a 99 fica no espectro mais elevado de *Agilidade Normal*.
4. Uma média de 100 a 120 indica *Agilidade Elevada* ou *Flexível*.

Qual foi a sua pontuação? Independentemente do resultado, lembre-se de que ele não é imutável. Você pode ser uma pessoa muito inflexível agora, mas pode perceber um aumento na sua agilidade mental após fazer os exercícios deste livro. Caso já seja uma pessoa ágil, isso é ótimo, mas não se acomode — essa característica pode sempre ser aprimorada.

O poder de uma mentalidade ágil

Graças à sua mentalidade ágil, Paddi conseguiu implementar mudanças que transformaram sua vida. Das profundezas do seu desespero, sua disposição em se guiar pelo instinto lhe deu a liberdade de escolher a melhor forma de conduzir a própria vida. Apenas pense em como ter uma mentalidade tão ágil assim poderia afetar sua vida. Esse é o primeiro pilar do método switch: como desenvolver agilidade.

Fuja das fronteiras de uma mentalidade limitante

A agilidade liberta a mente para refletir sobre possibilidades alternativas, bem como permite que você fuja de mentalidades antiquadas — algo que certos psicólogos chamam de "tirania da automação". Essa "tirania" se refere à dificuldade de abrir mão da forma habitual de fazer as coisas. O mantra "Sempre fizemos assim" não é um motivo bom o suficiente para manter qualquer hábito ou processo. O *status quo* pode ser confortável, mas é importante questionar as coisas: nossos costumes e comportamentos passados realmente nos ajudam?

Manter ou mudar?

Ser ágil engloba uma variedade de habilidades, mas costuma se resumir a uma decisão simples: você se mantém firme ou muda? Mudar é exaustivo e, portanto, só deve ser uma opção quando for necessário e útil. A natureza extenuante da mudança também é um motivo pelo qual apresentamos a tendência natural a nos manter firmes, correndo o risco de desenvolver artrite mental.

Pense em uma época em que você passou por uma dificuldade real, teve uma sensação de infelicidade, ou apenas sentiu um desconforto geral. Talvez você tenha se perguntado se havia chegado o momento de mudar. Essa não é uma decisão simples. Não é bom desistir das coisas apenas porque elas parecem difíceis. Ninguém conquistaria medalhas olímpicas nem teria sucesso em qualquer outra coisa na vida se desistisse quando fosse necessário se esforçar de verdade, ou demonstrar "determinação". No entanto, há momentos em que a determinação incansável não melhora nada e pode até ser comparada a tentar derrubar uma parede de tijolos empurrando-a: há pouquíssimas chances de sucesso. A relutância em mudar de rumo pode causar infelicidade e fechar as portas para outras opções. Elaborar planos e segui-los de forma implacável, independentemente dos resultados que encontra pelo caminho, não dá certo.

Você consegue se lembrar de algum momento na vida em que permaneceu apegado a algo, ou a alguém, por tempo demais? Havia sinais de que uma mudança era necessária? O que impediu você de mudar? Pensar nisso pode lhe ajudar a avaliar se você tende a não abrir mão das coisas quando é óbvio que chegou a hora de mudar. Ou talvez o oposto aconteça, e você tenha tendência a desistir antes da hora certa. Essa decisão fundamental — manter ou mudar — se aplica a partes importantes da vida, mas também a escolhas menores, rotineiras.

As duas estratégias são válidas para objetivos e momentos diferentes da vida. Quando você está focado em apenas uma tarefa que exige prática e repetição, como treinar para uma competição ou estudar para uma prova, então a persistência é necessária. No entanto, se você estiver elaborando um projeto complexo, com vários elementos distintos, talvez precise alternar regularmente entre aspectos diferentes da tarefa.

Se o mundo permanecesse igual, a determinação seria sempre a resposta; porém, como vimos nos últimos tempos, a única coisa previsível na vida é a imprevisibilidade. As pessoas nem sempre se comportam como o esperado, surpresas acontecem, e novas invenções acabam tornando nossas habilidades obsoletas.

Um cérebro capaz de se adaptar com mais facilidade nos ajuda a prosperar

Estudos científicos recentes e de ponta mostram que aquilo que costuma ser denominado por pesquisadores da psicologia como "flexibilidade psicológica" — que eu chamo de "agilidade mental" — está diretamente associado à felicidade e ao sucesso. Não importa o nome que você use, essa característica já foi medida de diversas maneiras, em geral por meio de questionários e entrevistas. Os meus estudos tentaram ir "além do óbvio" e encontrar uma forma de entender como o cérebro consegue auxiliar a agilidade mental de nossos atos de forma mais ampla. Meu trabalho explora a fluidez com que o cérebro se mantém firme ou faz uma mudança. Vamos entrar em mais detalhes sobre ele no próximo capítulo, porém, por enquanto, a proximidade das conexões que encontramos entre uma série de vieses diferentes pode ser uma pista. Vou utilizar um dos meus estudos com adolescentes como exemplo para explicar melhor.

O primeiro passo do estudo foi medir três tipos de viés cognitivos nos adolescentes, avaliando diretamente se eles dirigiam a *atenção* a imagens agradáveis ou desagradáveis, o que se *lembravam* delas e como *interpretavam* situações ambíguas propostas por nós. Isso nos oferece três medidas distintas dos vieses: uma para o sistema de atenção, uma para o sistema de memória e uma para o sistema de interpretação. Como um exemplo, para medir um viés de memória, apresentamos várias palavras aos participantes, algumas desagradáveis (câncer, fracasso) e outras agradáveis (festa, sucesso), e depois pedimos que se lembrem do máximo possível delas. As pessoas propensas a viver com ansiedade e depressão tendem a se recordar bem mais das palavras desagradáveis do que das agradáveis, enquanto as que não têm altos graus de ansiedade não demonstram essa inclinação ao negativo. Essa conclusão é condizente com a de muitos outros estudos os quais revelam que pessoas com a vida próspera tendem a não se lembrar muito das situações negativas pelas quais passaram.

Após reunir esses dados, analisamos como os diferentes vieses se associavam. Descobrimos algo fascinante: todos os três vieses sobre ameaças e negatividade tinham uma conexão muito mais próxima nos adolescentes que lutavam contra a ansiedade e a depressão. Então, por exemplo, quando um viés sobre determinada questão, como uma memória traumática, fosse ativado, ele rapidamente acionava os vieses da atenção e de como a ambiguidade é interpretada. Era como uma central telefônica antiga — uma rede —, na qual extensões diferentes (vieses) se conectam de forma que, quando alguém liga para uma delas, todas acabavam tocando. Isso significa que, para alguns adolescentes, todos os três vieses negativos eram ativados quando qualquer um entrava em ação. No fim das contas, isso quer dizer que o cérebro deles é impulsionado a reproduzir e acumular um pensamento negativo atrás do outro, aumentando ainda mais o estresse e a ansiedade.

No caso dos adolescentes que não sofriam de ansiedade, as conexões eram bem diferentes. Neles, a conexão entre os vieses era muito mais indefinida. Era um pouco similar a uma rede desconectada, em que as ligações entre certas extensões (vieses) estivessem soltas. Assim, se um viés de memória fosse ativado, não necessariamente outros vieses viriam à tona em seguida. Isso significa que alguns adolescentes são mais capazes de pensar sobre coisas negativas sem acionar uma série de conexões de negatividade associadas a elas.

Ainda não entendemos completamente por que isso acontece. Está evidente, porém, que um sistema mais livre e ágil leva a uma mentalidade mais aberta, com a capacidade de cogitar muitas possibilidades, inclusive ações que podem não ter dado certo no passado. Essa configuração levemente conectada significa que é menos provável que as pessoas fiquem presas a velhos hábitos, o que as torna mais propensas a prosperar. E a boa notícia é que podemos treinar o cérebro para ser assim e tornar-se mais ágil.

Como podemos ajudar nosso cérebro a se tornar mais flexível?

Essa característica escondida nas profundezas do cérebro é refletida em uma capacidade de mudar o rumo de um pensamento ou comportamento de acordo com novas necessidades. Uma forma de alimentar essas conexões mais flexíveis no próprio cérebro é fazer pequenos ajustes à forma como você interpreta os acontecimentos ao seu redor. Uma técnica simples é começar a prestar atenção em algumas coisas que irritam ou chateiam você, e ver se é possível encontrar uma nova forma de processá-las, em vez de permitir que sua mente se apegue ao atalho mais óbvio e negativo.

Digamos que você esteja triste porque uma amiga quase nunca entra em contato — é sempre você quem precisa fazer isso. Talvez você sinta que ela não tem interesse em manter a amizade. No entanto, não seria possível que existissem outras explicações igualmente plausíveis? Talvez ela esteja tão ocupada com o trabalho ou com a família que nunca consiga encontrar tempo. Ou talvez ela pense que você esteja ocupado e não tenha interesse em encontrá-la, então espera a sugestão partir de você. Ao se deparar com esse tipo de situação, tente pensar em várias outras interpretações que não sejam um reflexo negativo de você.

A ideia é constantemente desafiar suas interpretações. Se esse exercício for feito com regularidade, vai ajudá-lo a desafrouxar as conexões na sua mente, para que elas se tornem mais abertas e flexíveis, permitindo que você cogite possibilidades diferentes. Isso possibilita um ajuste, uma regulação na visão que você tem a respeito das coisas, além de desfazer gradualmente a rigidez da sua mente e, por fim, transformar seu comportamento.

Agilidade e sucesso

Apesar do esforço necessário, você terá mais facilidade em seguir com a maré. Um efeito colateral interessante no tocante a aumentar a agilidade na forma como você pensa é que isso vai lhe ajudar a julgar melhor quando for hora de se manter firme e de quando mudar. É mais fácil observar isso no mundo dos esportes, pois assistir a um atleta de elite no auge nos mostra como pequenos ajustes sustentam a agilidade mental e física. Essa capacidade é alcançada apenas por meio de prática, prática e mais prática.

Vejamos o jogador de futebol George Best, da Irlanda do Norte, que é amplamente considerado um dos jogadores mais naturalmente talentosos da história, mesmo quando comparado com astros como Lionel Messi ou Diego Maradona. Seus jogos costumavam ser descritos como poesia em movimento. Mesmo jogando em campos desnivelados, ele sempre parecia jogar com destreza. Não importava se a bola fosse para a esquerda, fosse para a direita, ela invariavelmente terminava a seus pés. Com fluidez e graciosidade, a bola e Best pareciam se mover juntos, em uma coreografia impecável. É lógico que ele não atraía mais passes do que os outros jogadores. Na verdade, tinha inteligência e habilidade para notar o ângulo dos passes e ajustar a posição do próprio corpo para garantir que estivesse no lugar perfeito. Essa união de agilidade mental e física parecia mágica.

Talvez a gente não alcance as façanhas esportivas de pessoas como George Best, mas, ao praticar a agilidade mental, podemos melhorar nossa capacidade de escolher a estratégia certa para o momento certo. A vida se torna mais fácil à medida que adotamos esse comportamento com mais frequência. Assim como um atleta de elite pode fazer suas conquistas parecerem fáceis, as pessoas mentalmente ágeis passam a impressão de que vivem com poucos problemas. Entretanto, isso não é verdade. Embora pareça ser, elas estão apenas fazendo pequenos ajustes e adaptações o tempo todo. E esses ajustes são necessários — pessoas ágeis não mudam simplesmente por mudar, elas mudam quando a mudança é necessária.

Agilidade mental não se trata de mudar apenas por mudar, mas de mudar em harmonia com as circunstâncias. É importante manter isso em mente. Ser ágil significa trocar de posição — ou mantê-la — para adotar a melhor abordagem para a tarefa com a qual se está lidando no momento. Divertir seus filhos, administrar um projeto complexo, fechar um acordo de negócios, conservar um relacionamento de longa data: tudo isso requer agilidade mental. No início da minha carreira acadêmica, me lembro do pavor de encarar mais de quinhentos alunos em um auditório grande e tentar segurar a atenção de todos por uma hora inteira. Logo aprendi que o segredo era prestar bastante atenção na plateia. Eu me sentia tentada, especialmente quando estava nervosa, a me concentrar completamente nas minhas anotações até terminar de apresentar todo o material. Contudo percebi que, se as pessoas se distraíssem no começo, não faria sentido continuar. Depois que me tornei um pouco mais experiente e um pouco ansiosa, comecei a prestar atenção no mar de rostos com mais frequência, para avaliar se continuavam acompanhando ou entendendo a aula. Às vezes, após a introdução de um conceito complicado, eu me deparava com expressões confusas ou desanimadas. Então aprendi a me ajustar, a explicar a mesma coisa de formas diferentes, a tentar encontrar uma analogia melhor, talvez várias vezes, antes de seguir para o próximo assunto. Reagir ao comportamento dos alunos e permanecer ágil era essencial, mesmo se isso me impedisse de apresentar todo o material planejado para a aula.

A agilidade também ajuda a conquistar o sucesso no mundo dos negócios

A fabricante de brinquedos Lego é um bom exemplo de agilidade que leva ao sucesso. No fim da década de 1990 e no começo dos anos 2000, a empresa estava em sérios apuros. As vendas dos tijolos de plástico coloridos, amados por crianças de todo o mundo, caía a cada ano. Consultores foram às pressas para a remota cidade de Billund, na Dinamarca, onde a sede está localizada. Eles aconselharam a Lego a inovar e criar uma nova linha de brinquedos. A companhia apresentou diversas ideias criativas, uma após outra, nos anos seguintes, mas as vendas continuaram caindo, enquanto as dívidas aumentavam. Apesar de muitos brinquedos novos serem inovadores e divertidos, eles não atraíam o principal público da Lego: crianças que gostavam de construir coisas.

Em 2004, a Lego nomeou um novo presidente, Jørgen Vig Knudstorp. Knudstorp percebeu que a empresa havia esquecido seu principal produto: o tijolo de plástico. Era preciso inovar *mantendo-o* como a peça central. O que poderia ser feito para incentivar mais crianças a brincar com um modesto tijolo?

Ao prestar mais atenção no seu público-alvo, ficou óbvio que a Lego estava lidando com uma geração de crianças que cresceu cercada por tecnologia. Em uma decisão ágil, Knudstorp começou a pensar em tecnologias digitais que talvez pudessem combinar com o tijolo básico da Lego, em vez de oferecer brinquedos completamente novos. Como resultado, a Lego criou uma série extremamente bem-sucedida de robôs, feitos no mundo real com tijolos de plástico, que podiam ser programados por um aplicativo para se mover em direções diferentes. Essa inovação ajudou acabar com a distância entre brincadeiras virtuais e reais. Uma criança poderia, graças a essa inovação, construir uma casa de Lego em um mundo totalmente digital, assim como do jeito tradicional no mundo real. O novo elemento digital também atraiu adultos, resultando em vendas ainda maiores. O sucesso fez com que a Lego fosse chamada de "Apple dos brinquedos", acumulando vendas nos Estados Unidos que ultrapassavam o valor de US$ 1 bilhão anuais. Em 2015, a *Forbes* anunciou que o grupo Lego tinha tomado o título de marca mais poderosa do mundo, que antes pertencia à Ferrari.

O interessante sobre o avanço da Lego é a lição de que a agilidade por si só não foi suficiente. A empresa estava sendo extremamente ágil ao desenvolver diversas novas linhas de brinquedos. No entanto, não estava dando certo. O avanço veio apenas quando a inteligência intuitiva (Pilar 4 do método switch) foi usada, junto de uma tentativa de compreender verdadeiramente o que seu público-alvo queria. Essa agilidade altamente intensa — orientada pela intuição e pela percepção da situação — é a essência do método switch. Em vez de apenas tentar fazer algo diferente, a Lego adotou novas tecnologias e encontrou outras formas de incentivar clientes de todas as idades a brincar e se divertir com seus pequenos tijolos de plástico. A agilidade mental *bem-informada* de Knudstorp acarretou uma abordagem completamente nova que transformou a empresa. A capacidade de permanecer ágil e criar mudanças, em vez de apenas reagir a elas, foi central para o renascimento da Lego.

Por que pensar de forma diferente é tão difícil?

Olhando para essas histórias com a perspectiva de alguém que está de fora, talvez pareça fácil fazer essa mudança para o pensamento ágil. Então por que temos dificuldade em mudar nossa mentalidade? O motivo é que, sem querer, geralmente desde muito jovens, praticamos um comportamento ou um pensamento inúmeras vezes, e por esse motivo é difícil se afastar desse método tão ensaiado. O teste abaixo é um bom exemplo de como pode ser difícil se afastar de uma mentalidade habitual e praticada. Você pode testar sua capacidade de mudar com este clássico problema dos nove pontos.

A tarefa é unir os nove pontos abaixo com quatro linhas retas, sem remover a caneta do papel:

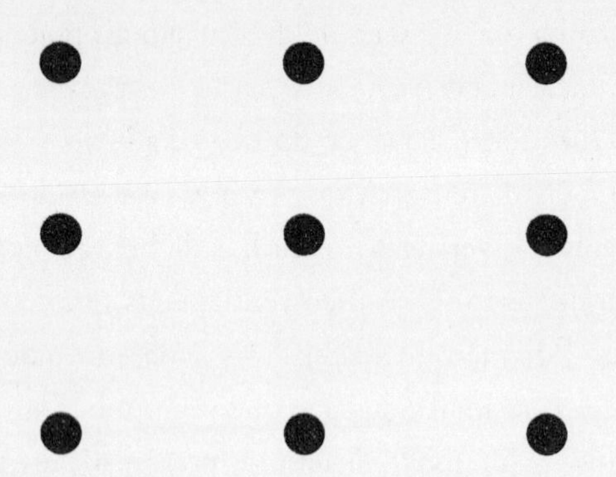

Apesar da aparente simplicidade, esse desafio é maldosamente difícil. Quando você descobrir a solução (no Anexo 1, no fim do livro), vai entender por quê. O problema é que o cérebro fica preso a um jeito familiar de pensar, então encaramos os pontos como se eles formassem o contorno de um quadrado imaginário. Então, presumimos que devemos ficar dentro dos limites desse quadrado — existe até certa especulação de que esse teste tenha inspirado a expressão "pensar fora da caixa", que se tornou popular na década de 1980. No entanto, depois que percebemos que não somos restritos pelos limites do quadrado imaginário, resolver a charada fica muito mais fácil.

Como John Maynard Keynes, um dos economistas mais influentes do século XX, alertou: "A dificuldade não é tanto de desenvolver novas ideias, mas fugir das antigas." Formas habituais de raciocínio podem ser muito difíceis de evitar, e, em certo grau, isso acontece porque é complicado passar de uma tarefa ou raciocínio para outro.

Como abrir os olhos e a mente

A descoberta das bactérias é um ótimo exemplo de como isso acontece na vida real. Na Idade Média, doenças contagiosas e epidemias eram uma ameaça constante. Enfermidades com transmissão rápida costumavam surgir nos meses quentes de verão, especialmente em áreas com populações densas, quando o ar era tomado pelos odores repulsivos de lixo e dejetos de animais, além dos de seres humanos. Acreditava-se que os vapores invisíveis, liberados por matéria orgânica em decomposição, invadiam o corpo e atormentavam as funções vitais. Esse "ar ruim", ou "miasma", era a principal explicação sugerida para a Grande Peste, que matou até duzentos milhões de pessoas por toda a Europa em meados do século XIV. Muitas evidências apoiavam a teoria do miasma, que se manteve firme até o século XIX. Em 1864, no entanto, uma série de experimentos elucidadores, conduzidos pelo químico francês Louis Pasteur, derrubou a teoria do miasma para sempre e a substituiu pela "teoria dos germes". É óbvio que, hoje em dia, sabemos que a remoção da fonte dos odores ruins pelos reformistas da saúde acabou levando à remoção não intencional da causa real da doença, as *bactérias*.

Surpreendentemente, porém, um poeta, médico e cientista italiano chamado Girolamo Fracastoro já tinha antecipado a "teoria dos germes" mais de trezentos anos antes. Em 1546, ele escreveu um livro chamado *Sobre o contágio, doenças transmissíveis e sua cura*, no qual defendia que infecções não eram causadas pelo "ar ruim", mas por "seres semelhantes a sementes" ou "germes", que podiam ser transmitidos entre pessoas. Apesar de ele acreditar que os germes fossem substâncias químicas que podiam evaporar e se difundir pelo ar, e não micro-organismos, essa era uma forma fundamentalmente nova de pensar sobre contágios. Contudo ninguém deu ouvidos a ele. A teoria dominante da época dizia que o "ar ruim" era o culpado. Assim, a ideia de que uma substância semelhante a germes poderia ser a responsável simplesmente não impactou ou ameaçou mudar a hierarquia científica.

Pouco mais de um século após a publicação das ideias de Fracastoro, em 1677, um cientista holandês, Antonie van Leeuwenhoek, conseguiu observar germes diretamente ao inventar um microscópio superior. Ao observar gotas de água em seu microscópio, Van Leeuwenhoek ficou fascinado ao se deparar com organismos minúsculos — os quais ele chamou de "animálculos". Ainda assim, nenhuma associação foi feita às doenças contagiosas, e o significado das observações de Van Leeuwenhoek só foi completamente valorizado após os famosos experimentos de Pasteur na França, quase duzentos anos depois.

A forma como a comunidade científica demorou tanto para passar do "ar ruim" para a "teoria dos germes" é um exemplo perfeito de como seguir uma mentalidade coletiva e inflexível pode nos cegar para os fatos que não se adaptam com facilidade ao pensamento dominante. Os cientistas precisaram de mais de dois séculos para, literalmente, enxergar algo que havia se tornado óbvio nos experimentos de Leeuwenhoek. Pense em como poderíamos ter acelerado o progresso caso tivéssemos mantido a mente aberta para todas as possibilidades.

Se examinarmos a história da humanidade, veremos que muitos dos grandes saltos no conhecimento humano dependeram de uma mudança na forma como encaramos coisas familiares e passamos a enxergá-las de jeitos novos e inesperados. No entanto, a incapacidade de mudar de perspectiva significa que perdemos — ou ignoramos — o significado de informações potencialmente valiosas.

Nós só vemos aquilo que queremos

Abrir a mente para ir além das restrições dos nossos valores e crenças também pode influenciar em grandes proporções a maneira como observamos o mundo. Todos nós tendemos a "ver o que queremos ver".

Talvez o momento em que isso seja mais aparente é quando assistimos a um jogo do nosso time. Isso foi perfeitamente demonstrado por um famoso experimento da psicologia conduzido após um jogo de futebol americano universitário que acabou em briga nos Estados Unidos. O ano era 1951 e a partida era Princeton Tigers contra Dartmouth Indians. Era o jogo mais importante da temporada para as duas equipes. Princeton tinha um quarterback famoso, Dick Kazmaier, que havia sido capa da revista *Time* aquele ano; esse seria seu último jogo. No segundo quarto, a partida foi tomada por tumultos dentro e fora de campo, quando a ilustre carreira de Kazmaier foi encerrada e ele foi forçado a deixar o campo com um nariz quebrado e uma concussão, após ser atingido por uma jogada extremamente violenta de um jogador da Dartmouth. No quarto seguinte, um jogador de Princeton quebrou a perna de um jogador da Dartmouth. A partida continuou com retaliações violentas, até Princeton finalmente vencer por 13-0. Os ânimos continuaram exaltados, e acusações permaneceram sendo trocadas por um bom tempo após o término da partida.

Nas semanas seguintes, as respectivas revistas das universidades publicaram versões bem diferentes do jogo. Psicólogos da Dartmouth e de Princeton, porém, começaram a se perguntar se era possível que os alunos de cada instituição de fato tivessem "visto" a partida de forma diferente. Para descobrir, eles se uniram e recrutaram 163 alunos da Dartmouth e 161 de Princeton, que tiveram que assistir a uma gravação da partida e responder a vários questionários.

As descobertas foram impressionantes. Quase todos os estudantes de Princeton (86%) e a maioria dos observadores neutros afirmaram que a Dartmouth tinha começado as jogadas violentas, enquanto apenas 36% dos estudantes da Dartmouth concordavam com essa visão. Ao observar a gravação, os estudantes da Dartmouth só conseguiam identificar metade das faltas cometidas por seu time. A conclusão foi a de que as pessoas não apenas *alegavam* ver coisas diferentes, mas realmente assistiram a versões diferentes do jogo, dependendo da lealdade universitária.

Esse estudo costuma ser interpretado como prova de uma verdade mais ampla. Nenhum de nós é um observador imparcial. As coisas que "vemos" são extremamente influenciadas por nossas preferências e nossos vieses. Isso faz com que acabemos sendo bem inflexíveis sobre o que observamos; apenas as coisas que se encaixam com nossas crenças são percebidas de forma correta. É por isso que é mais fácil apontarmos os erros de desconhecidos do que os dos nossos amigos. Essa tendência pode nos levar a tomar decisões ruins e chegar a conclusões erradas. Crenças e lealdades podem adicionar uma "lente" de teimosia e rigidez na forma como enxergamos e interpretamos os acontecimentos ao nosso redor.

Como vimos ao longo deste capítulo, a agilidade mental pode transformar vidas. Ela nos ajuda a abrir a cabeça para possibilidades diferentes, a enxergar as coisas com mais nitidez, a prosperar e alcançar o sucesso no esporte, nos negócios e no dia a dia. A agilidade mental é formada por diversos elementos, incluídos alguns processos mentais básicos que nos ajudam a descartar um raciocínio em detrimento de outro; falaremos sobre isso nos próximos dois capítulos.

Resumo do capítulo

- Uma mente mais ágil ajuda você a prosperar, tomar decisões melhores e expandir a mente para uma variedade maior de possibilidades.
- Ser ágil depende em grande parte de conseguir fugir de velhas formas de agir e pensar.
- Uma mentalidade ágil é útil para decisões de negócios e para a vida pessoal.
- Agilidade mental não se trata de mudar por mudar, mas de uma flexibilidade bem-informada, que escolhe a abordagem certa para cada situação.

CAPÍTULO 6

O FUNCIONAMENTO DA AGILIDADE NO CÉREBRO: FLEXIBILIDADE COGNITIVA

Houve apenas um momento da minha vida em que me senti completamente dominada pelo medo.

Eu tinha 12 anos e morava à beira-mar, perto de Dublin. Nas férias de verão, eu e meus amigos passávamos a maior parte dos dias em uma enseada próxima, descendo com cuidado por um caminho íngreme do topo do penhasco até uma pequena praia de areia. Um muro circular com uma coluna que se elevava cerca de um metro acima dos tijolos havia sido construído no mar para que houvesse uma área onde as pessoas pudessem nadar quando a maré estivesse baixa. Na maré alta, tudo isso ficava escondido, porém, quando baixava novamente, o piscinão e a coluna apareciam.

Em um dia quente, mas com muito vento, estávamos brincando no mar quando ondas grandes começaram a passar por cima do muro. A piscina encheu rapidamente conforme a maré subia, e, em um instante, nosso pé não alcançava mais o chão. Não havia nada de estranho nisso; eu sabia nadar bem e gostava de sentir as ondas quebrando, até que uma extremamente forte me pegou desprevenida e me arremessou contra o muro. Arfando e lutando para puxar ar, consegui subir na coluna e ficar me segurando nela enquanto as ondas batiam à minha volta.

Quando olhei ao redor, notei que todo mundo tinha conseguido sair da piscina, e eu era a única que continuava no mar agitado. A orla estava a cerca de 30 metros de distância, e seria fácil nadar até lá, mas fiquei completamente imóvel, paralisada de medo, e me prendi à coluna como se minha vida dependesse daquilo. Depois do que pareceu ser uma eternidade, um menino chamado James, que por acaso era um dos meninos mais bonitos da cidade, veio me ajudar. Eu insisti que não conseguia me mexer e ficaria ali até a maré baixar. É óbvio que isso era completamente irracional — eu sabia que a maré demoraria horas para baixar e que o mar cobriria a coluna antes disso.

Com o tempo, James me convenceu a soltar a coluna e nadar até a praia. Eu estava assustada, mas meus amigos não tiveram muita empatia por mim. Como eu nadava bem, eles acharam que aquilo havia sido um plano para fazer o belo James ir me salvar. "Você merece um Oscar", brincou um deles. Até hoje, ninguém acredita em mim, mas eu realmente fiquei paralisada pelo medo.

Por que é tão fácil ficar "paralisado"?

Muitos anos depois, com minha experiência como neurocientista e psicóloga, consigo entender por que me senti tão imobilizada — a resposta vem da história da nossa evolução. Como predadores conseguem detectar os menores movimentos, uma reação natural ao medo é permanecer completamente imóvel. Vestígios desse comportamento permanecem em nosso cérebro até hoje, então é comum que fiquemos paralisados pelo medo — mesmo que por um instante. Contudo reações emocionais podem ser inúteis no contexto errado. Apesar de a "paralisação" poder salvar o coelho que está prestes a ser avistado por uma raposa, ela é desastrosa para ele em uma situação em que se encontra diante dos faróis de um carro que se aproxima. Da mesma forma, a insistência do meu cérebro de que eu deveria continuar agarrada à coluna obviamente não era uma boa opção naquelas circunstâncias. A culpa, porém, é da nossa biologia ancestral.

As reações físicas não são as únicas que podem se tornar inflexíveis — isso também ocorre com pensamentos e emoções. Minha pesquisa mostra que um elemento comum de muitos dos nossos problemas é a dificuldade de nos afastar de sentimentos, pensamentos e ações inúteis. Pense no ciclo mental interminável em que você pode acabar preso quando está envolvido com uma preocupação persistente. Não importa quanto tente se distrair, sua mente continua voltando para aquele pensamento incômodo. Enquanto seu jeito habitual de fazer as coisas pode ser reconfortante, é importante sempre se perguntar se sua abordagem é mesmo a melhor forma de lidar com os problemas do momento.

"Flexibilidade cognitiva" é o refrão mental da ansiedade

Para manter o bem-estar psicológico e o gosto pela vida, é importante trocar a rigidez pela agilidade. Para compreender isso, o primeiro passo é olhar atentamente para o nosso cérebro, onde ocorre um processo agilíssimo, no geral de forma inconsciente, chamado *flexibilidade cognitiva*. Esse é o elemento mental básico da capacidade de permanecer no lugar e continuar fazendo a mesma coisa (fácil), ou mudar e fazer algo diferente (difícil). Minha decisão de permanecer agarrada à coluna refletia a opção "fácil" de permanecer no lugar, enquanto mergulhar e enfrentar as ondas e superar meu medo era a opção bem mais difícil da abordagem de "mudar". Apesar de eu não ter passado muito tempo pensando no assunto — pelo menos no começo —, esse é um exemplo dos benefícios de uma mente ágil para nossos pensamentos e atos conscientes. Neste capítulo, vamos nos aprofundar nos processos discretos, na maior parte do tempo inconscientes, que ocorrem no cérebro e incentivam uma mentalidade ágil. No jargão da psicologia, esses processos se chamam "flexibilidade cognitiva" e nos ajudam a decidir se "mantemos" ou "mudamos".

O que acontece no cérebro quando você se mantém firme ou muda?

Dois processos mentais internos diferentes oferecem apoio a essas duas opções: a "estabilidade cognitiva", a capacidade de permanecer firme e persistir frente a uma distração, e a "flexibilidade cognitiva", a capacidade de mudar.

A estabilidade cognitiva envolve duas etapas mentais:

- Primeiro, manter o foco no objetivo atual.
- Depois, suprimir todos os pensamentos sobre alternativas.

A flexibilidade cognitiva é mais complexa e envolve quatro etapas mentais diferentes:

- Primeiro, mudar o foco para um novo objetivo.
- Depois, suprimir o objetivo antigo.
- Então, atualizar sua compreensão daquilo que você precisa fazer para alcançar o novo objetivo.
- Finalmente, colocar em ação tudo o que for necessário para alcançar o novo objetivo.

Essas duas capacidades têm mais em comum do que você imagina. Imagens do cérebro revelam que ambas são influenciadas pelas mesmas regiões do córtex frontal — uma área do cérebro essencial para funções cognitivas importantes. Inicialmente, fiquei surpresa com essa sobreposição, mas, após pensar um pouco, parece óbvio que, ao tentar bloquear todos os pensamentos de alternativas (e se manter firme) ou inibir um objetivo antigo (para mudar), o cérebro precise suprimir muitos pensamentos e ações diferentes. Assim, faz sentido que essa capacidade de supressão (chamada de "inibição cognitiva") seja tão vital para a agilidade como é para a determinação.

Estudos de mapeamento cerebral também revelam que pessoas ágeis têm mais conexões flexíveis entre regiões diferentes do cérebro, semelhante ao que observamos com nossos voluntários adolescentes. Um cérebro mais ágil é fluido, e conexões podem ser dinamicamente reorganizadas para qualquer processo mental urgente. É importante entender que essas conexões não são fixas de forma alguma — qualquer um pode treinar as redes cerebrais para torná-las mais fluidas. Se nós nos esforçarmos para ajudar o cérebro a mudar rapidamente de um pensamento para outro, então isso pode nos ajudar a ser mais ágeis no dia a dia.

Flexibilidade cognitiva

No cérebro, flexibilidade cognitiva se refere ao processo discreto que ocorre no cérebro e nos permite mudar de uma tarefa, ou daquilo que chamamos de "configuração mental", para outra. Se você tomar um gole de água, por exemplo, as ações necessárias para isso, como pegar o copo, levá-lo aos lábios, beber a água e engoli-la voluntariamente são todas configurações da sua mente. Em termos de processamento cerebral, cada um desses componentes é uma sequência que requer alternar de uma configuração mental para outra. O meu argumento é que a fluência dessas mudanças não apenas ajuda a fluidez do nosso comportamento, mas também serve de base para a nossa capacidade de superar raciocínios habituais e fazer a transição de uma forma de pensar antiga para uma nova.

Como vimos no capítulo anterior, todos nós estamos em um espectro, que varia entre rigidez extrema e agilidade fácil; conforme envelhecemos — é comum nos tornarmos menos flexíveis e mais cheios de manias. No entanto, antes de desenvolvermos a agilidade nesse sentido mais amplo, é importante lidar com a parte básica: a fluidez da flexibilidade cognitiva do cérebro. Nós podemos *aprender* a ser mais cognitivamente flexíveis, e o desenvolvimento da fluidez dessa transição — de uma configuração mental para outra — é essencial para nos adaptarmos.

Como aprendemos a "mudar de tarefa"

Entre os 7 e os 11 anos, mais ou menos, a habilidade de mudar as configurações mentais que nos permitem trocar uma tarefa por outra se desenvolve de forma natural. Uma boa forma de testar isso é pedir a crianças que separem cartões com imagens de formas diferentes. Vamos imaginar cartões com imagens de animais e doces na cor azul ou na amarela. A maioria das crianças de 7 anos separa facilmente os cartões em duas pilhas, classificando-as como "amarelas" ou "azuis", ou como "animais" ou "doces", porém terão dificuldade se tiverem que mudar a configuração mental e criar uma pilha de animais azuis e outra pilha de doces amarelos, por exemplo. No entanto, aos 11 anos, a maioria das crianças faz isso com facilidade.

A capacidade de "mudar de tarefa", como chamam os psicólogos, é importante para a vida diária. Por exemplo, transitar entre ideias de que um engenheiro pode ser "homem" ou "mulher" é um processo cognitivo muito semelhante. Na verdade, muitos estudos revelam que crianças que têm facilidade nessa tarefa apresentam menos riscos de se ater a estereótipos rígidos sobre pessoas e também desenvolvem determinadas habilidades, como o hábito da leitura, mais facilmente. Assim, esse é um processo cognitivo discreto importante, que podemos melhorar para desenvolver a agilidade e o funcionamento psicológico de forma muito mais ampla.

Teste sua habilidade de mudar tarefas

Meus colegas psicólogos cognitivos, assim como eu, usam uma série de testes de troca de tarefas que são basicamente uma versão mais sofisticada do teste infantil que acabei de mencionar. Em resumo, mudar de tarefa nos permite quantificar a desordem momentânea causada pela alteração de uma configuração mental.

Por exemplo, pense em vários números, alguns realçados em negrito e outros não, para os quais são aplicadas as seguintes regras:

- Se a fonte estiver em negrito (isto é, "**7**"), você precisa determinar se o número é maior ou menor que 5.
- Se a fonte estiver sem o realce (isto é, "4"), você precisa determinar se o número é par ou ímpar.

Em termos técnicos, uma configuração mental é "maior ou menor que cinco", enquanto a outra é "par ou ímpar". Alternar entre essas duas abala o fluxo mental tranquilo do processamento mental. Por exemplo, a resposta para a sequência 6 2 7 **4 8 3** envolve duas "repetições" — "par", "par", "ímpar", em que a configuração mental é sempre "par ou ímpar" —, seguida pela troca de "par ou ímpar" para "menor ou maior que 5", e então por três "repetições" finais — "menor que 5", "maior que 5", "menor que 5". A troca no meio envolve sair de uma *configuração mental* — "par ou ímpar" — e passar para outra — "maior ou menor que 5".

Tente fazer o exercício com os números a seguir:

- Abra o cronômetro do seu celular e conte o tempo do início ao fim.
- Lembre-se: a fonte sem realce é classificada como "par ou ímpar" e, quando realçada em **negrito**, como "maior ou menor que 5".

6 2 7 4 9 3
6 3 8 3 2 9
1 3 4 8 6 6
7 **4 8 2 3 9**

Anote seu tempo aqui: ____________________

A primeira vez que fiz esse exercício, demorei 21,32 segundos.

Agora, reinicie o cronômetro e faça exatamente a mesma coisa com a próxima sequência — mais uma vez, conte o tempo do início ao fim. As regras são as mesmas — fonte sem realce = "par ou ímpar", em **negrito** = "maior ou menor que 5":

6 2 7 **4** 9 3
6 **3** 8 3 2 **9**
1 3 **4** **8** 6 6
7 **4** **8** **2** 3 **9**

Anote seu tempo aqui: ______________________

Para este último, meu tempo foi de 26,88 segundos, o que significa que o *preço da troca* foi de 5,56 segundos. O segundo grupo é mais difícil porque várias sequências apresentam *mudanças*, enquanto há apenas uma no primeiro conjunto de números. Você foi bem? Se praticar a troca de tarefas com regularidade, notará uma melhora com o tempo.

Para isso, você pode organizar números diferentes e aleatoriamente realçar metade em negrito. Com o tempo, a tarefa vai se tornar mais fácil e ser um bom treino de flexibilidade cognitiva para o cérebro. No entanto, também é importante oferecer mais exercícios diários para a sua flexibilidade cognitiva, como veremos a seguir, em vez de usar apenas uma técnica.

Como treinar a flexibilidade cognitiva na vida diária

A flexibilidade cognitiva é um processo vital para o cérebro, que dá suporte à agilidade e à flexibilidade na vida diária. Por exemplo, muitas situações do dia a dia, como voltar para o trabalho depois de fazer um intervalo, descansar em um feriado após uma semana corrida, ou apenas passar de uma atividade para outra, exigem flexibilidade cognitiva para funcionar bem. Aqui vai um exercício simples para melhorar esse aspecto fundamental da sua agilidade mental:

1. Escreva três ou quatro tarefas que não levariam mais de dez a 15 minutos para serem concluídas. Podem ser, por exemplo, escrever um e-mail curto, dar um telefonema, comprar ingressos para o teatro ou arrumar sua escrivaninha.
2. Calcule um tempo razoável para fazer cada uma das tarefas e decida a ordem em que deseja executá-las.
3. Agora, configure um cronômetro com o tempo determinado e inicie a primeira tarefa. Quando o tempo acabar, pare. Não adianta roubar, não importa em que ponto da tarefa você esteja, mesmo que tenha quase acabado; pare assim que o alarme soar.
4. Faça um pequeno intervalo. Então configure o cronômetro novamente e siga para a segunda tarefa.

Esse exercício simples é surpreendentemente útil. Primeiro porque ele mostra sua capacidade de avaliar quanto tempo certas tarefas demandam. Dica: a maioria de nós não tem a menor ideia do tempo necessário para realizar uma tarefa simples, como enviar um e-mail. Em segundo lugar, você também vai aprender a mudar de uma tarefa para outra com mais facilidade. A prática regular, talvez uma vez por semana, vai melhorar muito sua flexibilidade cognitiva, que é a base da agilidade mais ampla.

Versões avançadas desse exercício incluem programar o cronômetro para tocar o alarme em intervalos aleatórios. Em alguns estudos, voluntários recebem três tarefas para cumprir em meia hora. Um cronômetro é programado para tocar em seis intervalos aleatórios durante esse período. Se o alarme toca, a pessoa precisa passar para a próxima tarefa no mesmo instante. Não há intervalo, porque você está treinando diretamente a flexibilidade cognitiva, e não tentando ser mais eficiente. Então deve parar o que está fazendo na mesma hora e mudar de atividade. Feito com regularidade, o exercício ajuda muito o poder de agilidade do cérebro. Essa também é uma ótima forma de resolver algumas tarefas das quais você anda fugindo.

Fazer várias coisas ao mesmo tempo suga energia

Apesar de a troca de atividades ser um ótimo exercício para aumentar a flexibilidade cognitiva, também é um lembrete importante de que esse tipo de troca exige esforço e gasto de energia. Lembre-se de que conseguir fazer várias coisas ao mesmo tempo é, essencialmente, um mito — na verdade, o que acontece é que trocamos rapidamente de tarefas. Assim, sempre que possível, tente planejar seu tempo para se concentrar em uma coisa por vez. Ficar alternando entre tarefas é muito exaustivo. Eu costumo fazer isso, paro para ler um e-mail que acabou de chegar enquanto estou no meio de alguma outra tarefa. É um hábito que causa muita distração e desperdiça tempo. Enquanto escrevo isto, por exemplo, desliguei todos os alertas de e-mails e outras notificações. Dessa forma, se você tem várias tarefas que precisa completar pela manhã ou em um dia inteiro, seja disciplinado com o planejamento do seu tempo e tente se concentrar em apenas uma coisa por vez. Não apenas a administração eficiente de tempo ajuda o seu bem-estar, como também oferece a energia e o foco necessários para que você alcance o melhor desempenho possível.

Um bom ponto de partida é tomar decisões sobre o que você precisa fazer ao longo do dia. Depois disso, seja rigoroso no que diz respeito a dedicar certa quantidade de tempo para cada tarefa — e seja realista. Isso requer disciplina. Tente seguir regularmente a rotina a seguir:

1. Comece o dia com um plano para realizar duas ou três tarefas. Talvez isso não pareça muito, porém o custo de mudar suas con-

figurações mentais para mais de três tarefas por dia vai começar a afetar bastante sua eficiência e energia. As tarefas devem ser específicas, não abertas. Assim, em vez de ter a intenção vaga de "escrever meu livro", posso "terminar uma parte específica do Capítulo 2". É importante definir os parâmetros da tarefa, para que você não sinta que fracassou após tentar fazer algo impossível.

2. Após escolher suas duas ou três tarefas, precisa priorizá-las em ordem de importância ou urgência. Caso uma delas tenha que ser concluída naquele dia, talvez ela deva ser sua única tarefa do dia, dependendo de quanto tempo irá exigir. Novamente, seja realista e não pressione a si mesmo além do necessário.
3. Agora, calcule um prazo sensato para completar cada uma das tarefas. No começo, é provável que você subestime muito o tempo que tarefas específicas exigem. Contudo, com a prática, vai conseguir determinar melhor seus prazos. Como sabemos que trocar de atividades exige energia, leve isso em consideração e faça um intervalo de 15 minutos entre cada tarefa. Essa pausa essencial irá ajudar sua mente a se desatrelar do primeiro trabalho. Só então você será capaz de realmente mudar sua configuração para a próxima tarefa. Ao adotar esse princípio de forma consistente, não apenas você vai se tornar mais eficiente, como também vai ter bem mais energia no fim do dia.

Também é importante separar momentos para o descanso, oportunidades para se exercitar e tempo para verificar os e-mails. Assim como a maioria dos acadêmicos, costumo receber cerca de 150 a duzentos e-mails por dia, e minha caixa de entrada pode ser desnorteante. A única forma de lidar com ela é passando uma hora pela manhã e uma à noite atendendo às mensagens mais urgentes. Nem sempre sou rigorosa quanto a isso — e, quando não sou, preciso lidar com as consequências, já que as horas são facilmente engolidas pelos e-mails, e então termino o dia me sentindo estressada e frustrada por não ter feito tudo que planejei.

Se você quiser ir à academia, correr ou fazer uma aula de yoga, separe um horário para isso — e siga-o. Talvez você precise acordar uma hora mais cedo, porém é importante determinar um momento certo e ter a disciplina de seguir seu plano.

Jogos de videogame e viagens também podem ajudar

Jogos de ação agitados também exigem que você troque de regras, de estratégia de movimentação, de objetivos e de alvos rapidamente. Mesmo que haja uma variação nos resultados, existem algumas evidências de que esses jogos podem causar mais flexibilidade.

Outra forma de aumentar a flexibilidade cognitiva é viajando. A capacidade da mente de trocar de ideia é uma habilidade cognitiva que também ajuda a criatividade. Um grupo de pesquisadores estudou a criatividade de estilistas seniores em 270 grifes de alta moda. Os estilistas que viveram em vários países produziram consistentemente mais linhas criativas do que os que sempre moraram no mesmo lugar. Uma análise mais aprofundada mostrou que o tipo de país faz diferença; morar em um local com diferenças culturais muito grandes em relação ao seu país de origem não causava aumento na criatividade. Talvez isso aconteça porque é mais difícil interagir com uma cultura extremamente distinta, ainda mais se você não fala o idioma local.

Os estudos sugerem que a imersão e a interação com uma nova cultura realmente fazem diferença na agilidade mental. Experiências interculturais podem retirar você da sua bolha cultural e lhe dar uma sensação maior de conexão com pessoas de origens diferentes. Como Mark Twain comentou certa vez, viajar "é fatal ao preconceito, ao fanatismo e a mentes pequenas". E também é uma ótima prática para a agilidade mental.

Encontre propósitos inusitados para objetos comuns

O "teste dos propósitos inusitados" faz com que você tenha um intervalo limitado de tempo para pensar sobre as muitas formas possíveis de usar objetos rotineiros, como uma lata de metal, uma xícara ou um clipe de papel. Isso oferece uma indicação da fluência, criatividade e flexibilidade mental de uma pessoa. Sempre que quiser, você pode praticar olhando ao redor de um cômodo, ou trem, ou avião, ou onde quer que esteja, escolhendo um objeto e pensando no máximo de propósitos possíveis para ele. Se você tiver filhos, tente com eles também — é uma atividade divertida que, feita com regularidade, pode ajudar a melhorar sua flexibilidade e aumentar a criatividade e a agilidade.

É importante praticar — sobretudo se você for uma pessoa ansiosa

Uma característica básica do cérebro é o incômodo ao mudar de tarefas. Sempre será mais fácil permanecer fazendo a mesma coisa em vez de mudar. É por isso que gurus da produtividade costumam nos orientar a evitar trocar de tarefas e ser interrompido por coisas como e-mails ao longo do dia, se não for necessário, porque isso pode acabar com a concentração e prejudicar nosso desempenho. Nós sempre nos sentiremos incomodados ao trocar de tarefas, e a ansiedade aumenta ainda mais esse problema. Ela também nos torna mais sensíveis aos tipos de tarefa entre as quais alternamos.

Imagine que você esteja concentrado em escrever um relatório difícil, ou em solucionar um problema complexo, algo que exija muita concentração. Então momentaneamente precisa mudar o foco para uma tarefa simples, como reservar uma mesa em um restaurante, antes de voltar para sua tarefa. Quando não nos sentimos tão ansiosos assim, trocar entre tarefas fáceis e difíceis apresenta o mesmo nível de dificuldade. No entanto, conforme nossos níveis de estresse aumentam, encontramos cada vez mais dificuldade de tirar o foco de uma tarefa que prende muito a atenção e passar para uma tarefa fácil.

Afastar a mente de todo o falatório interno causado pela ansiedade significa que precisamos nos esforçar mais para alcançar o mesmo nível de desempenho que temos quando nos sentimos menos ansiosos. É por isso que, externamente, não conseguimos observar qualquer diferença de desempenho entre grupos de pessoas muito ansiosas e de pessoas mais tranquilas. A situação, porém, muda quando se trata do interior delas — o cérebro das pessoas ansiosas se esforça mais para alcançar a mesma performance. Assim como cisnes nadando embaixo da água, tudo parece elegante e fácil quando é visto de fora, mas o cenário muda ao olharmos sob a superfície.

A ansiedade debilita a flexibilidade cognitiva — e o prazer de viver que sentimos

O meu trabalho com a ansiedade mostra que, por influenciar processos cognitivos, a ansiedade pode alterar aquilo que notamos e distorcer a maneira como vivenciamos a realidade. No entanto, essa tendência a distorcer os fatos e enxergar perigos em potencial em cada esquina não é o verdadeiro problema. Em situações de fato perigosas, esse é um mecanismo cognitivo perfeitamente apropriado, que opera no fundo do cérebro e nos protege. O problema é que, quando sentimos ansiedade constantemente, essa tendência se torna o padrão, e perdemos a agilidade de tentar novas formas de encarar as coisas. A ansiedade cria um bloqueio na mente.

Ela afeta a fluidez com que interpretamos o mundo ao redor e imobiliza um sistema que deveria ser muito dinâmico e ágil. Um cérebro ansioso faz com que o corpo inteiro se concentre nos fatores que podem dar errado, em vez de observar as maneiras flexíveis de solucionar um problema, e costuma resultar em uma repetição altamente rígida. Realmente acabamos paralisados, e a consciência constante de uma provável ameaça afeta a maneira como nos comportamos, sentimos e pensamos.

Apesar de alguns estudos revelarem que pessoas ansiosas têm dificuldade para trocar de tarefa, ainda falta um estudo que acompanhe pessoas voluntárias por um período de tempo. Qualquer psicólogo diria que uma correlação, ou associação, não significa causa. A ansiedade pode causar inflexibilidade cognitiva tanto quanto a inflexibilidade cognitiva pode causar ansiedade. Estudos longitudinais, que acompanham um grupo de pessoas por certo período de tempo, são úteis porque nos ajudam a entender se um grau de artrite mental realmente causa problemas para lidar com os altos e baixos da vida diária. Fiquei me perguntando se a dificuldade em trocar de tarefas poderia prever o aumento de estresse e preocupação ao longo do tempo.

Em vez de optar pela versão tradicional da troca de tarefas que usa elementos neutros, como números, escolhemos uma versão emocional para o projeto. Levando em conta minhas descobertas anteriores de que pessoas ansiosas tendem a se apegar ao material negativo, parecia provável que elas teriam mais dificuldade em abandonar informações com carga emotiva, em especial as negativas. Ao utilizar essa nova tarefa de troca, foi exatamente o que encontramos como resultado. De fato, a inflexibilidade para se afastar do material negativo está associada à tendência de reagir ao estresse com um mecanismo potencialmente perigoso, e ineficaz, para lidar com a incerteza — a ruminação negativa.

Isso nos deu o ímpeto de que precisávamos para conduzir um estudo próprio. Decidimos testar um grupo de alunos ao longo de oito semanas. Queríamos descobrir se aqueles que demonstrassem maior inflexibilidade cognitiva, especialmente com assuntos sentimentais, ficariam mais preocupados com incômodos diários (que é uma forma repetitiva, tóxica e, em geral, inútil de lidar com o estresse).

Para compreender melhor como as pessoas lidam com pressões diárias, usamos o questionário "perturbações e alegrias", que tem um nome muito apropriado. Cada voluntário o preenchia virtualmente uma vez por semana, nos enviando um registro acumulado da quantidade de perturbações (como perder o ônibus, se atrasar para o trabalho) e alegrias (como se encontrar com amigos, receber um feedback positivo no trabalho ou tirar uma nota boa na escola) que tiveram ao longo de cada semana. No teste para medir parâmetros, foi apresentada aos voluntários uma cena positiva ou negativa (por exemplo, um casal trocando olhares amorosos ou um casal brigando) e solicitado que eles classificassem a imagem o mais rápido possível (por meio de um botão no computador), seguindo duas regras:

- A regra da "emotividade" — o clima da imagem é positivo ou negativo?
- A regra dos "números" — há mais, menos ou exatamente duas pessoas na imagem?

A ideia era a de que a necessidade de mudar, em uma questão de segundos, de uma decisão baseada em "emoção" para outra baseada em "números" mostraria o custo dessa troca e nos ajudaria a compreender a inflexibilidade cognitiva para imagens sentimentais. Esperávamos que os voluntários que demonstrassem um alto grau de *inflexibilidade* ao saírem dos aspectos emocionais negativos de uma imagem relatassem níveis mais elevados de ansiedade e preocupação com o tempo. O cérebro dessas pessoas teria mais dificuldade de se distanciar da ameaça, em comparação ao das menos propensas a sentir ansiedade.

Ao todo, o experimento levou cerca de seis meses, e os resultados foram intrigantes e completamente diferentes do esperado. Apesar de haver alguns sinais do aumento de rigidez ao sair das cenas negativas, como previmos, foi o grau de rigidez na troca *para* os aspectos emocionais positivos que se mostrou mais importante. Pessoas ansiosas tinham mais dificuldade de trocar *para* imagens positivas. O mais impressionante era que esses indivíduos menos ágeis também demonstravam um incômodo muito maior com as perturbações que encontravam, e não pareciam se beneficiar muito com a quantidade de alegrias que vivenciavam ao longo de dois meses.

Uma avaliação laboratorial simples da troca entre tarefas sentimentais deu sinais de prever a ansiedade e a preocupação na vida rotineira. Essa é uma nova e importante descoberta porque primeiro examinamos a troca entre tarefas sentimentais, e depois examinamos o que aconteceu nos dois meses seguintes. Os resultados deixaram bem evidente que a inflexibilidade cognitiva, pelo menos em termos de como as pessoas processam situações positivas, pode minar o bem-estar mental e é associada a níveis bem mais elevados de preocupação.

Essa rigidez, ou artrite mental, pode acarretar reações extremamente estereotipadas, de forma que as pessoas se tornam cada vez mais apartadas da realidade. O que acontece é que a mente delas diz que tudo está piorando, ou que nada nunca dá certo, ou que tudo sempre dá errado, ou as três coisas ao mesmo tempo. Esses tipos de vieses cognitivos fazem com que as pessoas ignorem as coisas boas ao redor e não consigam se lembrar dos acontecimentos positivos. Quando a ansiedade aumenta, esses mecanismos psicológicos, apesar de úteis nas adversidades, não podem ser desligados quando as coisas estão indo bem. Em vez disso, eles se tornam inflexíveis e rígidos, prejudicando nossa vitalidade psicológica.

Independentemente de nos sentirmos ansiosos ou não, a troca de tarefas sempre tem um preço. No entanto, quanto mais ansiosos nos sentimos, mais mergulhamos profundamente numa tarefa. E, conforme o grau de dificuldade dela vai aumentando, nossa resistência para mudar aumenta. Assim, ao mesmo tempo em que devemos evitar trocar de tarefas o máximo possível pelo bem da nossa produtividade, fazer isso se torna ainda mais difícil e incômodo quando nos sentimos ansiosos e estressados — a menos que treinemos a mudança de tarefas.

Esses exercícios não servem apenas para manter o emprego dos psicólogos, ser bem-sucedido em jogos infantis ou conseguir solucionar quebra-cabeças divertidos. A troca de tarefas é um processo fundamental do cérebro e a base de decisões muito mais sofisticadas que tomamos no dia a dia.

A flexibilidade cognitiva é a fonte da nossa capacidade de agilidade

Nós já aprendemos como a troca de pensamento, — ou de configuração mental — tem seu preço. Não importa se somos jovens, adultos ou velhos, a dificuldade em mudar de perspectiva é um bloqueio mental que nos impede de solucionar problemas, tomar boas decisões e até de enxergar o mundo com mais objetividade. Apesar de a flexibilidade cognitiva acontecer no cérebro, ela não se limita a ele. Ela é a base de uma agilidade bem mais ampla, que influencia como nos sentimos, como pensamos e como nos comportamos no mundo. Nesse sentido mais abrangente, a agilidade psicológica se tornou uma área de pesquisa em expansão atualmente, e muitos estudos descobriram que essa capacidade é um dos alicerces do bem-estar mental.

É importante lembrar que a agilidade está enraizada em processos muito profundos do cérebro, que nos permitem trocar um pensamento ou atividade por outro. A única maneira de treinar essa flexibilidade cognitiva é treinando, treinando e treinando. Assim como um atleta fortalece suas habilidades com intermináveis horas de treino, cada um de nós precisa praticar a troca de tarefas com regularidade. As vantagens são imensas. Não apenas vai ajudar a nos sentirmos bem mentalmente, como indicado em meus estudos, como também vai trazer uma série de outros benefícios para navegarmos por um mundo imprevisível e complexo.

Resumo do capítulo

- A capacidade de trocar é mais complexa do que a de se manter firme, e, portanto, exige mais esforço.
- A flexibilidade cognitiva é o processo mental essencial que forma a base de uma agilidade mais ampla.
- Para melhorar essa agilidade ampla, que é o primeiro pilar do método switch, precisamos lidar primeiro com nossa flexibilidade cognitiva.
- Psicólogos medem a flexibilidade cognitiva com testes sobre troca de tarefas, que podem ser usados como exercícios para nos aprimorarmos.
- O nível de ansiedade pode influenciar a flexibilidade dos processos cerebrais; menos ansiedade = mais flexibilidade, mais ansiedade = menos flexibilidade. Isso é ainda mais verdadeiro quando lidamos com materiais com carga emocional.
- Evitar distrações é tão importante para a decisão de trocar de tarefa quanto para manter o foco e a concentração em uma atividade.
- A flexibilidade cognitiva pode ser praticada e aprimorada.

CAPÍTULO 7

O ABCD DA AGILIDADE MENTAL

Alguns anos atrás, me juntei a uma equipe de psicólogos em um workshop para ajudar policiais na ativa a lidar com o estresse. Um dos policiais, Mark, nos contou sobre uma situação pela qual passou no começo da carreira, pouco depois de completar o treinamento. Certa noite, logo cedo, a delegacia recebeu uma ligação relatando uma briga doméstica numa rua residencial. Um vizinho estava com medo de que a situação se tornasse fisicamente violenta. A polícia já tinha recebido muitas denúncias da mesma rua sobre um casal que tinha discussões acaloradas e escandalosas, que geralmente terminavam com o homem chutando portas e indo embora.

Apesar de inquietantes, essas brigas nunca resultavam em altercações físicas. Imaginando que encontraria o mesmo casal e a mesma situação de sempre, Mark saiu da delegacia achando que teria que tentar acalmar uma discussão movida pela bebida. Ele tinha sido treinado para agir frente a apenas aquela possibilidade. No entanto, quando chegou ao local, ele foi pego de surpresa com a cena caótica que presenciou. Em vez do casal que esperava encontrar, várias pessoas assistiam à situação em choque. No centro, entre elas, havia uma mulher caída no chão, imóvel, sangrando muito. Próximo a ela, estava um homem que também sangrava muito, com o rosto cheio de hematomas, e um terceiro, com ferimentos graves, ainda berrando, sendo contido por dois vizinhos.

A primeira reação de Mark foi ficar paralisado. Conforme as pessoas o encaravam, esperando que tomasse o controle da situação, ele rapidamente caiu em si. Depois de ser informado de que uma ambulância já havia sido chamada, Mark foi tentar entender o que tinha acontecido. O homem e a mulher, segundo lhe contaram, estavam brigando quando um vizinho interferiu, e isso acabou resultando em uma briga violenta entre os três.

A reação inicial de Mark foi típica de uma expectativa não atendida, deslocada. O cérebro ficou paralisado por um instante enquanto ele tentava desconstruir a forte expectativa que havia criado. Então Mark precisou processar as ações que devia tomar, para conseguir lidar com a nova situação de forma eficiente. Essa experiência ilustra a essência da agilidade mental. Primeiro, precisamos desconstruir nossa expectativa inicial — a antiga configuração mental — e então passar para uma nova configuração, ponderando sobre o caminho mais apropriado a seguir nas novas circunstâncias.

Para apresentarmos o melhor desempenho em qualquer situação, é primordial compreendermos que o inesperado acontece. Podemos encarar isso da mesma forma que faríamos se estivéssemos planejando uma expedição para alguma parte remota do mundo. Você começa descobrindo todas as informações possíveis sobre o terreno que irá encontrar. Para escalar montanhas altas, talvez na neve, para navegar por rios, para atravessar desertos secos e quentes, habilidades e equipamentos diferentes são necessários. A vida funciona do mesmo jeito. Conforme progredimos por nossa jornada, devemos aprender a lidar com nosso pai e nossa mãe, nossos irmãos e irmãs, amizades, puberdade, conflitos, casamento, novos empregos, demissões, doenças, a morte de amigos próximos, as mudanças que vêm com nosso envelhecimento, e muitos outros desafios. Às vezes, as mudanças podem ser previstas, mas também podem surgir sem que ninguém espere. De toda forma, um dos pilares da saúde psicológica é nos mantermos abertos a aceitar e lidar com as chamadas "expectativas deslocadas".

A agilidade, o primeiro pilar do método switch, não se resume às grandes decisões da vida — ela também é necessária para resoluções pequenas e em atividades diárias. Assim como toda criança crescendo tradicionalmente na Irlanda, minhas férias de verão eram dedicadas a viagens pelo país, enquanto eu participava de torneios de tênis. Quase toda semana, havia uma competição em algum lugar. Nós éramos um grupo unido e conhecíamos muito bem o estilo uns dos outros. O clima era divertido e muito competitivo. Gemma, por exemplo, era uma das competidoras com quem eu mais jogava. Nossas partidas eram sempre apertadas, e na maioria das vezes ela costumava me vencer.

Minha melhor vitória contra Gemma aconteceu nas quartas de final do Campeonato de North Dublin, que aconteceu no Sutton Lawn Tennis Club. Ainda me lembro da empolgação rara de chegar às semifinais de um torneio importante. Mas foi por pouco. Gemma tinha a característica pouco comum de ter um *backhand* mais forte do que o *forehand*. No primeiro set, usei minha estratégia de sempre, mirando no lado do *forehand* dela. No entanto a partida não ia bem, Gemma quase nunca errava, e eu deixava passar um saque atrás do outro. De vez em quando, ela acertava a bola com o *backhand* e, surpreendentemente, cometia vários erros pouco característicos.

Eu percebi isso? Não.

Porém, quando parei e sentei um pouco, no intervalo, depois de perder o primeiro set, meu treinador sussurrou que eu devia mudar de tática.

— Mire no lado esquerdo dela — disse ele —, o *backhand* está esquisito hoje.

Nos saques seguintes, não consegui fazer isso. Tentar evitar o *backhand* poderoso de Gemma era uma tática tão profundamente entranhada no meu cérebro que parecia quase impossível me ajustar ao contrário. Por sorte, acabei me obrigando a me concentrar nele, e o jogo começou a virar. Ganhei o segundo set, por pouco. Então venci o terceiro e alcancei o raro lugar nas semifinais.

Por boa parte do jogo, não consegui enxergar algo que meu treinador, Aidan, via com tanta nitidez. Seu conselho no fim do primeiro set me impulsionou a fazer o óbvio: reagir ao que acontecia naquele momento, e não me basear em partidas anteriores. Minha incapacidade de abrir mão de uma estratégia muito conhecida — minha falta de agilidade mental — quase fez com que eu fracassasse.

Apesar de a agilidade mental no cérebro ter sua base na flexibilidade cognitiva, como vimos no capítulo anterior, ela tem um papel bem mais amplo na forma como nos comportamos, nos sentimos e pensamos no dia a dia. Pesquisas revelam que, para nos tornarmos ágeis, precisamos aprimorar quatro elementos-chave.

Os quatro elementos da agilidade

A agilidade psicológica mais abrangente consiste em quatro processos dinâmicos, que se desenvolvem com o tempo. Eu os chamo de "O ABCD da agilidade", e eles refletem a capacidade de uma pessoa:

- Adaptar-se a exigências variáveis.
- Balancear desejos e objetivos em conflito.
- Converter ou combater sua perspectiva.
- Desenvolver sua competência mental.

Para sermos ágeis, precisamos aplicar em nossa vida, com veemência, esses quatro elementos da agilidade conforme ilustrado no diagrama a seguir:

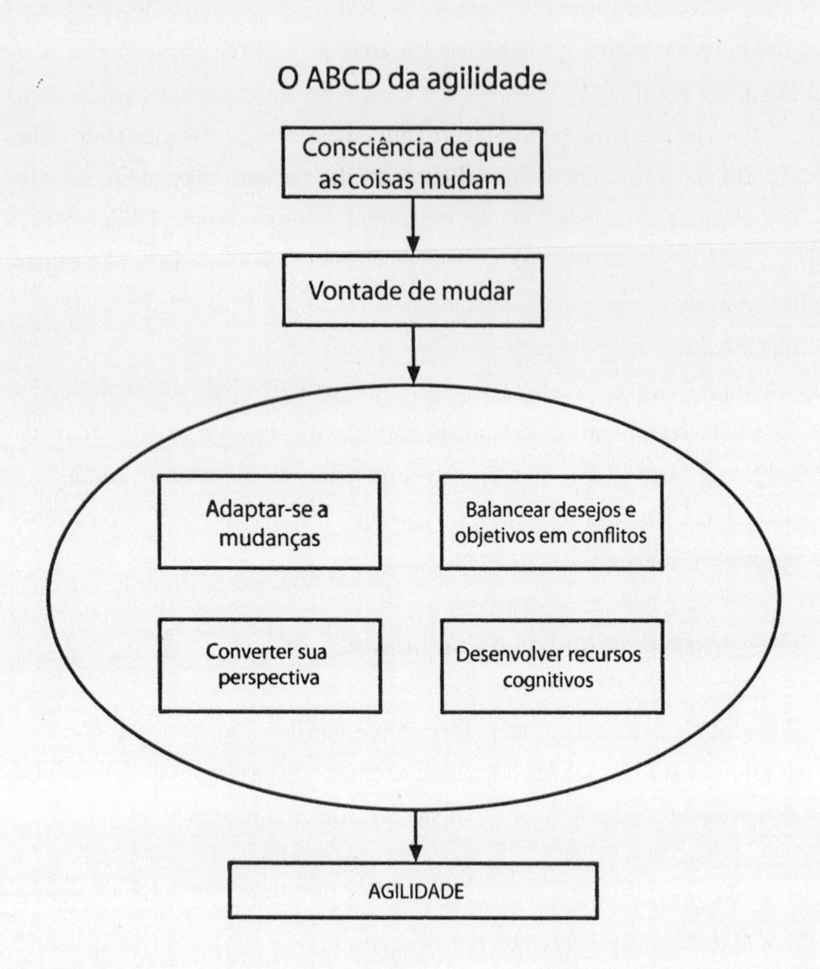

Adapte-se a exigências variáveis

Um grupo de pessoas que passam por níveis elevados de mudança e incerteza são as famílias de militares. Nos Estados Unidos, elas costumam se mudar a cada dois anos, às vezes para outros países. Em abril de 2017, ministrei uma palestra em um congresso sobre resiliência e adaptação em Arlington, na Virgínia. Lá, conheci um grupo de mulheres da Army Wife Network [Rede de Esposas de Militares, em tradução livre], e elas me contaram como era difícil criar filhos felizes e bem-ajustados naquelas circunstâncias. Filhos de militares precisam se acostumar a deixar os amigos para trás e a se adaptar a novas escolas, novos colegas e lugares. Perguntei a uma das mulheres como elas lidavam com a situação. Seu principal conselho era que se devia enfatizar o lado positivo das mudanças constantes e se concentrar nas oportunidades e não nos problemas. Apesar de necessário saber reconhecer as dificuldades, se concentrar na oportunidade de viajar, conhecer novas pessoas e aprender novos idiomas pode fazer com que essas mudanças se tornem empolgantes.

O conselho está de acordo com uma imensidão de pesquisas as quais revelam que praticar ativamente a adaptação a mudanças pode ser transformador. Ser adaptável é essencial simplesmente porque as circunstâncias sempre mudam, tanto para nós quanto para outras pessoas. No começo deste livro, vimos que, apesar de termos o hábito de resistir a mudanças, nosso corpo e nossa mente são projetados para nos ajudar na adaptação.

Ser adaptável não significa agir por impulso, sem plano algum. A verdadeira adaptabilidade começa com uma estratégia, prossegue com atos propositais e exige abrir mão de certas coisas para seguir em frente. No mundo dos negócios, quando o mercado muda, você precisa se adaptar a fim de não ficar para trás. Isso significa que, dependendo da situação, talvez seja necessário mudar antigos hábitos.

Uma parábola zen conta a história de um monge idoso que viaja com um monge jovem, e os dois se veem diante de um rio com uma correnteza muito forte. Nas margens, se deparam com uma mulher esperando, e ela então pede ajuda para chegar ao outro lado. Os dois monges trocam olhares, já que ambos fizeram votos de nunca tocar em uma mulher. Então, sem hesitar mais, o monge idoso pega a mulher no colo, cruza o rio e a coloca de pé do outro lado com delicadeza. Os monges seguem seu caminho, até que, várias horas depois, o mais jovem não consegue mais se conter.

— Se fizemos um voto de nunca tocar em uma mulher, por que você a carregou? — perguntou ele.

O monge idoso respondeu:

— Eu a soltei horas atrás, nas margens do rio. Por que você continua carregando-a?

Para mim, esse é um exemplo maravilhoso da adaptabilidade. É um lembrete de que não devemos ficar remoendo o passado de forma que ele afete a forma como vivemos no presente. Como o empresário britânico Richard Branson disse: "Toda história de sucesso é um conto de adaptação, revisão e mudanças constantes." Ele acredita que "uma empresa que não acompanha as mudanças será rapidamente esquecida".

Como aprimorar a habilidade de adaptação

A adaptação é algo que pode ser praticado. Acostumar-se com mudanças e novas situações com regularidade é uma parte importante disso. Não espero que você mude de casa a cada dois anos, como as famílias de militares, mas que busque oportunidades de experimentar coisas novas que possam lhe ajudar a desenvolver novas habilidades. Lembre-se de que a adaptação não é algo que acontece de vez em quando, mas um processo contínuo e constante. Os hábitos a seguir devem se tornar parte do seu estilo de vida, e não usados apenas em momentos de crise.

- **Cultive um olhar curioso:** faça várias perguntas a si mesmo sobre uma mudança que está por vir. Ela é positiva? Quais são as vantagens? Quais são as desvantagens? O que pode ser perdido?

- **Certifique-se de ter uma série de opções:** tenha um plano B e um plano C, porque é sempre arriscado ter apenas um plano A.
- **Leve as preocupações das outras pessoas em consideração:** não ignore as preocupações dos outros sem ouvi-las, especialmente se você estiver ocupando um lugar de liderança. Cogite a ideia de mentorear alguém que pareça um pouco empacado e pense em como pode ajudar essa pessoa a se tornar mais tolerante e adaptável.
- **Cuide de si mesmo:** ainda que você não seja muito adaptável, não esqueça que a mudança sempre cobra um preço, então se certifique de ter uma boa estrutura de apoio ao seu redor. Busque amigos, colegas de trabalho confiáveis, mentores e outras pessoas para lhe oferecer apoio, caso você passe por uma mudança difícil.
- **Exponha-se regularmente a novas situações:** é vital fazer isso regularmente, não apenas quando há uma grande mudança. Quando você participa de novas atividades com frequência e conhece novas pessoas, a adaptação acaba se tornando um hábito.
- **Diversifique o portfólio da sua vida:** em outras palavras, não aposte todas as suas fichas em uma coisa só. Dedicar tempo e esforço a uma grande variedade de atividades, papéis e experiências é um ingrediente essencial para aumentar sua adaptabilidade. Fazer com que você se exponha a várias experiências de vida e papéis sociais aumenta sua confiança.
- **Cerque-se de pessoas extraordinárias:** a ciência revela que observar alguém que possui realidade similar à nossa fazendo algo extraordinário nos incentiva a achar que também somos capazes. Assim, para melhorar sua capacidade de adaptação, tente montar um portfólio pessoal não apenas de habilidades e experiências, mas também de pessoas que podem lhe dar apoio em situações diferentes.

Balanceie desejos e objetivos em conflito

Cada um de nós tem muitos objetivos, prioridades e coisas que queremos fazer que entram em conflito. O problema é que somos limitados pelo tempo e pela energia — existe um limite para o que conseguimos fazer em um dia. Dedicamos a energia e o tempo de hoje para sermos bem-sucedidos no trabalho? Ou os utilizamos para sermos um bom amigo e cuidar de alguém que amamos? A realidade é que não podemos ser tudo todos os dias, e devemos conseguir equilibrar e priorizar nossos objetivos e desejos.

Igualmente, apesar de ter muitos papéis, somos uma pessoa só, e as diferentes áreas da nossa vida costumam estar muito conectadas. Talvez isso tenha se tornado mais aparente do que nunca durante a pandemia do coronavírus, quando muitas pessoas começaram a trabalhar de casa, em vez de destinar espaços distintos para a vida profissional e a pessoal. Muitos estudos revelam que os acontecimentos no trabalho interferem na vida pessoal, assim como conflitos e bons momentos em casa podem influenciar a vida profissional.

Um exemplo disso foi demonstrado em um estudo conduzido por uma equipe de pesquisadores espanhóis e britânicos. Os pesquisadores pediram que 160 pessoas escrevessem sobre os conflitos em casa e no trabalho em um diário ao longo de uma semana útil. A conclusão de que existe uma relação íntima entre conflitos no trabalho e em casa não surpreendeu ninguém. Se você briga com seu cônjuge pela manhã, a quantidade de desavenças que terá com colegas de trabalho também aumentará ao longo do dia. Essa era uma via de mão dupla: as pessoas que tinham interações difíceis com os colegas de trabalho tendiam a levar os conflitos para as relações familiares quando chegavam em casa. Esse estudo e muitos outros revelam que devemos ficar atentos quanto à bagagem emocional que levamos para o nosso lar depois de encerrar o expediente. Apesar de ser importante compartilhar problemas com seu parceiro, saiba que sentimentos negativos são extremamente contagiosos. Boas notícias também são, é óbvio, então é ótimo levar um pouco de positividade para casa.

Como se desligar do trabalho

Para alcançar esse objetivo, você pode se lembrar do "vazio fértil" que mencionamos antes. Dê um jeito de inserir uma pausa entre a vida profissional e a pessoal. Isso vai ajudar você a deixar os problemas do trabalho para trás e chegar em casa com um humor mais tranquilo (ou, se você trabalha de casa, vai ajudar você a trocar de "configuração"). Antes de me mudar para Oxford, eu era chefe de um grande e atarefado departamento de psicologia na Universidade de Essex. Com uma equipe de mais de cem pessoas e oitocentos estudantes, as exigências do cargo de liderança exigiam mais tempo e energia do que eu tinha. Com frequência, me via sentada em casa à noite, pensando e me preocupando com vários problemas do trabalho, todos aparentemente urgentes. Por fim, encontrei uma forma de me desligar do trabalho e chegar em casa com uma cabeça mais tranquila. Em vez de voltar dirigindo pelo curto caminho entre a faculdade e minha casa, passei a fazer uma caminhada de 3 quilômetros margeando o rio. Fizesse chuva, fizesse sol, depois de dez minutos de caminhada, eu começava a notar os cisnes na água, a canção dos pássaros vinda das árvores, o cheiro do rio, e, aos poucos, as preocupações do dia começavam a ir embora.

Foi uma sorte eu ter a opção de pegar o caminho do rio. Tente, porém, encontrar uma forma de quebrar a conexão psicológica entre trabalho e casa, de preferência fazendo algo de que você realmente goste. Talvez vá à academia ou à piscina, ou encontre um amigo para tomar um café, para demarcar um limite entre o fim do expediente e a retomada da sua vida pessoal. Outra coisa a que devemos ficar atentos, que é de conhecimento geral, mas que costumamos ignorar, é evitar e-mails de trabalho depois do fim do expediente. É difícil tirar a cabeça do trabalho se você continua lendo e-mails e pensando no que precisará fazer no dia seguinte.

Uma forma surpreendente de se desligar do ambiente profissional é se envolver com trabalho voluntário. Apesar de ser uma atividade que pode consumir muito tempo, sabe-se que o trabalho voluntário é muito restaurador, porque você conhece novas pessoas e sente que está contribuindo com a sua comunidade. Um estudo pediu que 105 trabalhadores alemães fizessem registros em um diário por duas semanas, e descobriu que aqueles que dedicavam mais tempo a atividades voluntárias se desvencilhavam melhor do trabalho, e isso lhes beneficiava a saúde mental.

Administre bem o tempo para manter uma vida equilibrada

É ótimo encontrar formas de se afastar do trabalho. No entanto, a realidade é que muitos de nós estamos soterrados com as exigências dele, então é importante encontrar formas de administrar bem o tempo. Ter muita nitidez sobre os objetivos de vida também ajuda.

Todos nós temos vários planos, várias metas e vários desejos, e é importante integrá-los de forma coerente. Você pode ter um objetivo de longo prazo, assim como vários de curto prazo, que podem ou não se encaixar. Tudo isso cria pressões e desequilíbrios que podem causar muito estresse e exaustão.

No entanto, não se esqueça do fato de termos certo grau de controle sobre como utilizamos nosso tempo. Este é seu recurso mais precioso, e, apesar de ser difícil fugir das expectativas sociais, é importante aprender a utilizá-lo de forma proveitosa e destinar momentos a atividades que você valoriza.

Uma forma de utilizar bem o tempo é tentar romper os limites da sua zona de conforto com regularidade. Tente encontrar o ponto certo, em que você se sente desafiado e tenso, mas não atordoado com uma tarefa.

Os melhores momentos da vida acontecem quando seu corpo e sua mente estão no limite — mas não o ultrapassam. Esse estado de ficar totalmente imerso em uma tarefa desafiadora, porém compensadora, se chama *fluxo* psicológico. Ele ocorre quando você está completamente focado, totalmente imerso no prazer daquilo que está fazendo, menos autoconsciente e dos seus problemas, usando suas habilidades ao máximo, pronto para crescer e se desenvolver.

Há três elementos-chave que podem ser úteis para decidir como você deveria usar seu tempo:

- **Quais** são seus objetivos mais importantes? Esses objetivos costumam ser mais relacionados à carreira. Escreva alguns deles no seu diário e os torne tão tangíveis quanto possível. Que tipo de trabalho você quer realizar? Quanto você quer ganhar? Quanto você quer economizar? Existe algum conflito entre os seus objetivos?
- **Por que** você quer conquistar esses objetivos? Muitos de nós ficamos presos em uma rotina de excesso de trabalho, nos esquecendo do que queríamos no começo. Então, dê um passo para trás e pergunte a si mesmo: por que quero conquistar esses objetivos? Essa pergunta costuma ter respostas mais pessoais, que envolvem a família e o próprio bem-estar. Talvez você queira ganhar ou juntar certa quantia em dinheiro para sustentar sua família, ou conseguir ter mais tempo de lazer. É lógico que esses são os objetivos mais importantes em termos de aumentar sua felicidade e seu bem-estar, então devem ser uma prioridade.
- **Como** você vai conquistar esses objetivos? Após entender bem seus objetivos pessoais e profissionais, você deve programar com nitidez como vai alcançá-los. Ao determinar um objetivo, é importante separá-lo em partes administráveis e *mensuráveis*. Isso fará com que ele pareça ser mais possível. Também é importante se comprometer

com o seu objetivo e talvez contar para alguém sobre ele, porque sabemos que temos uma tendência maior a seguir um plano quando o compartilhamos com outra pessoa.

Existe uma lenda brasileira linda que conta a história de um pescador feliz. Toda manhã, ele sai em seu barquinho para pescar e alimentar a família. Então ele volta para casa, brinca com os filhos, tira uma soneca à tarde com a esposa, e então se encontra com os amigos na praça do vilarejo à noite. Um dia, um empresário aparece e o aconselha a comprar um barco maior. "Você poderia pescar bem mais", sugere ele, "talvez ter uma frota de barcos, contratar funcionários e ficar rico". "E o que eu faria então?", pergunta o pescador. "Bem, quando você tiver dinheiro suficiente, terá tempo de brincar com seus filhos, ficar com sua esposa e seus amigos." O pescador fica confuso. "Eu já não faço tudo isso agora?"

É fácil perder a perspectiva do *por que*, como fez o empresário rico. Muitos de nós nos sentimos instintivamente insatisfeitos com a forma como equilibramos o tempo, perdendo de vista nossos objetivos iniciais. É por isso que pode ser interessante dar um passo para trás e refletir sobre como o utilizamos; pergunte a si mesmo se seu tempo está sendo empregado de forma eficiente segundo seus objetivos principais, e qual seria o uso ideal. Isso foi demonstrado em um estudo, no qual foi pedido que estudantes determinassem a quantidade perfeita de horas para dedicar a atividades específicas todos os dias, com o objetivo de equilibrar melhor os setores e interesses da vida de cada um. Todos Foram incentivados a investir nesse objetivo e anotar outros que poderiam ajudar a alcançá-lo. Quatro semanas depois, os estudantes que seguiram o cronograma afirmaram que a vida estava mais equilibrada e feliz.

Como você utiliza seu tempo?

Existe uma grande diferença entre como você *realmente* utiliza seu tempo e como *gostaria* de utilizá-lo. A síntese perfeita depende dos seus valores e objetivos, e, lógico, eles mudarão ao longo da vida. Caso você tenha acabado de entrar no mercado de trabalho e seja extremamente ambicioso, faz sentido dedicar mais tempo ao emprego e menos aos amigos e à família. No entanto, se tiver filhos pequenos, talvez você queira passar mais tempo com a família do que se dedicando profissionalmente. Levando em consideração suas obrigações atuais, é importante se esforçar para priorizar as coisas que vão aproximá-lo dos seus objetivos mais almejados. Um bom primeiro passo é entender o que você faz com seu tempo todos os dias.

Na tabela abaixo, há dez áreas da vida. Você tem 24 horas separadas para dividir entre as dez áreas. Para completar a tarefa, pense em como você utiliza seu tempo atualmente. Então, indique como gostaria de utilizá-lo.

Atividade	Como você utiliza seu tempo?	Como você gostaria de utilizá-lo?
Dormindo		
Estudando (seja qual for a natureza desse estudo)		
Trabalhando		
Realizando atividades domésticas (cozinhando, limpando, fazendo reparos, indo ao mercado etc.)		
Envolvendo-se em trabalhos voluntários		

Relaxando (praticando esportes, vendo TV, jogando etc.)		
Deslocando-se (tempo indo e voltando do trabalho, da escola ou de qualquer lugar referente às suas obrigações)		
Interagindo (passando tempo com amigos, com o parceiro ou com a família)		
Cuidando de si mesmo (praticando exercícios, comendo, se dedicando à higiene pessoal etc.)		
Espiritualizando-se (frequentando cerimônias religiosas ou espirituais, meditando)		
Outro (acrescente outra atividade)		
Outro (acrescente outra atividade)		
Total de unidades de tempo (em horas)	24	24

Como criar mais tempo?

Caso você seja como a maioria das pessoas, verá que provavelmente existe uma diferença entre o seu cronograma ideal e a forma como realmente utiliza seu tempo. Por exemplo, é provável que você passe mais horas trabalhando do que gostaria. Em uma pesquisa realizada pela Mental Health Foundation, no Reino Unido, em 2014, o número impressionante de 58% dos funcionários alegou irritação ao trabalhar por muito tempo, enquanto 34% se sentia ansioso e 27%, deprimido. Todos nós somos acometidos por pressões e compromissos dos quais não conseguimos fugir, porém, com um planejamento cuidadoso, existem alguns truques que podem ajudar a ganhar mais tempo para nos concentrarmos em alcançar objetivos.

Para começar, tente as seguintes estratégias:

1. **Aprenda a dizer "não":** esta pode ser uma das tarefas mais difíceis para as pessoas. Assim como muitos acadêmicos, especialmente mulheres, eu costumo dizer "sim" para pedidos de revisar artigos, mentorear alunos, aceitar papéis administrativos no meu departamento, revisar inscrições para bolsas de organizações patrocinadoras, dar palestras, oferecer conselhos, participar de mesas-redondas, integrar comitês universitários. A lista é interminável. Se você nunca disser "não", as pessoas continuarão pedindo, e não vai demorar muito para você estar sobrecarregado de tarefas que não fazem parte do seu trabalho. Inevitavelmente, isso causará frustração, estresse e ressentimento. Então, aprenda a declinar convites. Não é necessário responder com grosseria nem justificar seus motivos além de explicar que você não tem tempo. Quando alguém lhe pedir que faça algo, não responda imediatamente, sem pensar. Diga que dará um retorno e dedique um momento para refletir se o pedido ocupará tempo demais e se ele se enquadra com os seus objetivos. A menos que exista um ótimo motivo para aceitar, recuse educadamente.
2. **Trabalhe de um jeito mais inteligente, não por mais tempo:** priorizar bem seu tempo aumentará a produtividade. Então, evite fazer muitas coisas ao mesmo tempo — você sabe como trocar de tarefas pode ser cansativo. Talvez você sinta que está trabalhando demais, mas essa é uma impressão falsa. Siga o conselho apresentado mais cedo e se concentre em duas ou três tarefas por dia, apenas, e seja rigoroso ao proteger seu tempo. Um executivo com quem trabalhei percebeu que boa parte do tempo dele era sugada por um colega específico que sempre queria conversar. A solução foi tomar um café com

essa pessoa duas vezes por semana, por 15 minutos, e oferecer sua atenção completa durante o encontro, e ser educado e firme ao dizer que precisava se concentrar em outras coisas até a próxima conversa entre os dois. Não é sempre fácil, mas as pessoas vão respeitar você caso estabeleça limites e cronogramas com firmeza.

3. **Fique longe dos seus e-mails:** desligue as notificações do seu e-mail do trabalho, não apenas à noite, mas separe um momento pela manhã e à tarde para verificar as mensagens e não habilite as notificações nos demais horários. Confie em mim, isso vai lhe gerar uma quantidade impressionante de tempo.
4. **Encerre o trabalho no fim do dia:** não importa se você trabalha de casa ou em um escritório, certifique-se de que seu expediente tenha um fim bem demarcado. Faça isso de um jeito óbvio, desligando o computador, deixando o equipamento arrumado e pronto para o dia seguinte ou talvez elaborando uma lista de coisas para fazer assim que voltar ao trabalho. Então, vá embora e tente inserir um intervalo — um vazio fértil — entre esse momento e a sua vida pessoal, como já abordamos anteriormente.
5. **Pegue leve com o perfeccionismo:** a luta para ser perfeito diminui a produtividade e o bem-estar de muitas pessoas. Apesar de todos nós desejarmos fazer um bom trabalho, há momentos em que precisamos aceitar que algo é bom o suficiente para o momento, pelo tempo e pela energia que temos disponíveis. Certa vez, em um evento do qual participei, perguntaram para um jornalista como ele lidava com pessoas que diziam que fariam um trabalho melhor se escrevessem a coluna dele. "Elas provavelmente fariam mesmo", disse ele, "mas será que conseguiriam manter a qualidade toda semana, todo mês, todo ano?"

Converta ou combata sua perspectiva

Meu lugar favorito em Paris é o Museu d'Orsay. Ele é cheio de obras-primas do Impressionismo que, apesar de terem sido reproduzidas em um milhão de cartões-postais, continuam fascinantes. Dentre todas as pinturas, a que eu mais gosto é a "Regata em Argenteuil", de Monet. Quando alguém entra no salão que abriga essa imagem impressionante, a luz solar bruxuleante que dança sobre o Sena se destaca, e a água parece borbulhar. No entanto, conforme você se aproxima do quadro, é possível notar as pinceladas de cor se fragmentarem, e a impressão do movimento da luz sobre a água desaparece. A mágica só retorna quando você se afasta novamente.

Essa experiência simples mostra como a nossa perspectiva depende do lugar em que estamos. Isso também vale para as decisões complexas que tomamos em nossa vida pessoal e profissional. Às vezes, mudar de perspectiva em relação às coisas, mesmo que seja só um pouco, pode revelar uma nova impressão e expandir a mente para possibilidades diferentes.

Como transformar negociações

Em outubro de 1962, o primeiro-ministro soviético, Nikita Khrushchev, enviou duas cartas para o presidente dos Estados Unidos, John F. Kennedy. Elas foram escritas no auge da Crise dos Mísseis de Cuba. As duas tinham tons muito opostos: a primeira era bastante conciliatória, enquanto a segunda determinava que os soviéticos não retirariam as armas nucleares de Cuba a menos que os Estados Unidos retirassem as próprias armas nucleares da Turquia. Na Casa Branca com seus conselheiros, o presidente Kennedy concluiu que havia apenas as seguintes alternativas: recuar com as armas estadunidenses da Turquia em troca da remoção das armas russas ou iniciar um ataque nuclear contra a Rússia em poucos dias. Entretanto, para surpresa de todos, Llewellyn "Tommy"

Thompson, um conselheiro sênior que normalmente era reticente nesse tipo de conversa, se manifestou: "Não concordo, senhor presidente." Em vez disso, ele propôs a Kennedy que respondesse à primeira carta, a mais amigável. Ele estava convencido de que Khrushchev poderia ser convencido a remover as armas caso a União Soviética passasse a imagem de que tinha "salvado Cuba".

Sem dúvida, Thompson compreendia bem a mentalidade soviética — ele havia sido embaixador dos Estados Unidos na União Soviética e desenvolvera uma amizade especial e pessoal com Nikita Khrushchev durante o tempo em que passou em Moscou. O secretário de Estado Dean Rusk descrevia Thompson como "o nosso russo de plantão". Assim, seguindo o conselho de Thompson, Kennedy disse que, se as armas soviéticas fossem removidas, os Estados Unidos jurariam nunca invadir Cuba. E Khrushchev cedeu. Esse acordo permitiria que ele declarasse ter salvado Cuba de um ataque, cumprindo, portanto, seus objetivos principais de consolidar seu poder e proteger o próprio orgulho.

A capacidade de Thompson de enxergar a situação do ponto de vista de Khrushchev deu uma vantagem poderosa aos Estados Unidos nas negociações e ajudou a salvar o mundo. Essa habilidade de converter sua perspectiva para se enquadrar a uma situação é um componente fundamental — o elemento C — da agilidade. Ter uma compreensão e um conhecimento íntimos dos interesses básicos dos seus oponentes é essencial para que você desafie e mude de perspectiva de forma flexível, para lhe ajudar a ter sucesso em qualquer negociação política, pessoal ou de negócios.

Tomada de perspectiva *versus* empatia

A capacidade de pensar no mundo do ponto de vista de outra pessoa é chamada de *tomada de perspectiva*. Ela costuma ser confundida com a empatia, mas as duas coisas são diferentes. Empatia é sentir o sofrimento ou a reação emocional do outro de verdade. Em contraste, a tomada de perspectiva é a capacidade de enxergar o ponto de vista de alguém usando as lentes dos próprios interesses. Essa capacidade permite que você se desloque um pouco para além das suas referências tendenciosas e desenvolva uma percepção mais equilibrada sobre o que é justo em contextos competitivos.

A empatia é importante, é óbvio, e costuma ser o pontapé inicial para aprendermos a ter nossa tomada de perspectiva. Não duvido que Tommy Thompson tivesse muita empatia por Khrushchev, e isso lhe permitiu enxergar o problema do ponto de vista dos russos. Thompson, porém, não deixou que a empatia alterasse seu julgamento. Empatia em excesso pode nos levar a priorizar os outros, à custa dos nossos interesses, e pode prejudicar o fechamento de acordos em negociações competitivas. Portanto, a tomada de perspectiva é mais importante para fazer bons negócios.

Você consegue assumir a perspectiva de outra pessoa?

Para descobrir seu grau de tomada de perspectiva e empatia, responda às perguntas a seguir. Para cada item, pense bem sobre como ele descreve você e escolha um valor apropriado segundo a escala:

0. Nunca sou assim
1. Às vezes sou assim
2. Em boa parte do tempo sou assim
3. Frequentemente sou assim
4. Sou quase que totalmente assim

( ) Quando as coisas não dão certo para alguém, não me incomodo muito.

( ) Sei que tive sorte na vida, e me solidarizo com as pessoas que não tiveram.

( ) Tento entender o ponto de vista de todos antes de tomar uma decisão.
( ) Quando outras pessoas têm problemas, não fico muito preocupado.
( ) Para compreender melhor como um amigo se sente, tento imaginar como ele encara a situação.
( ) Eu me sinto muito protetor em relação às pessoas em situação vulnerável.
( ) É difícil enxergar as coisas da perspectiva de outra pessoa.
( ) Quando acredito que tenho razão, considero perda de tempo ter que ouvir os outros.
( ) Sinto muita pena quando alguém é vítima de preconceito.
( ) Sou uma pessoa muito gentil e solidária.
( ) Fico atordoado e emotivo com as coisas que vejo.
( ) Sempre tento enxergar todos os lados de um argumento.
( ) Quando preciso dar um feedback negativo ou criticar alguém, tento me colocar no lugar da pessoa antes de fazer isso.
( ) Quando alguém me ofende, tento enxergar a situação do ponto de vista dela.

Como calcular sua pontuação

Cada uma das perguntas tem pontuação de 0 a 4. A primeira coisa que você precisa fazer é *inverter* sua pontuação apenas para as questões 1, 4, 7 e 8. Então, se você marcou 4, calcule 0, se marcou 3, calcule 1, e assim por diante, como ilustrado a seguir:

4 = 0
3 = 1
2 = 2
1 = 3
0 = 4

Agora, divida as perguntas em dois grupos de sete.

Tomada de perspectiva: calcule a pontuação de Q1, Q3, Q6, Q8, Q11, Q13, Q14.

Empatia: calcule a pontuação de Q2, Q4, Q5, Q7, Q9, Q10, Q12.

Isso lhe dará uma pontuação total de 0 a 28 para cada característica.

Pontuação de 0 a 9 = *Baixa*.
Pontuação de 10 a 18 = *Média*.
Pontuação de 19 a 28 = *Alta*.

A maioria das pessoas tem um resultado médio em cada uma das escalas, mas pode ser interessante ver como as suas pontuações são diferentes para empatia e para tomada de perspectiva. Caso você tenha uma nota baixa para algum dos dois, isso significa que talvez seja bom aprimorar essa habilidade. Não existem notas boas ou ruins, tudo depende muito do contexto. Contudo, saber que você tem mais ou menos tendência a algum dos aspectos pode alertar sobre perigos potenciais em determinadas situações. Caso seu grau de empatia seja muito alto, por exemplo, talvez seja melhor reduzi-lo um pouco durante negociações difíceis e se concentrar em incrementar a tomada de perspectiva. Em contrapartida, se um amigo acabou de receber uma notícia ruim, alimentar a empatia é o melhor caminho.

Como mudar de perspectiva

Mudar de perspectiva e encarar as coisas de pontos de vista diferentes pode transformar a maneira como você pensa a respeito de problemas e como toma decisões. O motivo pelo qual costumamos empacar na vida é a nossa tendência a avaliar situações de apenas uma perspectiva. Desenvolver o hábito de encarar as coisas de pontos de vista diferentes vai ajudar muito a aumentar sua agilidade de raciocínio e a solucionar problemas. Isso vai ajudar você a criar um espaço para cogitar novas ideias e possibilidades. Tente seguir as dicas abaixo para aprender a mudar de perspectiva:

1. **Visualize um problema de perspectivas diferentes:** olhe para um problema que você enfrenta atualmente, talvez uma decisão importante que deva ser tomada no trabalho ou na vida pessoal, e tente pensar em quatro alternativas para solucionar o problema. Vamos imaginar que você comece em um emprego novo e logo perceba que o trabalho não era o esperado. Em vez de reclamar e ficar com raiva da decisão tomada, pergunte a si mesmo qual é o lado bom da situação. Existe alguma vantagem inesperada? Será que há algo que possa ser mudado no cargo atual para melhorar as coisas para você? Há alguma chance de negociação? Você consegue se adaptar para ver os pontos positivos do emprego?
2. **Às vezes, tudo o que você precisa fazer é mudar a pergunta:** a forma como você faz perguntas influencia as respostas que busca. Então, em vez de perguntar "Como posso parar de trabalhar demais e de me estressar?", pergunte "Como posso encontrar mais tempo para o lazer?".
3. **Estimule seu otimismo:** podemos nos apoiar na tendência natural que temos, direcionada ao otimismo. Talvez você fique surpreso ao descobrir que a maioria de nós é otimista sobre a própria vida. Mesmo durante a pandemia de coronavírus, por exemplo, um estudo nos Estados Unidos descobriu que as pessoas eram otimistas sobre as chances de elas próprias não contraírem a doença, ao mesmo tempo em que eram pessimistas quanto às chances de os outros ficarem doentes. Lembre-se de que o otimismo não neces-

sariamente é fantasioso. As pessoas que alcançam um equilíbrio saudável entre aquilo que chamo de "realismo otimista" enxergam o futuro com lentes cor-de-rosa, mesmo sabendo que encontrarão muitas decepções e fracassos ao longo do caminho. Otimistas não ignoram as dificuldades da vida, apenas as encaram de forma mais produtiva. Quando algo dá errado, em vez de se culparem e acharem que o problema é permanente, buscam maneiras de aprender com o problema. Todos nós podemos mudar nossas perspectivas para nos tornarmos mais otimistas. Tente procurar o lado positivo em qualquer situação difícil, cerque-se de pessoas otimistas e não de pessoas negativas e materialistas. Todos nós sabemos que a negatividade flui pelas redes sociais, então fique longe delas, se possível. Não é sensato fugir completamente das notícias, é lógico, mas tente limitar seu tempo de "leitura catastrófica", que pode afetar seu bem-estar. Além disso, pense nas pessoas com quem você passa a maior parte do tempo. Elas lhe dão energia ou sugam a sua força vital? Relacionar-se com pessoas que têm energia positiva impulsiona seu otimismo.

4. **Pratique as técnicas mindfulness:** encontrar uma forma de sair de certos ciclos de pensamento e aproveitar o momento presente pode ajudar você a encarar as coisas de perspectivas diferentes. Regularmente — pelo menos uma vez por dia —, tente dedicar sua concentração ao momento presente. Por exemplo, tente passar alguns instantes se concentrando na sua respiração, ou preste atenção no gosto e no aroma de algo, ou escute o que acontece ao seu redor. Transforme esses exercícios em um hábito, já que também são uma ótima forma de aumentar sua agilidade.
5. **Leia histórias de ficção:** ler ficção também é uma ótima forma de mudar sua perspectiva. Ler é uma oportunidade de interagir com muitas vidas diferentes. Ao ter empatia pelos personagens e mergulhar no

mundo deles, você começa a viver aquela vida. Personagens fictícios permitem que a gente se imagine no lugar de outra pessoa. É algo que aumenta nossa capacidade de empatia e de tomar perspectiva. E a ciência confirma isso. Estudos mostram que criar internamente aspectos de um livro, como a possível aparência de personagens e de ambientes, pode fazer toda a diferença. Isso é chamado de "simulador de voo da mente"; assim como pilotos podem melhorar as habilidades de voo sem sair do chão, as pessoas podem melhorar a capacidade de tomar perspectiva ao ler uma história interessante.

6. **Questione o que outras pessoas fariam:** você também pode tentar um jogo simples, que projetei como um jeito divertido de imaginar como outra pessoa poderia solucionar seu problema. Faça uma lista enumerada com seis pessoas que você admira — podem ser pessoas que você conhece, pessoas famosas, ou até personagens fictícios. Então jogue um dado e passe a próxima hora tentando entrar na cabeça da pessoa cujo número sair, enxergando o mundo como ela enxergaria. *O que Harry Potter faria? Como a sua melhor amiga encararia essa questão? Como Michelle Obama lidaria com o problema?* Com a prática regular, o jogo faz com que você se acostume a enxergar as coisas de pontos de vista muito diferentes.

Desenvolva sua competência mental

Em fevereiro de 2003, mais de quatrocentas pessoas foram a um show da banda de rock Great White, na boate Station, em West Warwick, Rhode Island. A música de abertura foi acompanhada por um espetáculo pirotécnico espetacular. Por vários minutos, ninguém notou que as chamas haviam saído de controle, uma vez que a espuma inflamável sobre o palco estava pegando fogo, e o incêndio se espalhou pelo teto e pelas laterais do palco. Todo mundo achava que aquilo fazia parte do show.

Em poucos minutos, as chamas cobriram o espaço inteiro e espalhou uma fumaça preta espessa. A boate estava lotada, e tanto o estabelecimento quanto o empresário da banda foram condenados por muitas acusações. Além disso, a reação das pessoas guiada pelo pânico que se seguiu oferece uma lição importante sobre o valor do processamento mental, especialmente sob pressão. Centenas de pessoas tentaram fugir do incêndio pela entrada principal da boate, seguindo o mesmo caminho pelo qual tinham entrado. Isso foi um erro devastador. Tragicamente, três outras entradas estavam completamente desobstruídas, porém a maioria das pessoas, em pânico, não pensou em dar meia-volta. Elas insistiram em se empurrar para a frente, e esse foi um erro catastrófico. Nossa tendência natural é seguir a manada, não tentar pensar na melhor solução. A debandada subsequente fez com que muita gente se apertasse na passagem estreita até a entrada, rapidamente bloqueando a porta e ocasionando muitas mortes e ferimentos.

Infelizmente, o triste caso do incêndio na boate Station não é raro. É comum que as pessoas morram em aterrissagens forçadas ou incêndios porque tentam fugir pelo mesmo caminho pelo qual entraram.

Nossa competência mental se resume ao funcionamento adequado de algo que psicólogos chamam de "funções executivas". São habilidades cognitivas básicas de sobrevivência, que nos ajudam a avaliar e reagir a qualquer situação e a pensar no que fazer caso algo dê errado — a encontrar uma rota de fuga, nesse caso.

O que são funções executivas?

As funções executivas são a base da nossa competência mental e vitais para funcionar sob pressão. Passei muitos anos estudando como esses componentes mentais cruciais podem ser identificados e treinados em atletas de elite. Eles também são, sem dúvida, essenciais para a tomada de decisões diárias e formados por três elementos importantes:

- **Controle inibitório:** este é um termo abrangente, que inclui a capacidade de resistir a impulsos ou hábitos, assim como de suprimir informações irrelevantes, nos liberando para focar o que é relevante. No caso do incêndio, a pressão interna é seguir o hábito ou o impulso e refazer o caminho de entrada, mas essa tendência precisa ser reprimida para você pensar se existe alguma solução melhor. O controle inibitório é essencial no mundo dos esportes. Em um passe rápido no futebol, por exemplo, o meio-campo pode precisar manter o foco em várias coisas ao mesmo tempo — a trajetória da bola, a movimentação dos atacantes, a movimentação da defesa, a posição do goleiro, possíveis espaços por onde a bola pode passar — ao mesmo tempo em que ignora outros aspectos do jogo que não sejam imediatamente relevantes. É óbvio que esse é um processo dinâmico, já que a relevância das coisas muda num piscar de olhos.
- **Memória de trabalho:** esta é a capacidade de manter informações na mente ao mesmo tempo em que as atualiza. Por exemplo, ao ouvir uma história e acompanhar vários acontecimentos diferentes, você usa a memória de trabalho. Ela é especialmente importante para nos ajudar a tomar decisões sob pressão. Voltando ao exemplo do futebol, isso pode acontecer quando as instruções do técnico precisam ser traduzidas em jogadas, novas informações precisam ser mantidas na mente e misturadas às antigas e alternativas devem ser levadas em consideração, ainda mais em momentos de pressão. A memória de trabalho e o controle inibitório geralmente funcionam juntos, é óbvio; a memória atualiza as informações mais relevantes enquanto os processos inibitórios suprimem os fatos que não são imediatamente relevantes.

- **Flexibilidade cognitiva:** já falamos bastante sobre a flexibilidade cognitiva no capítulo anterior. Como deve estar evidente, é essencial permanecer flexível para se ajustar a novas circunstâncias e tirar vantagem de oportunidades repentinas e inesperadas. Habilidades de flexibilidade cognitiva são as funções executivas baseadas no cérebro que facilitam a agilidade. Como exemplo, o que você faria se o seu time de repente contasse apenas com dez jogadores, ou se a partida recebesse dez inesperados minutos extras, ou se o outro time perdesse um jogador? É a capacidade de se ajustar rapidamente às novas circunstâncias — o oposto da rigidez mental, que acontece quando planos são seguidos cegamente, mesmo quando a situação muda.

Funções executivas são vitais para a agilidade mental. O desenvolvimento de todas as três funções executivas — controle inibitório, memória de trabalho e flexibilidade cognitiva — é essencial para que você consiga planejar seu tempo, concentrar sua atenção, regular seus impulsos, lembrar o que precisa ser feito mais tarde no dia e executar várias tarefas com sucesso. Elas também são, lógico, uma das bases do primeiro pilar do método switch: *agilidade*. Junto do exercício de Adaptar-se, Balancear objetivos e planos, Converter sua perspectiva e Desenvolver suas funções executivas, ou o que chamamos de competência mental.

Essas habilidades mentais essenciais — funções executivas — são vitais para um funcionamento fluido em muitas situações por toda a vida. De fato, estudos com crianças revelam que, ao prever o sucesso no fim da vida, ter boas habilidades de funcionamento executivo é mais importante do que inteligência geral ou origens socioeconômicas.

Assim como uma empresa pode investir em infraestruturas básicas em resposta a novas exigências do mercado, investir na infraestrutura psicológica necessária para o método switch — suas funções executivas — tem um preço. Tempo e energia são necessários para desenvolver seus recursos mentais — suas funções executivas — o suficiente para facilitar a agilidade mental.

Uma das formas de ajudar a estimular o funcionamento mais ativo das funções executivas é planejando o futuro. Após o incêndio na boate Station, o Departamento de Bombeiros do estado do Texas criou a iniciativa "Tenha uma estratégia de saída". Ela incentiva as pessoas a ter pelo menos duas opções de rotas de fuga de qualquer bar ou boate e reconhecer que a melhor forma de sair pode não ser aquela pela qual você entrou. Esse é um reconhecimento elucidado da nossa tendência a funcionar no automático.

Como você pode desenvolver suas funções executivas?

No capítulo anterior, falamos sobre como praticar a flexibilidade cognitiva. Minha equipe de pesquisa também analisou se jogos de computador podem aprimorar a memória de trabalho e o controle inibitório. Jogos que treinam o cérebro têm uma reputação ruim na mídia por não cumprirem tudo o que oferecem, e há bons motivos para isso. Apesar de as pessoas melhorarem muito nos jogos em si após muita prática — o que não surpreende ninguém —, quase ninguém vê melhoras em outros aspectos. Não há qualquer sinal daquilo que nós, psicólogos, chamamos de "transferências de longo alcance" para outras situações de vida.

Mesmo assim, a memória de trabalho e o controle inibitório são dispositivos mentais importantes, que nos ajudam a lidar com situações complexas e estressantes. Quanto melhor forem essas funções executivas, mais prontos estaremos para reagir com agilidade a qualquer situação. Uma das vantagens é aprender a controlar distrações indesejadas. Assim, nós imaginávamos que, ao melhorar a memória de trabalho, poderíamos ajudar as pessoas a se libertar do falatório negativo repetitivo que ocorre quando estamos preocupados e estressados.

Minha equipe de pesquisa projetou um jogo de computador simples para tentar aprimorar a memória de trabalho das pessoas, assim como o controle inibitório. O jogo envolve uma série de letras apresentadas em lugares diferentes, em uma matriz de três por três, uma seguida da outra. A letra K poderia surgir no canto superior esquerdo da tela por alguns segundos, seguida pela letra B no canto inferior esquerdo e então pela letra P na posição central, à direita, e assim por diante. As pessoas precisavam se lembrar da posição da letra *anterior*. Assim, no exemplo acima — ao ver a letra B no canto inferior esquerdo, você precisa indicar onde a letra K estava. Em seguida, ao ver a letra P, você precisa indicar onde a letra B estava. Quando as pessoas pegam o jeito, o jogo se torna mais difícil: é preciso, então, indicar a localização da letra que vem *antes* da letra anterior, então, a localização de duas letras para trás. Depois que as pessoas dominam isso, elas precisam se lembrar de três letras para trás. O jogo continua até os participantes começarem a cometer muitos erros. Após várias horas de prática, os voluntários geralmente conseguiam se lembrar de três ou quatro letras para trás, com alguns gênios da memória de trabalho se recordando até de cinco!

Ficamos nos perguntando se o jogo poderia ajudar pessoas que se preocupam demais a lidar com pensamentos incômodos. Recrutamos grupos com muitas pessoas que se autodenominavam "preocupadas em excesso" e pedimos que jogassem o jogo da memória de trabalho por cerca de quarenta minutos todos os dias, por oito semanas, no mínimo. Após treinarem em casa por semanas, todo mundo voltou ao laboratório para avaliar os resultados, que se mostraram interessantes. Descobrimos que os melhores incrementos da memória de trabalho estavam relacionados ao aumento que os voluntários que se preocupavam demais apresentaram na capacidade de controlar preocupações. Mesmo que esses incrementos não tenham mudado a vida deles, os participantes que desenvolveram a memória de trabalho também conseguiram se libertar de preocupações repetitivas e se tornaram um pouco mais ágeis.

Nós também usamos jogos de computador para tentar enfrentar questões de controle de impulsos. Em um estudo, selecionamos voluntários com compulsão alimentar, juntamente com voluntários sem qualquer problema para controlar a alimentação. Cada um tinha duas opções para reagir a várias imagens. Caso a imagem fosse cercada por uma faixa verde, eles deveriam apertar um botão — uma resposta "positiva", como chamamos; enquanto se a imagem estivesse cercada por uma faixa vermelha, não deveriam apertar nada — a chamada resposta "negativa". A questão era que imagens de comidas cheias de açúcar e gordura — bolo de chocolate, batatas fritas, e assim por diante — sempre eram "negativas". A ideia era treinar o cérebro para resistir ao desejo de buscar guloseimas e ajudar os voluntários com compulsão alimentar a controlar melhor os impulsos. Quando uma salada ou uma fruta era apresentada, vinha sempre acompanhada da faixa verde, incentivando uma resposta "positiva". Caso as pessoas com compulsão alimentar fizessem esse exercício regularmente por várias semanas, a ação automática de comer alimentos que fazem mal à saúde começaria a diminuir, e elas gradualmente passariam a ter mais controle sobre seus hábitos.

Como melhorar o funcionamento executivo na vida diária?

Alguns exercícios diários também ajudam a melhorar essas capacidades mentais. Tente deixar uma guloseima — um chocolate, por exemplo — na geladeira, cercada por opções mais saudáveis. Então diga a si mesmo que você pode comer a guloseima em determinado dia, ou em determinado horário. Sempre que abrir a geladeira, você pode olhar para a guloseima, talvez até pegá-la e cheirá-la, mas então deve deixá-la de lado e selecionar uma opção mais saudável. Esse exercício, feito com regularidade, aumenta suas habilidades de controle mental, ajudando a frear hábitos impulsivos. Nem sempre você vai conseguir! No entanto, com o tempo, o controle sobre seus impulsos aumenta.

Praticar esportes, aprender a tocar um instrumento musical ou a falar um idioma diferente também são hábitos que podem demandar diretamente alguns recursos mentais fundamentais necessários para ajudar você a manter o controle durante momentos de crise. Um estudo na Holanda, por exemplo, acompanhou um grupo grande de crianças pequenas por dois anos e meio, começando quando elas tinham 6 anos. Dois grupos frequentaram aulas de música regularmente, um participou de aulas de artes visuais e um grupo de controle não fez nenhum tipo de curso de artes. As crianças que aprenderam música desenvolveram muito mais as funções executivas quando comparadas a outras crianças. Esse estudo apoia a elusiva "transferência de longo alcance" da educação musical para o sucesso acadêmico geral.

Para aprimorar o primeiro pilar do método switch — *agilidade* — é essencial reunir os quatro componentes — o ABCD. Não tem problema exercitar cada um separadamente, mas só seremos ágeis de verdade quando os quatro se unirem e nós nos tornarmos adaptáveis, balanceados, capazes de mudar de perspectiva e dispostos mentalmente a fazer qualquer coisa.

Resumo do capítulo

- A agilidade mental é formada por quatro componentes-chave (o ABCD da agilidade): Adaptar-se a exigências variáveis, Balancear desejos e objetivos em conflito, Converter ou combater sua perspectiva e Desenvolver sua competência mental.
- É essencial permanecer aberto a se adaptar a novas situações.
- Encontrar formas de equilibrar sua vida e certificar-se de que a ma-

neira como você utiliza seu tempo está alinhada com seus objetivos principais é essencial para desenvolver agilidade.

- Encontrar formas de desafiar sua perspectiva é importante para expandir a mente e criar a base para uma mentalidade mais ágil. Questionar suas crenças e ler ficção são duas maneiras de enxergar as coisas de perspectivas diferentes.
- Agilidade mental exige energia, e, portanto, o desenvolvimento de recursos mentais como controle inibitório, memória de trabalho e flexibilidade cognitiva são fundamentais para que você alcance o melhor desempenho possível.

O SEGUNDO PILAR DO MÉTODO SWITCH

AUTOCONHECIMENTO

CAPÍTULO 8

CONHECE-TE A TI MESMO

O antigo aforismo grego "conhece-te a ti mesmo" é a primeira das três máximas délficas inscritas em uma coluna no Templo de Apolo, em Delfos (as outras são "nada em excesso" e "não faça promessas a ninguém"). É uma sabedoria milenar — ou que pelo menos data do século IV AEC, data estimada da construção do templo.

Seu significado e sua importância são tão grandes que todo filósofo de grande relevância tentou interpretar o sentido desse aforismo com o passar dos séculos. Em *Fedro*, de Platão, Sócrates usa a expressão "conhece-te a ti mesmo" para explicar por que não deseja debater mitologia e outras questões intelectuais. "Ainda não fui capaz de conhecer-me a mim mesmo, como recomenda a inscrição de Delfos. E, disso ainda ignorante, parece-me ridículo investigar aquilo que me é alheio."

Samuel Taylor Coleridge, em seu poema "Self Knowledge" [Autoconhecimento], se refere à máxima como "o principal adágio, vindo dos Céus, de eras antepassadas!". E Benjamin Franklin, em seu *Almanaque do pobre Ricardo*, reconhece a dificuldade da seguinte forma: "Existem três coisas extremamente duras: o aço, um diamante e conhecer-te a ti mesmo."

Na verdade, a máxima é anterior à Grécia antiga. No clássico tratado militar *A arte da guerra*, escrito no século V AEC, o general-filósofo chinês

Sun Tzu inclui a frase "知彼知己，百战不殆", que pode ser traduzida mais ou menos como "Conheça o teu inimigo e a si mesmo, e você não correrá perigo nas batalhas".

Autoconhecimento significa ter consciência dos próprios pensamentos, das próprias emoções e ações e de como podem impactar outras pessoas. Quando temos um autoconhecimento profundo, somos mais capazes de refletir sobre como podemos melhorar e que aspectos do nosso comportamento podem ser mudados, ou seja, quanto mais nos conhecermos, mais ágeis seremos. É por isso que o autoconhecimento é o segundo pilar do método switch, porque só conseguimos reagir de forma realmente ágil a qualquer situação quando compreendemos nossos valores, objetivos e capacidades. Assim, o segundo pilar do switch — *autoconhecimento*, ou "conhecer a si mesmo" — alimenta o primeiro — *agilidade*.

Como exatamente nós "nos conhecemos"? E fazer isso é mesmo tão difícil quanto Benjamin Franklin dizia?

Por sorte, a ciência moderna oferece respostas para as duas perguntas — e são boas notícias. Psicologicamente, podemos "conhecer a nós mesmos" ao nos familiarizar e monitorar nossa situação corporal interna. E podemos nos conhecer no sentido psicológico por meio de uma avaliação precisa do nosso estilo de personalidade único. A personalidade reflete hábitos básicos da maneira como uma pessoa pensa, sente e age em diferentes situações. Ao contrário de humores temporários, traços de personalidade tendem a ser consistentes com o tempo e em contextos diferentes.

Qual é o meu tipo?

Vamos começar pela personalidade. Meu sogro era um feirante bem-humorado de Londres, meio parecido com o personagem Del Boy, do velho sitcom britânico *Only Fools and Horses*. Ele vivia falando coisas engraçadas, mas uma das que mais me marcaram foi: "A personalidade de uma pessoa sempre diz como ela é!" Quando conhecemos alguém, suas características geralmente nos passam uma impressão. Essa pessoa é extrovertida? Parece ter a mente aberta? É correta? A ideia de que cada um de nós possui algumas características duradouras resistiu ao longo da história, e, baseado em como nos guiamos por testes de redes sociais, muita gente é fascinada pela pergunta: "Que tipo de pessoa eu sou?" O que realmente queremos saber com essa pergunta é "Qual é a minha personalidade?".

Podemos pensar sobre a personalidade de várias formas, porém ela costuma ser entendida como os traços individuais que nos informam como alguém provavelmente se vai pensar, sentir e agir em diferentes circunstâncias. Pense em algumas pessoas que você conhece. Como elas reagiriam em um leve acidente de carro? Como reagiriam se perdessem o emprego? O que fariam se ganhassem na loteria? Aposto que você consegue imaginar com base na personalidade delas. As pessoas nos surpreendem, é óbvio, mas costumam se comportar de forma consistente, no geral. O cérebro anseia por esse tipo de compreensão sobre os outros, porque isso nos assegura de que sabemos como um amigo, um colega de trabalho ou um desconhecido provavelmente reagiria em determinadas situações. Esse entendimento é chamado de "psicologia do estranho" e se refere à compreensão dos traços de personalidade de uma pessoa, incluídos os próprios. É a psicologia do "estranho" porque traços de personalidade não necessariamente nos mostram as crenças e os valores de uma pessoa; como veremos no próximo capítulo, eles nos informam mais sobre consistências de pensamento, sentimento e comportamento.

Como avaliar a personalidade de alguém?

Então, qual é a melhor forma de capturar a singularidade de uma pessoa, no que diz respeito à sua personalidade? A psicologia tem um longo histórico de identificar facetas-chave de personalidade, e muitas tentativas de categorizar pessoas em "tipos" diferentes já foram feitas, sendo Myers-Briggs o exemplo mais conhecido. Empresas de recrutamento ganharam milhões ao juntar e categorizar pessoas em "tipos" diferentes, com base nos indicadores do Myers-Briggs, com surpreendentes oitenta por cento das empresas mais ricas do mundo utilizando o teste para alocar pessoas aos cargos certos. O questionário almeja ajudar pessoas a compreender suas tendências com base em quatro "tipos": *Introversão* ou *Extroversão, Intuição* ou *Sensação, Pensamento* ou *Sentimento* e *Julgamento* ou *Percepção.*

O que muitas pessoas não entendem é que o teste Myers-Briggs foi desenvolvido mais de setenta anos atrás, muito antes de a psicologia se tornar uma ciência empírica, por Katherine Briggs, uma professora, e sua filha, Isabel Briggs Myers, que era escritora de ficção — nenhuma das duas tinha qualquer estudo formal sobre psicologia. O teste apresenta muitos problemas, e psicólogos tendem a ter muitas dúvidas sobre seu uso. Na verdade, um meme que eles costumam compartilhar em redes sociais se chama "Myers-Briggs é a astrologia dos perfis de LinkedIn". Para começo de conversa, se você fizer o teste em momentos diferentes, provavelmente vai obter resultados diferentes, então ele não pode ser considerado muito confiável para avaliar traços de personalidade duradouros. Ainda mais problemático, porém: é o fato de que o teste tenta dividir as pessoas em categorias predeterminadas, como "pensador *ou* sentimental", quando a verdade é que cada um de nós apresenta graus variados de todos esses espectros. Ao limitar as pessoas dessa forma, acabamos tornando as diferenças muito mais aparentes do que as semelhanças. Mesmo assim, as pessoas adoram fazer o teste e descobrir qual é a sua "tipologia", talvez porque seja um bom ponto de partida para o autoconhecimento — apesar de os psicólogos não acreditarem muito nele.

Traços de personalidade existem em um espectro

Após décadas de pesquisa científica, o consenso mais recente é o de que a personalidade humana é mapeada com mais precisão em um espectro, não em tipos separados. Foi descoberto que existem cinco dimensões, ou "características", amplas (geralmente chamadas de "cinco grandes fatores") que capturam a personalidade humana. Cada uma é avaliada em um espectro que vai de baixo a alto: *abertura à experiência, escrupulosidade, extroversão, amabilidade* e *neuroticismo*. (Em inglês, utiliza-se a sigla OCEAN.)

Para ter uma noção de como você se classificaria em cada um desses elementos básicos, ou traços de personalidade, tente responder às perguntas a seguir. Pontue cada uma de 1 a 7, usando a escala abaixo:

1. Discordo muito
2. Discordo moderadamente
3. Discordo um pouco
4. Não discordo nem concordo
5. Concordo um pouco
6. Concordo moderadamente
7. Concordo muito

Eu me vejo como:

( ) Extrovertido, entusiasmado.
( ) Crítico, brigão.
( ) Confiável, disciplinado.
( ) Ansioso, fico chateado com facilidade.
( ) Aberto a novas experiências, complexo.

( ) Reservado, quieto.
( ) Solidário, carinhoso.
( ) Desorganizado, descuidado.
( ) Calmo, emocionalmente estável.
( ) Convencional, pouco criativo.

Como calcular sua pontuação:

Cada uma das perguntas tem pontuação de 1 a 7. A primeira coisa que você precisa fazer é *inverter* sua pontuação para as questões 2, 6, 8, 9 e 10. Então, se você marcou 7, calcule 1, se marcou 6, calcule 2, e assim por diante, como ilustrado a seguir:

7 = 1
6 = 2
5 = 3
4 = 4
3 = 5
2 = 6
1 = 7

Agora, calcule sua pontuação para cada aspecto:
Abertura às experiências: pontuação da Q5 mais pontuação da Q10.
Escrupulosidade: pontuação da Q3 mais pontuação da Q8.
Extroversão: pontuação da Q1 mais pontuação da Q6.
Amabilidade: pontuação da Q2 mais pontuação da Q7.
Neuroticismo: pontuação da Q4 mais pontuação da Q9.

Para cada característica, você deve ter uma pontuação de 2 a 14. A avaliação geral para cada uma é a seguinte:

Pontuação de 2 a 6 = *Baixa*.
Pontuação de 7 a 10 = *Média*.
Pontuação de 11 a 14 = *Alta*.

As notas são autoexplicativas. A sua pontuação em *abertura à experiência*, por exemplo, se refere à profundidade e complexidade da sua vida mental e das suas experiências, e costuma se converter na disposição para tentar coisas novas e explorar novos locais e novas ideias. A *escrupulosidade* reflete a tendência a ser diligente, dedicado e fazer um bom trabalho. Essa característica está bem próxima do seu grau de determinação e persistência. *Extroversão* revela até que ponto você gosta de ser sociável e expansivo. Caso você seja introvertido — com uma pontuação que fique na extremidade mais baixa do espectro —, é mais provável que recarregue suas energias quando está sozinho, e não junto de outras pessoas. *Amabilidade* é o grau em que você se preocupa em ser "legal" e não ofender os outros; e *neuroticismo* é a sua tendência a preocupação, ansiedade, baixa autoestima e depressão.

A compreensão da personalidade está associada à probabilidade e às tendências, não às certezas indiscutíveis. Apesar de traços de personalidade não oferecerem o mesmo histórico rico que a sua experiência de vida, esse nível de compreensão continua sendo importante na jornada para aprofundar seu autoconhecimento. É útil saber como suas características típicas, ou o que gosto de chamar de "estilos" de personalidade, podem influenciar a maneira como você reage a situações. Se, por exemplo, você for uma pessoa introvertida, com uma nota muito baixa na extroversão, um ambiente muito estimulante provavelmente não vai ser o seu preferido. Você vai ter mais energia quando estiver sozinho ou socializando com um pequeno grupo de amigos — talvez em um jantar íntimo — do que em uma festa barulhenta.

O traço de personalidade mais importante para o método switch é estar aberto à experiência. Caso você tenha uma nota baixa nesse aspecto, é provável que goste de ter uma rotina e se sinta muito desconfortável com incertezas. Permanecer apegado a velhas crenças é uma fonte de muito conforto para você, o que pode torná-lo especialmente resistente a mudanças — talvez você até sofra o risco de ter artrite mental. Se isso parece familiar, você pode se valer de pequenas tentativas para se abrir mais. Por exemplo, talvez comece a questionar figuras de autoridade. Em vez de sempre aceitar o *status quo*, pergunte a si mesmo se existe uma forma alternativa de pensar ou de fazer as coisas. Sei que não é fácil, mas dar os primeiros passos ajuda. Tente ficar mais empolgado quando experimentar novas sensações e ideias. Pode ser útil pensar em outras pessoas como exemplos e tentar imitá-las, pelo menos até certo ponto. Pessoas mais abertas costumam ter uma grande variedade de interesses, ser muito adaptáveis, intelectualmente curiosas e também tendem a se entediar com facilidade. Elas podem ser introspectivas e interessadas em explorar seu mundo interior, assim como o exterior, além de demonstrarem criatividade e não se incomodarem de apresentar comportamentos pouco convencionais ou acompanhados de incertezas. Lembre-se de que não existem características "certas" ou "erradas", porém quanto mais aberto você for, mais facilidade terá para se adaptar a mudanças.

É importante lembrar, no entanto, que essas características podem ser alteradas — elas não são definitivas. Apesar de todos nós termos preferências, que são indicadas por nossos traços de personalidade, podemos aprender a modificá-las quando necessário. Eu sou naturalmente introvertida, por exemplo, mas aprendi a ser bastante extrovertida quando ministro palestras ou me apresento em festivais.

Humildade intelectual

Ter uma pontuação relativamente alta em estar aberto à experiência significa que você gosta de vivenciar coisas novas. Um aspecto de pessoas que são mais abertas que costuma ser esquecido é a capacidade de aceitar que suas crenças e opiniões podem estar erradas, que é acompanhada pela disposição de aceitar que mudar de ideia pode ser a coisa certa a ser feita em alguns momentos. Essa habilidade de reconsiderar seus pontos de vista é chamada de "humildade intelectual", e só agora estamos começando a entender como essa tendência tem um papel importante no bem-estar psicológico. Estudos confirmaram que pessoas com alto nível de humildade intelectual são mesmo mais abertas às opiniões dos outros e se mostram mais dispostas a considerar uma série de possibilidades sobre qualquer assunto. Isso, obviamente, é crucial para a agilidade. A maioria de nós tende a superestimar nosso conhecimento ou capacidade em qualquer área. Por exemplo, uma pesquisa de 2018 determinou que quase 80% das pessoas acreditam que têm a "cabeça mais aberta" do que a maioria da população e, talvez ainda mais preocupante, menos de 5% acreditava ser "intolerante".

Psicólogos dividiram a humildade intelectual em três elementos principais:

- Respeitar o ponto de vista das outras pessoas.
- Ser capaz de separar o ego do intelecto.
- Estar disposto a rever sua opinião caso novas evidências mostrem que você pode estar enganado.

As pessoas que estão dispostas a admitir que podem estar erradas costumam ser mais felizes e saudáveis do que aquelas que se recusam a cogitar a possibilidade do erro. Levando em consideração a consistência relativa desse hábito mental, foi sugerido que a *humildade* deveria ser uma sexta dimensão da personalidade, de forma que fossem seis grandes fatores, não cinco.

A humildade intelectual pode ser incentivada — mas é difícil!

A humildade intelectual não surge naturalmente, porque muitos mecanismos psicológicos, como a inflexibilidade cognitiva, podem nos impedir de cultivar uma forma mais humilde de pensar. Até os cientistas, que são treinados para questionar tudo constantemente, podem demonstrar uma relutância profunda em mudar as próprias crenças e abandonar teorias que estudam há anos. Quando você dedica muito tempo e esforço para sustentar um sistema de crenças específico, ou uma teoria influente, é difícil reconhecer que pode ter cometido um erro.

Em 1996, o conhecido psicólogo social John Bargh, juntamente com alguns colegas, conduziu um estudo em que apenas lia palavras relacionadas a pessoas idosas para voluntários jovens, e isso fez com que eles começassem a andar mais devagar pela sala de testes. Parecia que infundir pensamentos sobre a velhice na mente dos jovens diminuía os movimentos deles. O estudo se tornou um clássico instantâneo. Ele atraiu a atenção generalizada da mídia e deu espaço à ideia fascinante de que bastaria apresentar estereótipos da velhice para as pessoas se comportarem de forma condizente com eles.

Vamos pular para 2012, quando um grupo de psicólogos em Bruxelas tentou repetir o estudo com um número maior de participantes e com medidas de velocidade de caminhada bem mais precisas. Eles não conseguiram reproduzir os resultados originais. Em vez disso, observaram que os participantes só andavam mais devagar quando os *examinadores*, que conduziam o experimento, sabiam qual grupo havia escutado as palavras de estímulo, se sentindo predispostos e *esperançosos* com a possibilidade de os participantes andarem mais devagar. Os cientistas belgas concluíram que os resultados pareciam mais associados à mente dos examinadores do que à mente dos voluntários. É um reflexo dos conhecidos "efeitos da expectativa" da psicologia, que ocorrem quando alguém sabe que algo deveria acontecer, então dá sinais sutis e não propositais para outras pessoas, realizando um desejo próprio.

Bargh ficou furioso, ao mesmo tempo em que ele questionou a competência dos cientistas belgas, criticou a qualidade do periódico que publicou o trabalho e declarou que o artigo de um proeminente jornalista científico sobre o novo estudo era "jornalismo superficial... e virtual".

Quando as crenças que moldaram nossa identidade são questionadas, ficamos nervosos e tendemos a insistir nelas, nos tornando ainda mais resistentes à mudança. A humildade intelectual nos protege desse mecanismo psicológico poderoso. Para o método switch, isso é importante em dois sentidos: primeiro, porque nos ajuda a desenvolver o autoconhecimento (Pilar 2), e depois, porque está associado a um grau maior de agilidade mental (Pilar 1). Por exemplo, uma pesquisa fascinante descobriu que pessoas intelectualmente humildes apresentam um desempenho melhor no chamado "teste de propósitos inusitados", encontrando mais formas possíveis de usar objetos rotineiros, que é forma de medir a flexibilidade cognitiva, a base da agilidade.

Como avaliar sua humildade intelectual

Para ter noção do seu nível de humildade intelectual, você pode responder às nove perguntas a seguir. A pontuação funciona do mesmo jeito que a do teste dos cinco grandes fatores: classifique cada pergunta de 1 (Discordo muito) a 7 (Concordo muito).

( ) Ninguém me acusaria de ser teimoso sobre as minhas falhas, admito quando cometo um erro.
( ) Gosto de pessoas muito espertas.
( ) Acho que mudar de ideia não devia ser visto como uma fraqueza.

( ) Gosto de receber feedback das pessoas, mesmo quando não é muito bom.
( ) Se não conheço os fatos, estou disposto a me render e admitir isso.
( ) Tenho muita dificuldade em rir de mim mesmo.
( ) Estou aberto a mudar de ideia por conta de um bom argumento.
( ) Eu me sinto muito desconfortável quando alguém critica meu raciocínio.
( ) Quando alguém não entende o que eu digo, geralmente penso que a pessoa não é muito inteligente.

Como calcular sua pontuação:
Cada uma das perguntas tem pontuação de 1 a 7.

A primeira coisa que você precisa fazer é *inverter* sua pontuação para as questões 6, 8 e 9. Então, se você marcou 7, calcule 1, se marcou 6, calcule 2, e assim por diante, como nos testes anteriores.

Ao adicionar os pontos de todas as nove perguntas, você deve chegar a uma pontuação total de 9 a 63. Quanto maior o valor, maior o grau de humildade intelectual.

Pontuação de 9 a 21 = *Muito baixa.*
Pontuação de 22 a 38 = *Baixa.*
Pontuação de 39 a 50 = *Média.*
Pontuação de 51 a 57 = *Alta.*
Pontuação de 58 a 63 = *Muito alta.*

Como cultivar a humildade intelectual

Há muitas formas de aprimorar a humildade intelectual, e todas elas têm a ver com encontrar formas de aceitar a opinião dos outros, questionar as próprias crenças e estar aberto a críticas, mesmo que elas sejam dolorosas. Ninguém gosta de estar errado, mas, às vezes, aceitar que esse é o caso pode ser transformador e nos ajuda a aprender.

1. **Escute com atenção** quando tiver contato com pontos de vista com que você não concorda, sem interromper, e não zombe da pessoa que expressa essa opinião, mesmo que você não concorde com ela.
2. **Cultive uma mentalidade de crescimento:** a humildade intelectual pode ser aumentada ao cultivar uma mentalidade de crescimento, que é a ideia de que nossa habilidade não é predeterminada, mas pode ser melhorada e promovida por meio de trabalho duro e de boas estratégias. Quando você se abre ao aprendizado, também passa a ter mais facilidade de aceitar que pode errar de vez em quando. É importante tentar não acreditar que seu talento para fazer algo é fixo e imutável — em vez disso, siga insistindo até notar alguma melhora. Por exemplo, caso você pense que não tem muita habilidade para tocar um instrumento musical, continue praticando até perceber uma melhora, e isso também vai cultivar uma mentalidade de crescimento ao ver e acreditar em uma mudança causada por si mesmo.
3. **Comemore seus fracassos:** isso é mais fácil na teoria do que na prática, eu sei. Todavia, só podemos aprender com os nossos erros se os cometermos. Então, quando algo não dá certo, faça uma avaliação de verdade sobre o assunto. Escute com atenção o feedback do máximo de pessoas possível. Pergunte a si mesmo se existe algo que você poderia ter feito para evitar esse resultado. Só será possível aprender depois de absorver todas essas informações.

Tome consciência da sua humildade intelectual e dos pontos que precisa aprimorar. Saber qual é sua posição no espectro de abertura e de humildade intelectual é uma informação importante para seu autoconhecimento e nas tendências da sua personalidade. Isso vai lhe dar uma compreensão mais profunda de si mesmo e vai lhe ajudar a construir um segundo pilar mais forte.

Como conhecer sua mente e seu corpo

Não basta compreender seus traços de personalidade. "Conhece-te a ti mesmo" vai além das revelações de autoavaliações psicológicas. Para realmente entender quem é você, é preciso conhecer seu corpo tanto quanto sua mente. Isso é algo que os gregos antigos também sabiam. Foi o filósofo pré-socrático Empédocles (494-434 AEC) quem mencionou pela primeira vez a ideia de que existem quatro "temperamentos" compostos de elementos naturais: ar, terra, fogo e água.

É óbvio, foi Hipócrates (460-370 AEC) quem recebeu o crédito por apresentar a teoria de que os quatro temperamentos básicos — sanguíneo (social, extrovertido), colérico (independente, decidido), melancólico (analítico, detalhista) e fleumático (quieto, tranquilo) — eram causados por excesso ou falta de fluidos corporais (ou "humores"). Acreditava-se que determinadas combinações desses humores causassem doenças ou boa saúde, e eram a base de todos os sentimentos, emoções e comportamentos humanos. Hoje em dia, psicólogos e cientistas neurológicos provavelmente atribuiriam diferenças de personalidade a hormônios, neurotransmissores e outros mensageiros químicos extracelulares (em vez de sangue, atrabílis, bílis ou fleuma), porém uma análise rápida dos grandes cinco fatores de personalidade descritos anteriormente neste capítulo mostra que Hipócrates chegou bem perto das conclusões de teóricos modernos.

Apesar de a Grécia antiga dedicar uma boa quantidade de tempo a reflexões, autoanálises e pensamentos sobre as questões da vida, é seguro dizer que a sociedade contemporânea está beirando a preguiça. Poucos de nós dedicamos os dias a trabalhos que exigem esforço físico, com milhões de pessoas sentadas diante de suas mesas de trabalho, passando horas diante de telas de computador, antes de passar mais horas na frente de outra tela nos momentos de lazer. Até mesmo as tarefas domésticas, como cozinhar e limpar, agora exigem menos habilidade física e esforço quando comparadas às das gerações anteriores, que não eram abençoadas com muitas das ferramentas que nos ajudam a economizar tempo atualmente. Lembro-me de que minha avó passava horas amassando frutas com as mãos para preparar geleia — uma tarefa que hoje pode ser feita em segundos por um liquidificador potente.

Agora, exercícios físicos são uma tarefa que a maioria de nós aperta para incluir em nossas agendas lotadas de afazeres, em vez de ser algo que faz parte da rotina.

Nós nos desconectamos da realidade física

Esse distanciamento do mundo físico nos desconectou de nosso corpo, nos tornou menos capazes de interpretar os sinais fracos e difusos do desconforto, da dor e da exaustão iminente. A capacidade de perceber temperaturas, coceiras, cócegas, toques sensuais, rubores, fome, sede, tensões musculares e uma série de outros sinais corporais forma a base do ser físico. A compreensão desses sinais sutis do corpo é uma parte especial de quem somos. Esse nível de autoconhecimento quase esquecido — que entra na realidade física do nosso corpo — está voltando a entrar em voga na ciência da psicologia.

Nos primórdios da psicologia científica nos Estados Unidos, em 1884, um psicólogo de Harvard chamado William James desenvolveu uma teoria a qual sugeria que as emoções ocorrem como *resultado* de reações corporais a acontecimentos. De fato, ele inverteu a forma como geralmente pensamos sobre as emoções — em vez de, por exemplo, fugirmos porque sentimos medo, James acreditava que *ficamos com medo porque fugimos*. Quando você vê uma cobra, seu coração não acelera por medo; ver a cobra aumenta seu ritmo cardíaco, e quando esse aumento é detectado pelo cérebro, o medo surge. James não apresentou evidências diretas para essa ideia fascinante, e ela passou muitos anos sem ganhar força em meios acadêmicos. Agora, com novas formas de medir a atividade cerebral e corporal, a importância da consciência corporal para nossos sentimentos, pensamentos e comportamentos voltou a ser o foco da psicologia e da neurociência. No fim das contas, William James tinha razão.

Hoje, sabemos que a capacidade de perceber o que está acontecendo dentro do nosso corpo, chamada de *interocepção*, nos ajuda a alcançar um grau mais elevado de autoconhecimento. Seu nível de interocepção reflete, até certo grau, sua excitação e empolgação em determinado momento. Por exemplo, enquanto você espera ansiosamente a fim de ser chamado para uma entrevista de trabalho importante, talvez perceba que seu coração está disparado, mas, ao relaxar com seus amigos, é bem capaz de não sentir seu coração batendo. No entanto, mesmo além dessas situações contrastantes, as pessoas têm capacidades muito diferentes de detectar sinais internos. Graus elevados de interocepção foram associados ao aumento de ansiedade, enquanto pessoas no outro extremo, que não são muito boas em avaliar seus sinais corporais, costumam ter bastante dificuldade de identificar e descrever as próprias emoções.

Essa é uma área interessante de pesquisas modernas, com muitas perguntas sem respostas. Ainda não sabemos exatamente quando a interocepção exacerbada pode nos ajudar ou nos prejudicar. Estar mais ciente dos estados fisiológicos de medo, por exemplo, pode ser muito útil em situações ameaçadoras, porém não nos ajuda quando estamos prestes a fazer uma apresentação importante no trabalho.

Como medir a interocepção

Um dos motivos para as sensações corporais terem sido deixadas de lado pela psicologia por muitos anos foi a dificuldade de medir sinais internos.

Eles são espontâneos e difíceis de prever. Você pode tentar uma técnica chamada "tarefa de detecção de batimentos cardíacos", que envolve se conectar com o ritmo do seu coração. Feche os olhos por um instante. Relaxe. Tente sentir sua respiração. Fique assim por um tempo. Agora, deixe sua consciência passar para sensações menos óbvias. Veja se consegue perceber o movimento dos seus batimentos cardíacos. Isso pode levar um tempo, e talvez você o sinta com mais força em outras partes do corpo, em vez de no peito. Quando você começar a sentir, tente contar os batimentos. A comparação da sua estimativa por trinta segundos ou um minuto com a sua frequência cardíaca real pode ser usada como uma medida daquilo que chamamos de precisão interoceptiva.

Em geral, no entanto, a percepção que temos de nossas sensações internas não é a melhor maneira de medir a interocepção, e pesquisadores querem aprimorar essas técnicas. Apesar de autoavaliações também não serem o ideal, acredito que as questões a seguir podem servir como uma análise rápida de quanto as pessoas acreditam conseguir interpretar as sensações do próprio corpo.

Pontue cada questão com 1 para "muito raramente", 2 para "às vezes", 3 para "com frequência" e 4 para "quase sempre", e então some o total para chegar a sua pontuação, que deve ser de 10 a 40.

( ) Percebo quando minha barriga fica inchada.

( ) Quando levo um susto, tenho muita consciência do que acontece dentro do meu corpo.

( ) Sinto os pelos da minha nuca arrepiarem quando assisto a um filme de terror.

( ) Tenho facilidade para notar sensações corporais desagradáveis.

( ) Tenho facilidade em ficar prestando atenção na minha respiração sem me distrair.

( ) Consigo me concentrar em uma parte específica do meu corpo, mesmo enquanto muita coisa acontece ao meu redor.

( ) Percebo a velocidade com que meu coração bate.
( ) Tenho consciência da tensão muscular no meu pescoço e nas minhas costas.
( ) Quando tomo banho, sinto a água correr por meu corpo.
( ) Percebo quando as palmas das minhas mãos ficam suadas.

Uma pontuação acima de 30 indica que você está muito ciente dos sinais do seu corpo, enquanto 20 ou menos reflete que talvez você não esteja muito conectado com seus sinais internos. Uma pontuação de 21 a 30 é mediana.

A interocepção e o eu

Nosso corpo está constantemente enviando informações para o cérebro sobre estados regulatórios internos, como níveis hormonais, pressão sanguínea, controle de temperatura, digestão e eliminação, fome e sede. Na verdade, hoje sabemos que o corpo envia muito mais sinais (80%) *para* o cérebro do que o cérebro envia para o corpo (20%). Isso significa que o cérebro existe para servir ao corpo, e não o contrário.

E essa configuração parece ser importante para nos ajudar a diferenciar nossa pessoa das outras e de objetos. Sabemos disso porque o cérebro envia um sinal mais forte para nossos batimentos cardíacos quando pensamos em nós mesmos, se comparado quando pensamos em outra pessoa ou coisa. Quer dizer, pensamentos sobre nós mesmos têm um impacto fisiológico mais forte do que pensamentos sobre outras pessoas. Estudos desse tipo nos revelam que é melhor entender a mente como inserida em um corpo, que é inserido em um ambiente físico, social e cultural complexo. A realidade não existe apenas para ser percebida, mas também para ser conjurada em nossa mente por meio das oscilações constantes da nossa matéria orgânica. O coração diz o que é mais importante. Isso se encaixa bem com a conclusão do filósofo francês Maurice Merleau-Ponty, que escreveu em 1945: "O corpo é nossa forma de ter um mundo."

Sinais corporais ajudam o cérebro a fazer previsões. Esse fato ganha ainda mais importância quando o unimos com a visão cada vez mais popular de que o cérebro é uma máquina de predizer o futuro, que constantemente tenta deduzir o que o cerca e o que vai acontecer. Não se esqueça, porém, de que o cérebro não é controlado apenas pelos acontecimentos ao seu redor. Os sinais externos se unem o tempo todo com os que vêm do *interior* do seu corpo, gerando sua percepção do mundo. É uma troca extremamente dinâmica, reativa, preditiva e incessante.

Os sinais corporais também influenciam o que percebemos. É por isso que um piso de madeira que estala à noite soa muito mais ameaçador enquanto você assiste a um filme de terror do que quando escuta uma música relaxante. Sua frequência cardíaca acelerada, causada pelo filme, aumenta a previsão de perigo, então o barulho inexplicado se torna um sinal de ameaça em potencial. A questão é que sua percepção do mundo é muito mais influenciada pelo seu interior do que você imagina.

Mais importante: foi observado que esses sinais fazem diferença na expressão do preconceito racial. Nos Estados Unidos, pessoas negras correm o dobro de risco de estarem desarmadas ao serem assassinadas em encontros com a polícia em comparação a pessoas brancas. Os potenciais motivos para essa estatística deprimente foram estudados em exercícios de laboratório que exigiam "pensamento rápido". Como um exemplo, voluntários assistiam a fotos ou vídeos que passavam muito rápido em uma tela de computador, em que pessoas seguravam armas ou telefones celulares. A tarefa do voluntário era apertar um botão o mais rápido possível caso a pessoa portasse uma arma, atirando de mentirinha nela, e não reagir caso o objeto segurado fosse um celular. A observação consistente foi que voluntários brancos e asiáticos demonstravam uma tendência muito maior a atirar em pessoas negras do que em pessoas brancas quando elas não estavam segurando armas. Isso acontece porque elas têm uma propensão maior a identificar erroneamente um objeto inocente — um celular ou uma carteira, por exemplo — como uma arma se ele estiver nas mãos de uma pessoa negra.

Esse reflexo parece causado, em parte, pelo que acontece em nosso corpo, especialmente no coração. Outras pesquisas mostraram que a maioria dos erros de identificação ocorre quando pessoas negras surgem junto com um aumento dos batimentos cardíacos do participante. Quando a decisão de atirar ou não acontece no intervalo entre os batimentos, não há diferença na identificação entre armas e celulares em alvos brancos ou negros. Quando o batimento ocorre, sensores especiais nas artérias disparam uma mensagem de alerta para o cérebro. Entre as batidas, os sensores ficam em silêncio. Quando o cérebro recebe um sinal de batimento cardíaco ou de aumento de frequência, ele gera previsões para entender o que está acontecendo e o que precisa ser feito para estabilizar e proteger o corpo. Devido a um viés inconsciente, homens negros costumam ser falsamente vistos como maiores e mais perigosos do que homens brancos do mesmo tamanho. Assim, a junção do sinal de alerta recebido pelo cérebro (o batimento cardíaco) e da aparição de uma ameaça estereotípica — um homem negro — parece aumentar o risco de algo inocente (um celular na mão, por exemplo) parecer perigoso. Em um sentido muito real, o cérebro observa o mundo pelo corpo. Até estereótipos raciais parecem ser fortemente influenciados pelos fluxos do funcionamento interno do corpo.*

A percepção é um processo ativo

Olhe bem para as duas linhas horizontais abaixo. Qual delas é a mais comprida?

---

* "Viés inconsciente" é um termo que denomina um pressuposto, uma crença ou atitude enraizado em nosso subconsciente, o qual podemos expressar involuntariamente. São generalizações que reforçam estereótipos de gênero, etnia, classe social, orientação sexual, entre outros. No caso do estudo realizado pela autora, é possível identificar como o racismo estrutural foi capaz de ativar os sinais corporais citados por ela nos voluntários, sem que tivessem consciência dessa reação em cadeia. [*N. do E.*]

Para a maioria das pessoas, a linha inferior parece mais comprida, apesar de as duas serem do mesmo tamanho. Fiquei fascinada com essa ilusão de ótica famosa, chamada de "ilusão de Müller-Lyer", em uma das primeiras aulas a que assisti na faculdade de psicologia. Ela é uma prova poderosa de que até nossa percepção de uma simples linha não se baseia apenas na física da luz que entra em nossos olhos, mas também na nossa experiência prévia do mundo.

Como a maioria de nós vive em um mundo muito angular, o cérebro interpreta as setas em cada extremidade da linha horizontal como sinais de profundidade. Por exemplo, a imagem inferior pode ser facilmente interpretada como a representação do canto *interior* de um cômodo, enquanto a linha superior parece mais o canto *exterior* de uma construção. Como canto interior, a linha inferior pode parecer mais próxima e, portanto, maior. Isso acontece porque imagens menores que chegam à retina costumam representar objetos maiores que estão mais distantes, e o cérebro registra essa informação para refazer os cálculos e lhe oferecer uma visão sensata do mundo. Às vezes, esses cálculos causam erros visuais dramáticos, como a ilusão de Müller-Lyer. Há vários estudos os quais mostram que pessoas criadas em ambientes não angulares, como os zulus, na África do Sul, e os navajos, na América do Norte, que vivem cercados basicamente por construções redondas, não caem tanto nesse truque. Como a ilusão mostra, nossa percepção do mundo é ativamente construída e muito influenciada por nossas experiências.

Assim como acontece com a maioria das coisas, a percepção que temos dos sinais corporais também é muito influenciada por experiências passadas. Faz certo tempo que os psicólogos sabem que o mesmo sinal do mundo exterior pode ter consequências distintas para pessoas distintas, com base em suas experiências — como demonstrado pelas diferenças culturais na ilusão de Müller-Lyer. O mesmo vale para os fortes sinais internos que alertam o cérebro no instante em que chegam informações sobre o mundo exterior. Ao chegar a uma festa, a percepção de que o coração está batendo mais rápido pode ser interpretada por uma pessoa ansiosa como um sinal de ameaça iminente, enquanto alguém menos ansioso pode encarar o mesmo fenômeno como um sinal de empolgação. Esses sinais internos são quase certamente um dos motivos pelos quais pessoas ansiosas têm muita resistência em escutar que seus pensamentos negativos são irracionais, mesmo quando as evidências contra suas crenças são fortes. O sinal interno transmite ameaça e é mais convincente do que outras evidências que podem entrar em conflito com seu coração disparado.

Às vezes, os sinais do corpo podem nos levar a cometer erros graves. Assim como o exemplo anterior do racismo, um estereótipo falso (como de que grupos étnicos específicos são mais perigosos) vai ser ativado por sinais internos. No entanto, outras sensações intuitivas que influenciam nosso reservatório de conhecimento implícito podem nos guiar para tomar decisões melhores. Com essas intuições mais precisas, a interocepção pode nos ajudar a fazer escolhas mais acertadas, especialmente quando estamos sob pressão. Em momentos que decisões rápidas são demandadas, sob muito estresse, os sinais internos, como a frequência cardíaca, nos ajudam a contar com aquilo que já sabemos. Enquanto isso pode não ser útil para franco-atiradores (caso eles tenham estereótipos negativos sobre grupos étnicos específicos) em situações de crise, pode nos ajudar para tomar decisões melhores quando somos bem treinados para essa situação específica.

Um estudo intrigante com corretores financeiros mostrou como isso poderia funcionar. É óbvio que muitos fatores determinam o sucesso no mundo frenético da bolsa de valores, mas um deles parece ser a capacidade interoceptiva. Uma equipe de pesquisadores estudou 18 corretores de um fundo de cobertura de Londres que participavam de negociações acirradas durante uma época especialmente instável, quando os mercados estavam muito voláteis. Usando a tarefa de detecção de batimentos cardíacos que descrevemos antes, os corretores se mostraram melhores do que a média em se conectar com os próprios instintos. Isso não é muito surpreendente, já que sabemos que o aumento de estresse pode causar um aumento de interocepção, e o mercado financeiro é reconhecidamente muito estressante. Ainda mais surpreendente foi a observação de que a capacidade interoceptiva dos corretores era capaz de prever com bastante precisão a média de lucro que obtiveram e quanto tempo sobreviveram no mercado financeiro.

Como podemos melhorar a capacidade de interpretar os sinais do nosso corpo?

Levando em consideração a importância da habilidade interoceptiva para o autoconhecimento, é interessante questionar se podemos aprimorá-la. Uma equipe de pesquisadores decidiu analisar o impacto da meditação na detecção de sinais do corpo. Esse foi um estudo importante, porque, apesar de a meditação ser considerada uma forma de melhorar a percepção geral e sem julgamentos das sensações corporais, há pouquíssimas evidências científicas que apoiem essa ideia. Entretanto, o estudo revelou que a meditação, ou pelo menos a técnica do escaneamento corporal, fortalecia a capacidade dos participantes de se conectarem com as sensações do corpo.

O que se sabe sobre a técnica de meditação de "escaneamento corporal" é que é uma forma simples de liberar tensão que você nem percebia que tinha, além de conectá-lo com os sinais do seu corpo. Ela envolve a percepção gradual de cada parte do corpo em sequência, atentando para quaisquer desconfortos, dores ou incômodos.

- **Fique em uma posição confortável:** é melhor se deitar, se possível, mas você pode fazer isso em uma cadeira, caso esteja no escritório e precise encontrar uma forma rápida de aliviar o estresse.
- **Respire fundo algumas vezes:** respire profundamente, expandindo o abdômen como se houvesse um balão do lado de dentro sempre que você inala o ar. Faça isso por alguns minutos, para relaxar. Talvez tente a técnica do "4-7-8", que envolve contar até quatro enquanto puxa o ar, depois até sete enquanto o prende, e por último até oito enquanto o solta aos poucos. Isso ajuda você a fazer uma pausa entre as respirações e relaxar de verdade.
- **Direcione o foco para os pés:** ainda respirando devagar, lentamente comece a observar as sensações nos seus pés. Caso você note alguma tensão, dor ou incômodo, apenas continue respirando. Imagine a tensão abandonando seu corpo a cada respiração. Quando estiver pronto, siga para os tornozelos e as panturrilhas.
- **Mova sua atenção por todo o corpo:** continue escaneando o corpo, seguindo para cima, notando quaisquer pressões, dores ou tensões pelo caminho, e respirando. Você finalmente chegará ao topo da cabeça — respire fundo outras três ou quatro vezes, visualizando a tensão deixando seu corpo.

Essa técnica simples pode ajudar você a desenvolver uma consciência mais profunda do seu corpo, e também é ótima para diminuir o estresse. Caso você não tenha tempo para escanear o corpo todo, faça a mesma coisa com apenas uma parte. Essa é uma boa prática a ser adicionada à rotina, e é especialmente útil em momentos de estresse ou desorientação.

Desenvolver a consciência do próprio corpo e se conectar com suas sensações físicas interiores abre as portas para um nível importante de autoconhecimento. Quando você acrescentar a consciência corporal à compreensão dos seus traços de personalidade, vai começar a desenvolver um nível mais profundo de autoconhecimento e dar início a uma base mais forte para o Pilar 2 do switch.

Resumo do capítulo

- Conhecer a si mesmo é um pilar da sabedoria antiga, comum a todas as culturas.
- Compreender seus traços de personalidade é um grau importante de autoconhecimento, e também uma base útil para entender desconhecidos.
- Pensar na sua personalidade em termos de "tipos" não é correto. Em vez disso, é mais realista pensar na personalidade como tendências que variam juntamente com diversas dimensões básicas.
- Estar aberto a novas experiências e estar ciente da sua humildade intelectual é importante, porque esses são aspectos básicos do método switch, que podem ser cultivados e desenvolvidos.
- Conectar-se com os sinais do seu corpo, a chamada interocepção, também é importante para desenvolver um autoconhecimento mais completo.
- Sinais internos têm papel importante nas nossas percepções do mundo exterior.
- Técnicas simples de escaneamento corporal podem melhorar nossa percepção em relação aos sinais corporais internos.

CAPÍTULO 9

CRENÇAS E VALORES

Como vimos no capítulo anterior, compreender nossos traços de personalidade e nos conectar com as sensações internas são elementos importantes para desenvolver o autoconhecimento. No entanto, esses aspectos só contam uma parte de quem somos. Para realmente nos entendermos, é vital cultivar crenças e descobrir narrativas pessoais — nossa *história* pessoal. Neste capítulo, falaremos sobre como desenvolver um senso muito mais profundo e completo de si mesmo, que também vai ajudar você a entender as pessoas ao seu redor.

Quarta-feira, 27 de abril de 1983. Dez da manhã. Onze maratonistas se aquecem diante do Westfield Shopping Centre, em Parramatta, Sydney. Entre eles estão alguns membros da elite mundial de ultramaratonas, como Siggy Bauer, que recentemente havia quebrado o recorde mundial de 1.600 quilômetros na África do Sul. Os maratonistas estão prontos para começar a ultramaratona inaugural entre Sydney e Melbourne. Eles treinaram por meses, têm empresas patrocinadoras e equipes de apoio dedicadas a ajudá-los a atravessar os quase 870 quilômetros entre as duas cidades australianas. Na casa dos 20 ou 30 anos, esses atletas estão na melhor forma que poderiam ter na vida.

A não ser por um deles.

Muitos dos espectadores acharam se tratar de uma piada quando viram Cliff Young, um agricultor local de 61 anos, entre os atletas de elite. Em uma matéria publicada no dia anterior, um jornalista local havia alertado Cliff de que havia o risco de ele não conseguir chegar ao fim da corrida. Cliff explicou que, quando tempestades acometiam sua fazenda de quase 810 hectares, ele precisava juntar seu grande rebanho de ovelhas a pé, já que não tinha condições de bancar cavalos ou tratores. "Demora bastante tempo", disse ele, "alguns dias, mas sempre pego todas. Acredito que vou conseguir completar a corrida."

O medo dos espectadores se confirmou pouco depois da partida. Cliff se movia em um ritmo estranho e logo foi deixado para trás pelos outros dez maratonistas, que saíram em um ritmo acelerado. Naquela época, o consenso geral sobre ultramaratonas era que você devia correr por cerca de 18 horas e então dormir por pelo menos seis horas cada noite. Assim, a maioria dos maratonistas parou para descansar, comer e dormir dentro desse cronograma. Cliff não. Ele simplesmente seguiu em frente. Já passava das duas da manhã quando ele finalmente parou para descansar, e em menos de duas horas já estava de volta à corrida com seu estilo único. Inacreditavelmente, no início do segundo dia, Cliff estava na liderança. "Sou apenas uma tartaruga velha", disse ele para um repórter. "Para ficar na frente, preciso continuar seguindo."

Ao ficar sabendo disso, um dos outros competidores, um britânico chamado Joe Record, comentou: "Ele diz que é uma tartaruga, mas acho que esse velhote é uma lebre disfarçada."

As façanhas de Cliff nos dias seguintes viraram sensação entre o público, e cinco dias, 15 horas e quatro minutos após ele ter saído de Sydney, milhares de torcedores ladeavam as ruas de Melbourne para recebê-lo na linha de chegada. Ele venceu a maratona, chegando quase dez horas na frente do segundo colocado.

Em uma homenagem a Cliff após sua morte, em 2003, aos 81 anos, o lendário maratonista australiano Ron Grant foi cirúrgico. "Cliff não era necessariamente o melhor corredor", disse ele a um jornalista da ABC. "Ele venceu a maratona porque todo mundo acreditava que precisava dormir à noite, e Cliff não tinha lido as instruções, as quais diziam que ele deveria dormir." Hoje em dia, a maioria dos corredores de ultramaratonas dorme muito pouco, assim como ele.

Crenças são poderosas. A ausência de uma ideia preconcebida, como Cliff Young revelou, deixa a mente livre para encontrar oportunidades. Portanto, pode ser muito útil olhar além de nós mesmos e examinar nossas crenças fundamentais, que são a fonte de muitas das nossas ideias preconcebidas sobre o funcionamento do mundo.

Crenças fundamentais

É importante lembrar que nossas crenças e nossos valores fundamentais não são a mesma coisa que nossa personalidade, que reflete nossas formas habituais de pensar, sentir e agir, como vimos no capítulo anterior. É por isso que compreender traços ou tipos de personalidade é chamado de psicologia do "estranho", porque essa compreensão não necessariamente nos informa sobre as crenças e os valores fundamentais de uma pessoa. Eles oferecem uma visão muito mais íntima e singular de quem somos. Crenças refletem convicções de que algo é verdade, mesmo na ausência de provas concretas. Elas tendem a ser extremamente contextuais, no sentido de que são baseadas em situações culturais e ambientais pelas quais já passamos. Valores são convicções mais profundas sobre o que realmente é importante e têm uma influência poderosa na maneira como vivemos. Eles tendem a ser menos contextuais e a refletir princípios universais. Valores refletem orientações como a importância da integridade, da compaixão, e assim por diante. Mesmo que sejamos extrovertidos, introvertidos, tolerantes ou intolerantes, ainda podemos ser guiados pelos mesmos valores, de forma ampla. Nossos valores são importantes porque nos mantêm com os pés no chão em meio a todas as transformações do mundo. Apesar de precisarmos nos adaptar a essas mudanças contínuas para sermos bem-sucedidos, e muitas das nossas crenças poderem mudar, nossos valores fundamentais podem continuar sendo os mesmos.

Como descobrir suas crenças mais profundas

Crenças fundamentais definem como você enxerga a si mesmo, outras pessoas e o mundo em geral. Elas costumam passar despercebidas, espreitando pelas sombras da mente inconsciente, porém essas convicções profundas têm um forte impacto na maneira como nos sentimos, pensamos e agimos em diferentes situações. Crenças fundamentais costumam ter um ar de tudo ou nada. Algumas são muito positivas ("Quando coloco algo na cabeça, eu consigo"), porém muitas são autossabotagens ("Não mereço amor, sou um fracasso, não posso confiar nos outros").

Para descobrir uma crença fundamental por conta própria, geralmente é necessário peneirar muitas camadas de conversas internas para chegar à causa por trás de tudo. Escrever em um diário é uma forma muito eficiente de compreender todos os pensamentos e diálogos interiores que borbulham na sua mente. Anote todos os acontecimentos que fizeram você se sentir estressado, irritado, confuso ou nervoso (chamamos isso de um "incidente crítico"). Em vez de ficar remoendo os detalhes exatos da situação, concentre-se nos pensamentos que você teve. Não existem regras definitivas sobre como exatamente você deve fazer isso, apenas tente ser sincero e honesto consigo mesmo e busque encontrar a crença fundamental que leva você a esses pensamentos e sentimentos.

Pergunte a si mesmo:

1. O que aconteceu?
2. Como você se sentiu?

3. O que você fez?
4. Quais foram seus sentimentos e suas conclusões sobre o que aconteceu?

Digamos que o seu incidente crítico tenha sido mais ou menos assim: *Um grupo de colegas de trabalho saiu para beber depois do expediente, e ninguém me convidou*. Agora, escreva um pouco sobre como você se sentiu quando isso aconteceu e como foi seu comportamento. Talvez você tenha se sentido *excluído, magoado, chateado, solitário, talvez tenha passado mais uma hora no trabalho, ignorado todo mundo no dia seguinte*. Agora, concentre-se nos pensamentos que vieram como resultado disso. Talvez você tenha pensado: *eles me acham chato* ou *talvez tenham se esquecido de mim*. Escreva o máximo de pensamentos possível. Agora, analise cada um deles e pergunte-se: o que isso significa? As respostas podem ser:

Talvez eu não seja muito interessante.

O que isso significa?

As pessoas não gostam de estar comigo.

O que isso significa?

Nunca terei um grupo próximo de amigos.

O que isso significa?

Ficarei sozinho para sempre.

O que isso significa?

Sou chato.

O que isso significa?

Acreditar que você é "chato" é algo muito definitivo, que soa como uma crença fundamental. É um pensamento abrangente, incondicional e inflexível.

É pouco provável que seu diário de pensamentos siga uma linha tão direta quanto essa, especialmente no começo. Apenas não se esqueça de que o objetivo é questionar o significado de cada pensamento ou crença sobre o acontecimento incômodo, como se você fosse um detetive obstinado. Seja um Sherlock Holmes. Com o tempo, você vai encontrar alguma verdade sobre seus sentimentos.

Outra forma de descobrir algumas das suas crenças fundamentais é simplesmente se questionando. Você pode bolar as próprias perguntas, que devem tentar chegar ao âmago daquilo que você realmente acredita. Aqui vão algumas sugestões:

Você acha que é menos inteligente do que a maioria das pessoas?
Você acha que tudo que faz é errado?
A vida é mais fácil para as outras pessoas?
Você acha que consegue conquistar alguma coisa se focar nisso?
Você é azarado?
Você é um amigo interessante?
Você acredita que ninguém lhe entende?
Você se sente merecedor de amor?
Você se acha atraente?
A maioria das pessoas é boa?
Você tende a usar palavras como "todo mundo" ou "sempre"?

Você terá mais facilidade para aprofundar seu autoconhecimento se refletir regularmente sobre seus pensamentos e crenças dessa forma.

Valores fundamentais

Crenças e valores não são a mesma coisa

Como mencionamos antes, traços de personalidade refletem comportamentos consistentes em situações diferentes, crenças representam convicções sobre a verdade ou não de certas coisas, enquanto valores são princípios que dão significado à vida, independentemente de crenças específicas ou de traços de personalidade. Com frequência, valores podem ser associados a crenças, porém são coisas diferentes, além de códigos morais fundamentais, que guiam você na vida. Muitas pessoas se atropelam na rotina sem refletir de verdade sobre os desejos mais profundos que possuem no coração. De fato, você só conseguirá criar uma vida valiosa, completa e cheia de significado quando identificar e compreender seus valores fundamentais.

Assim, entender o que realmente é importante para você em todos os aspectos da sua vida é essencial. Além de ser diferente de traços de personalidade e crenças, valores não são a mesma coisa que objetivos. Eles são aquilo que impulsiona você a seguir em uma direção, enquanto objetivos são marcos específicos que você deseja alcançar ao longo do caminho. Objetivos mudam com o tempo, mas valores são um processo contínuo.

Quais são seus valores?

A seguir, adaptei um exercício simples do maravilhoso livro *Liberte-se: Evitando as armadilhas da procura da felicidade*, de Russ Harris, para ajudar você a descobrir seus valores fundamentais. A ideia é tentar pensar nos valores em cada área da sua vida em termos da direção geral de um trajeto — o que realmente impulsiona você — e não em termos de objetivos específicos. O que é importante de verdade na sua vida? Com o que você se importa para valer?

Reflita sobre os temas a seguir. Para cada uma das áreas da sua vida, pense bem no que elas significam e acrescente qualquer uma que eu tenha deixado de fora e seja relevante para você. Demore o tempo que for necessário para decidir que tipo de pessoa você deseja ser e identifique o que quer representar na vida. Para desenvolver um autoconhecimento mais profundo, o segundo pilar do método switch, é essencial entender e ser guiado por seus valores fundamentais.

1. **Família:** que tipo de parente você quer ser? Que tipos de relacionamento você quer construir e manter? Pense em cada um deles. Se você fosse o filho/a filha, o pai/a mãe, o irmão/a irmã, o tio/a tia, o avô/a avó perfeito(a), como interagiria com os outros?
2. **Parceiro:** você quer ter uma parceria, um relacionamento íntimo ou um casamento? Caso a resposta seja afirmativa, que tipo de parceiro deseja ser? Como seria seu comportamento ideal?
3. **Vida profissional:** que tipo de trabalho gostaria de fazer? O que você mais valoriza no seu trabalho? Se você fosse o funcionário, o chefe ou o colega perfeito, que tipo de relações construiria?
4. **Crescimento pessoal:** você valoriza o desenvolvimento educacional e pessoal? Sobre o que se interessa? O que gostaria de aprender? Tome cuidado para não se embolar com objetivos aqui: "Quero aprender francês" é um objetivo, enquanto "Quero conseguir me comunicar com pessoas no idioma delas" é um valor.
5. **Espiritualidade:** o que é importante para você sobre essa questão? Manter o equilíbrio com a natureza é importante? A fé religiosa é importante? Manter o ceticismo em relação a uma presença superior também é importante para você?

6. **Vida comunitária:** que papel você quer ter na sua comunidade? Você considera importante se envolver com políticas ou se voluntariar em grupos comunitários?
7. **Autocuidado:** que tipo de pessoa você é? Você tem compaixão por si mesmo? Faz questão de dar sempre tudo de si? Como você deseja cuidar da sua saúde e do seu bem-estar? Isso é importante? Por quê?

Lembre-se de que valores são princípios gerais que dão significado à vida. Eles também mantêm você com os pés no chão e o ajudam a seguir em frente em momentos difíceis.

Como conhecer seu verdadeiro eu

Passando pela infância, adolescência, e então chegando à vida adulta, crenças e valores são incorporados a um senso fundamental de quem você é e onde se encaixa no mundo: seu "verdadeiro eu". Ao se perguntar a questão clássica "Quem sou eu?", nunca se esqueça de que você foi forjado por um contexto social e cultural. Suas crenças e seus valores refletem vieses acumulados. Muitos deles vêm da sua família e da sua comunidade; na verdade, essas crenças costumam ter um papel desproporcional em determinar quem somos. Crenças políticas estão na lista das mais difíceis de mudar, e quando somos confrontados com uma visão oposta, uma rede de defesa é ativada no cérebro para evitar reflexões sobre as consequências de uma nova perspectiva. Isso é importante para nos ajudar a manter a mente aberta e flexível. Conforme uma crença se torna mais forte e profunda, é cada vez mais difícil manter a mente aberta a realidades alternativas, e passamos a priorizar informações que se encaixam com aquilo que acreditamos. Isso se chama "viés de confirmação", quando somos atraídos por informações que se adaptam à nossa visão de mundo e não a desafiam.

O que acontece quando crenças entram em conflito?

Devido ao viés de confirmação, entre outras coisas, pode ser difícil mudar uma crença muito enraizada. Desafiar crenças significa desafiar o âmago da nossa identidade, e isso exige uma quantidade enorme de tempo e energia. É por isso que nos incomodamos tanto quando temos crenças que não batem uma com a outra ou com nossas ações. Na psicologia, essa peculiaridade da mente se chama "dissonância cognitiva", se referindo ao conflito mental que sentimos quando temos crenças em conflito. Por exemplo, imagine que você acredita profundamente que emissões de dióxido de carbono contribuem para o aquecimento global, mas também ama e dirige com frequência seu carro antigo que consome gasolina feito um louco. Esse conflito, entre uma crença e um ato, aciona uma motivação interna para mudar seu comportamento — parar de dirigir seu amado carro — ou mudar a crença — talvez você tente se convencer de que as emissões causadas pela queima de combustível de apenas um carro não fazem tanta diferença assim.

A necessidade da mente é a de solucionar essa tensão e restaurar o equilíbrio. Com frequência, as pessoas não mudam de comportamento — porque isso é difícil —, mas também não desejam desafiar uma crença enraizada. Em vez disso, a tendência natural é reinterpretar os fatos de forma a reduzir a dissonância. É por isso que frequentemente permanecemos apegados a crenças mesmo diante de provas inegáveis contra elas.

Quanto mais pessoal for uma crença, mais difícil será abrir mão dela. Vejamos o caso de PJ Howard, que morava na cidadezinha de Ennis, no condado de Clare, na República da Irlanda. A vida de PJ era boa. Ao longo dos anos, acumulou mais de € 60 milhões em sua imobiliária bem-sucedida e, em 1998, se apaixonou por uma bela e alegre mulher, 15 anos mais nova, que conheceu em uma loja da cidade. Por oito anos, ele e Sharon Collins viveram juntos, frequentemente fazendo viagens extravagantes pelo mundo. Apesar de os dois nunca terem se casado, PJ e Sharon celebraram seu amor em uma festa sofisticada para amigos e parentes em 2005, na Itália.

Menos de um ano depois, Sharon foi presa por tramar um plano detalhado para assassinar não apenas PJ, mas também seus dois filhos, e se tornar a única herdeira da fortuna dele. As provas eram inegáveis. E-mails detalhados entre Sharon e um matador de aluguel estadunidense descreviam com detalhes a proposta dela de fazer a morte dos dois filhos parecer um acidente e depois matar PJ em um aparente suicídio ocasionado pela tristeza proveniente da perda. "Seria exagero demais? É possível fazer parecer um acidente e não uma morte encomendada?", perguntava ela em um e-mail para o assassino contratado. Apesar disso tudo, PJ permaneceu ao lado de Sharon. Ele simplesmente não conseguia acreditar que a mulher que amava tanto tinha planejado matá-lo. "Não faz sentido", declarou ele ao tribunal, "não consigo acreditar mesmo, de jeito nenhum." Em seu testemunho, ele implorou ao júri para não condenar Sharon e, ao ir embora, deu um beijo carinhoso nos lábios dela.

No entanto, o júri e a polícia não se comoveram, e Sharon foi julgada culpada e sentenciada a seis anos de prisão. Por mais trágica que seja, a história de PJ é um exemplo perfeito da dissonância cognitiva em ação. Em vez de mudar sua crença fundamental — de que tinha uma companheira de bom coração, dedicada a ele, que o amava —, ele apenas ignorou todas as informações que entravam em conflito com essa crença enraizada, por mais que fossem inquestionáveis. O amor, nesse caso, de fato desconhecia barreiras.

Crenças são a base para compreender o mundo

Crenças são o andaime mental sobre o qual construímos nossa compreensão do mundo. Elas nos ajudam a construir uma série de suposições e preconcepções que simplificam as complexidades da nossa vida social e emocional. Somos basicamente "pobres de cognição", que utilizam crenças para economizar energia e simplificar o processamento do mundo. Imagine se você tivesse que entender tudo do zero sempre que se encontrasse em uma situação nova. Seu cérebro rapidamente se tornaria sobrecarregado. Assim, a natureza desenvolveu uma solução inteligente. Em vez de computar evidências dos princípios, algo que demandaria muito tempo e energia, as crenças nos permitem destilar informações complexas para chegarmos a conclusões rápidas.

Muitos estudos demonstram que crenças enraizadas, como estereótipos, liberam recursos mentais, disponibilizando mais tempo e energia para se concentrar em outras coisas. O lado negativo é que a precisão é sacrificada em prol da eficiência, e podemos nos sentir tentados a fazer suposições com base nas evidências mais superficiais.

Passei por isso alguns anos atrás, quando eu e meu marido estávamos buscando ajuda para meu sogro, John, que sofria com a doença de Parkinson. Conforme a condição de John piorava, percebemos que não podíamos deixá-lo vivendo sozinho. Ele veio morar na nossa casa, mas o problema era que continuava passando tempo demais sem companhia, enquanto estávamos no trabalho. Conversamos com uma agência de cuidadores locais sobre a possibilidade de contratar alguém para ajudar por algumas horas por dia. Uma série de cuidadores temporários passou por nossa casa, e isso era difícil para John, porque nunca conseguia conhecer nenhum deles direito. Conversamos bastante com a agência para garantirmos um funcionário que pudesse estar de forma permanente, que se comprometesse a ajudar John regularmente. Nós sabíamos que era importante encontrar alguém que ele pudesse conhecer melhor e confiar. Em uma manhã, a agência ligou com boas notícias. Um rapaz, Tony, estava disponível. Ele morava por perto e poderia vir quatro dias na semana, em longo prazo. Ótimo.

Quando a campainha tocou pontualmente às oito da manhã de segunda-feira, abri a porta e me deparei com Tony, um homem cheio de tatuagens, com um corte de cabelo baixo, quase que inteiramente raspado, cinco piercings no nariz e óculos escuros, explicando que estava "meio de ressaca naquela manhã". Meu coração apertou. Como eu podia deixar John com alguém que parecia tão estranho e não confiável? Todos os meus estereótipos deram as caras. Tenho vergonha de admitir que achei até que ele poderia nos roubar.

No fim das contas, Tony foi o melhor cuidador do mundo. Ele e John falavam sobre futebol e política, sempre rindo e fazendo piadas. Não apenas Tony se mostrou um cozinheiro de mão-cheia, preparando almoços fantásticos para John, como também o convenceu a sair e se exercitar sempre que possível, algo que os outros cuidadores nunca tinham conseguido fazer. Tony passou mais de um ano com a gente e se tornou um bom amigo e cuidador para John. Eu fui capaz de superar meus medos iniciais e não me deixar dominar por meus pensamentos estereotipados. Fico muito feliz por ter feito isso, porque Tony transformou a vida de John.

Essa experiência me mostrou o papel essencial que nossas crenças e preconcepções têm no desenvolvimento da rigidez mental. Apesar de elas nos ajudarem muito a destrinçar complexidades, também funcionam um pouco como trincheiras. Ao usá-las, não necessariamente absorvemos todas as informações relevantes, mas permanecemos agarrados às conclusões de nossas crenças. No meu caso: *tatuagens + cabeça raspada = suspeito!* Essa conta simples, como o caso de Tony me provava, estava completamente errada.

Desenvolva o hábito de desafiar suas crenças

Por isso é tão importante questionar e duvidar das suas crenças principais de forma persistente. Não é fácil, mas esse hábito vai ajudar você a abrir a mente e a desenvolver mais autoconhecimento. Além disso, é algo que nos ajuda a encarar a possibilidade de que a teia intricada de crenças que mantemos pode não refletir nossa essência real. Nossas crenças também alimentam nossos valores, é lógico, então é preciso compreendê-las para verdadeiramente sermos guiados por eles. Caso contrário, estaremos apenas seguindo com a multidão, e não sendo guiados por um senso de propósito mais profundo. Para se conhecer de verdade e construir o segundo pilar do método switch, é importante que sua vida reflita seus valores mais profundos, e não uma versão imposta por sua família, seus amigos, a parte de você que protege seu ego, ou pela sociedade em geral. Se as crenças são os blocos de construção do eu, então os valores são o reflexo daquilo que é mais importante para você.

O filósofo grego Aristóteles aconselhou: "Conhecer a si mesmo é o princípio de toda sabedoria." Mesmo assim, muitos de nós pouco compreendemos as próprias crenças principais e os próprios valores mais profundos. Então, precisamos "nos encontrar". Apesar de "se encontrar" parecer algo egoísta, eu diria que é um processo altruísta e importante quando feito da maneira correta. Para ser o melhor pai, colega de trabalho ou amigo possível, primeiro você precisa se conhecer e se aceitar. Isso não é fácil, porque frequentemente acabamos escondendo quem realmente somos sem nem perceber. O cérebro contém múltiplas camadas de significado, com ecos de memórias deixadas há muito tempo no passado e associações que moldam sua vida e fazem você funcionar no piloto automático. Essas memórias e os hábitos enraizados podem ser um estímulo para seguir as expectativas da sociedade, e não seus desejos.

Para se adaptar, é comum termos que adotar papéis distintos em diferentes situações, e essa flexibilidade é positiva. No entanto, podemos correr o risco de perder a noção de quem somos de verdade e cair em uma situação em que nosso estilo de vida deixa de refletir nossos valores mais profundos. Por exemplo, você pode ser apaixonado pelo valor de proteger o planeta, mas trabalha em uma grande corporação que não ajuda a preservar o meio ambiente tanto quanto deveria porque prefere economizar. Para ser completamente autêntico, é vital manter a capacidade de ser adaptável, mas também permanecer fiel a si mesmo. Há momentos em que faz sentido fingir que nada está acontecendo. O problema é que, em boa parte deles, existe tensão e conflito entre nossos valores mais profundos e ser adaptável. Frequentemente, acabamos nos tornando dependentes de nossas versões mais superficiais, em vez de reconhecer a variedade de outras opções e escolhas que temos disponíveis a cada momento. É por isso que muitas pessoas acabam se adequando a papéis sociais que entram em conflito com suas versões verdadeiras.

Narrativas pessoais

Nós somos histórias!

Hoje em dia, o chamado "eu autêntico", ou "eu verdadeiro", é um assunto em voga na psicologia. Muitos estudos se questionam sobre como podemos entender nossa versão real e autêntica levando em conta nossas várias responsabilidades, nossos vários interesses e desejos. A resposta que surgiu foi a de que podemos desenvolver um nível profundo de autoconhecimento usando as histórias que contamos sobre nós mesmos. Nossas histórias pessoais criam significado para nós e se tornam parte integrante de quem somos. Elas são os laços existenciais brilhantes (às vezes esfarrapados!) que unem esses grupos únicos de narrativas de crenças enraizadas e valores fundamentais que nos tornam quem somos. Nós *somos* as histórias de um jeito muito real, e elas podem nos dar acesso a um nível mais profundo e pessoal da nossa personalidade.

Como revelar sua narrativa pessoal

Então, uma das melhores maneiras de descobrir sua versão real é escrever algumas histórias ou incidentes da sua vida que capturam algo importante sobre você e a sua personalidade. Se for feita de maneira sincera, a atividade pode ser surpreendentemente reveladora. Em uma série de sessões de coaching que conduzi com um pequeno grupo de empresários, um participante chamado Tom teve uma percepção profunda que mudou a vida dele para melhor. Suas histórias incluíam um relato de como ele, aos 9 anos, havia pulado em um lago para salvar um bebê. Ele se lembrava em detalhes de como tinha sido paparicado na época e de quanto tinha se sentido bem com isso. Outra de suas histórias tinha acontecido quando ele tinha 20 e poucos anos: Tom sempre aceitava ficar sóbrio durante as noitadas com os amigos para poder dirigir o carro de volta para casa. Como um intrépido explorador de personalidades em busca de pistas do seu verdadeiro eu em meio a experiências que o transformaram na pessoa que era, Tom notou que um padrão nítido surgia: ele se enxergava como um "protetor", alguém cuja narrativa era ajudar outras pessoas. Uma das suas crenças enraizadas era que "pessoas precisam de auxílio", e, assim, um dos seus valores principais era "proteger". Isso o ajudou a entender parte do seu comportamento atual e por que a esposa e os filhos sempre reclamavam que ele era controlador demais.

Nosso senso próprio se desenvolve em três etapas:

- Ator
- Agente
- Autor

Quando somos muito jovens, tendemos a ter papéis muito evidentes — filho ou filha, irmão ou irmã, amigo ou amiga —, e nossas histórias dessa época refletem essa sensação de interpretar um papel no mundo. Para uma criança de 6 anos, tudo gira em torno dos fatos sobre quem você é, do que faz e de quem faz o quê pelo outro. Quando atingimos a fase da adolescência, ainda encenamos esses papéis, mas também começamos a desenvolver objetivos e a tomar decisões que possam nos ajudar a conquistá-los, nos tornando agentes do nosso destino. Por fim, quando alcançamos a vida adulta, começamos a incorporar experiências passadas e presentes às ideias sobre quem desejamos ser no futuro. Crenças, valores e o "eu" se mesclam como caminhos em um mapa da identidade, formando o que poderíamos chamar de nossa "identidade narrativa".

A maneira como você associa acontecimentos memoráveis da sua vida e constrói uma história significativa e coerente a partir deles ajuda o cérebro a navegar por um mundo complexo e confuso. Isso é algo que todos nós fazemos naturalmente, e é importante para a construção da visão que temos de nós mesmos. Sua versão narrativa está embutida em histórias pessoais, e a maioria de nós vai compartilhar as histórias que contamos sobre nós mesmos com outras pessoas. No fim das contas, isso é muito importante. Ao compartilhar nossas histórias, recebemos feedback que nos ajuda a refinar e expandir nosso autoconhecimento. Talvez você acredite que tenha feito algumas coisas imperdoáveis na juventude, porém outras pessoas podem lhe dizer que suas reações foram completamente normais e compreensíveis. De acordo com pesquisas de psicólogos do desenvolvimento, é assim que memórias se tornam mais flexíveis e oferecem oportunidades para o crescimento pessoal.

Organizar o passado em uma narrativa de vida é um jeito poderoso de construir um senso de quem somos. As histórias que contamos para nós mesmos são importantíssimas. Os fatos que realmente acontecem podem ser bem menos importantes do que a maneira como reconstruímos esses acontecimentos em nossa mente. Se, por exemplo, você testemunhou um acidente horrível na estrada, mas construiu a situação como uma narrativa redentora sobre como você passou a dar mais valor à vida, então é pouco provável que esse acontecimento tenha um impacto negativo duradouro no seu bem-estar. O significado que você criou para dar sentido ao acidente — algo horrível acabou levando a um desenvolvimento pessoal positivo — é um sinal de bem-estar psicológico. A ciência afirma que histórias de redenção, em específico, são um ótimo indicador de bem-estar psicológico.

A revelação da sua história de vida

Muitas pessoas são contadoras de histórias natas, e você provavelmente tem algumas narrativas que conta com regularidade. No entanto, alguns de nós não pensamos muito na vida e nas suas narrativas. Independentemente da sua capacidade de contar histórias, o exercício a seguir pode ser muito útil para revelar parte da sua narrativa central. Ela pode não ser surpresa, ou talvez seja uma revelação. De toda forma, isso vai ajudar você a identificar seu verdadeiro eu.

Como descobrir sua identidade narrativa

É importante separar um tempo para si mesmo — talvez uma hora — a fim de fazer esse exercício em um lugar tranquilo, onde ninguém lhe incomode. Caso você queira utilizar um computador, certifique-se de desligar as notificações automáticas do e-mail e de outros serviços.

Neste exercício, você é um contador de histórias, e a sua tarefa é relatar os destaques da sua história. Pense na sua vida como um livro, com capítulos, personagens principais, cenas e temas. Talvez seja bom pensar em um resumo da sua história, passando de capítulo em capítulo. Após descrever o enredo geral da narrativa, a tarefa é se concentrar em quatro acontecimentos marcantes. Eles não precisam ser contados em ordem cronológica nem ser essenciais para a história, só devem ser importantes e autênticos para você. Então, pense um pouco e escolha três acontecimentos-chave que ilustrem:

1. **Um momento ruim da sua vida:** esse é um acontecimento que passou uma sensação muito negativa e pode estar associado ao pavor, à decepção, à culpa, à vergonha ou ao desespero.
2. **Um bom momento da sua vida:** esse é um acontecimento associado à alegria de verdade, à felicidade ou a um sentimento de satisfação,

alívio ou contentamento. São os momentos que se destacam por serem tão positivos.

3. **Um momento de virada:** um momento ou acontecimento que causou uma mudança profunda no seu autoconhecimento.
4. **Uma memória que define você:** essa é uma memória que reflete um tema que se repete na sua vida. Ele costuma ser extremamente emotivo e ajuda a explicar quem você é. Por exemplo, Tom respondia a este item quando entendeu sua autoimagem como um protetor.

Escreva algumas situações potenciais para cada uma das quatro sugestões — isso já pode ser revelador — e então escolha a mais representativa. A memória "que define você" pode ser especialmente difícil e surgir apenas depois de muita reflexão, então não se aflija caso uma memória demore a aparecer. A revelação de Tom sobre ser um protetor, por exemplo, demorou vários meses para surgir. Quando você começar a pensar nessas histórias com regularidade, seus acontecimentos-chave vão vir aos poucos. Para cada uma das quatro histórias, tente acrescentar o máximo de detalhes possíveis sobre onde você estava, com quem, o que exatamente aconteceu e como você reagiu (ou as outras pessoas, se for o caso). Tente descrever o que você pensou e o que sentiu durante o acontecimento.

Caso você queira fazer o exercício, pare de ler por enquanto. Para realmente se beneficiar com ele, é essencial ser por completo sincero consigo mesmo, e se você souber o que pesquisadores buscam nessas histórias, como vou explicar nos próximos parágrafos, talvez se sinta tentado a incluir essas coisas em vez de escrever com o coração. Volte depois de completar suas histórias.

Como interpretar suas narrativas de vida

Bem-vindo de volta. Espero que você tenha conseguido escrever algumas histórias usando as sugestões acima. Agora, podemos ver o que você pode ter revelado sobre si mesmo ao fazer o exercício.

Há três temas principais que costumam surgir nas narrativas de vida das pessoas. Observe suas histórias e veja se consegue encontrá-los:

- **Tom emotivo:** sua história é, em grande parte, positiva? Ela começa de um jeito ruim, mas termina bem? Ou é o oposto — começa bem e termina mal?
- **Complexidade:** qual o nível de complexidade da sua história? Ela tem muitos detalhes ou é apenas um resumo do acontecimento?
- **Significação:** sua história mostra que você tentou captar lições significativas de situações aparentemente muito diferentes?

Quanto mais complexa sua história, mais fácil é compreender acontecimentos que parecem distintos. Da mesma forma, uma narrativa com um tom mais positivo, principalmente se esse tom foi adotado de uma transição do tom negativo, é associada com mais saúde psicológica. Caso você queira pontuar suas histórias da mesma forma que pesquisadores fariam, pode usar o esquema de pontuação do Anexo 2, no fim do livro. Ele vai lhe dar notas para cada um dos três temas principais de tom emotivo, complexidade e significação, apesar de eles serem muito subjetivos. Enquanto algumas pessoas gostam de ter notas formais, o ato de escrever o conjunto de histórias pode ser bem mais útil do que qualquer coisa. Simplesmente refletir sobre elas pode ajudar você a enxergar alguns padrões, como aconteceu com Tom, e ganhar mais conhecimento sobre si mesmo.

E se seus temas forem majoritariamente negativos?

Muitas pessoas observam que os temas referentes a elas próprias são, na maioria, negativos. Nesse caso, que bom que você descobriu isso — talvez ainda não tivesse percebido sua negatividade. Pode ser interessante questionar por que suas histórias têm um toque negativo — foi só o seu humor hoje, ou esse é um hábito mais geral? Há muitos exercícios ao longo do livro que ajudam a lidar com pensamentos negativos (consulte o Capítulo 11) e a desafiar sua perspectiva (Capítulo 7) e podem ser úteis.

Seu eu verdadeiro e o método switch

Desenvolver autoconhecimento é importante porque, quando acontecimentos inesperados ocorrem, compreender bem nossas preferências pessoais, crenças, nossos comportamentos, nossas tendências, interpretações de acontecimentos passados e presentes e, principalmente, nossos valores, nos ajuda a compreender por que reagimos de determinada maneira. Assim, o autoconhecimento pode nos ajudar a dar um passo atrás e reagir de forma mais eficiente, impulsionando nossa agilidade e nos ajudando a nos adaptar à nova situação.

Podemos desenvolver um autoconhecimento mais profundo ao explorar nossos traços de personalidade, sinais corporais, nossas crenças e nossos valores fundamentais e as narrativas pessoais em que acrescentamos um pouco de quem somos.

Resumo do capítulo

- A construção do segundo pilar do método switch — autoconhecimento — não se resume apenas a traços de personalidade, humildade intelectual e consciência do corpo; precisamos compreender bem nossas crenças e nossos valores. As coisas em que você acredita na vida, sobre si mesmo e sobre os outros, são muito poderosas. Suas crenças podem manter a mente fechada e impedi-lo de enxergar quem é de verdade.
- É muito difícil mudar suas crenças mais enraizadas, mas você devia começar a entender quais são elas e tentar desafiá-las.

- Também é essencial identificar e se conectar com seus valores centrais, as coisas que são mais importantes na sua vida.
- Juntos, crenças e valores formam seu "eu verdadeiro".
- Geralmente, você consegue encontrar a chave para o seu eu verdadeiro em histórias pessoais às quais dá muita importância. Sua versão autêntica surge nessas histórias.
- Narrativas pessoais são acontecimentos rotineiros em que crenças, valores e significado se unem e podem ajudar você a desenvolver mais autoconhecimento.

O TERCEIRO PILAR DO MÉTODO SWITCH

PERCEPÇÃO DAS EMOÇÕES

CAPÍTULO 10

COMPREENDA SUAS EMOÇÕES

Na manhã de 9 de abril de 1986, eu estava com meus pais na casa onde cresci, nas redondezas de Dublin, quando fomos incomodados por alguém batendo alto na porta e pelo som alto de sirenes do lado de fora. Abrimos a porta e eu fiquei chocada ao ver quatro membros armados da Gardaí — a polícia irlandesa.

— Alguém invadiu seu quintal? — perguntou um deles.

— Não — respondi. — Acho que não.

— Podemos dar uma olhada?

Eles entraram na casa e foram para o quintal, onde revistaram arbustos e o interior dos galpões de jardinagem e da garagem. Helicópteros circulavam acima de nossa cabeça. Alguma coisa grave tinha acontecido.

— O que vocês estão procurando? — perguntava minha mãe, mas ninguém respondia.

Mais tarde, fomos surpreendidos com a notícia de que uma de nossas vizinhas, Jennifer Guinness, tinha sido sequestrada. Jennifer era mãe de uma das minhas amigas de infância, Tania, e eu sempre falava com ela quando parávamos em sua casa para tomar chá e comer torradas depois da praia. Ela fora levada por um grupo de homens que tinham invadido a residência com metralhadoras. Assim como a maioria dos habitantes de Dublin, ficamos grudados no noticiário para nos atualizar sobre a situação. Os sequestradores, que erroneamente acreditavam que ela fazia parte da riquíssima família Guinness, mais conhecida por sua marca de cerveja, exigia um resgate imenso. Por sorte, Jennifer foi solta sem danos oito dias depois, e a vizinhança gradualmente foi voltando ao normal.

Pouco tempo depois, encontrei Jennifer na rua por acaso, e fiquei curiosa para saber mais. Ela era uma mulher resiliente, prática, então não foi surpresa alguma descobrir que ela havia permanecido calma durante os oito dias, mesmo temendo por sua vida. Jennifer me contou que, no geral, tinha sido bem tratada, e tinha prestado muita atenção nos sequestradores. Um dos homens mais velhos era agressivo, então ela tomava cuidado com ele; no entanto, um dos mais jovens parecia mais gentil e um pouco inseguro. Jennifer tinha arriscado e sido ríspida com ele de vez em quando, gritando e ordenando que a soltasse. Seus instintos diziam que demonstrar raiva seria perigoso com o homem mais velho, porém talvez desestabilizasse o mais novo, menos confiante. É impossível ter certeza se a estratégia deu certo. Contudo acho que ela pelo menos ajudou Jennifer a se sentir mais segura diante da situação apavorante.

Por que a percepção das emoções é essencial para o método switch

Vários anos atrás, meu marido, Kevin, escreveu um livro sobre a arte — e ciência — da persuasão. Em uma jornada para descobrir o DNA da influência social, ele fez algo muito diferente. Não apenas dedicou tempo entrevistando alguns dos principais especialistas acadêmicos da área, como também conversou com alguns dos maiores golpistas do mundo — que não são pessoas muito legais, porém são gênios da persuasão que nunca leram um livro-texto na vida e aprenderam os truques do ofício na prática.

A parte mais impressionante é que o grupo acadêmico e o "prático" concordavam bastante no tocante às características de um profissional na arte de persuadir e quanto ao que constitui uma mensagem persuasiva poderosa. Dois componentes para ter sucesso em influenciar alguém se destacavam.

Em primeiro lugar, a mensagem — o que você diz — deve parecer ser interessante para a outra parte.

Em segundo, o mensageiro — a pessoa que persuade — precisa ser agradável e ter credibilidade.

Em outras palavras, para ser um bom persuasor, você deve:

1. Ter completa percepção das suas emoções e das emoções da outra pessoa, e ser capaz de expressá-las por inteiro, como um ator profissional no palco da influência.
2. Ser capaz de escolher (a) a emoção certa; para (b) a mensagem certa; no (c) contexto certo; para (d) a pessoa certa ou o público-alvo.

Parece familiar? Isso mesmo! Para ser um bom persuasor, você precisa ser bom no método switch. Ou, em termos mais familiares, não se trata do que você diz, mas de como diz. Compreender suas emoções e ser capaz de modificá-las rapidamente é uma ferramenta poderosa para ajudá-lo a se adaptar — seja durante a persuasão, seja em outras situações.

Qualquer um que já tenha assistido à televisão conhece a estratégia do "policial bom — policial mau". Em salas de interrogatório na vida real, esse tipo de manipulação emocional é uma forma extremamente eficiente de extrair informações das pessoas do outro lado da mesa.

Encontramos, porém, manifestações de manipulação emocional mais sutis na nossa rotina. Otimizadores de sites de vendas — plataformas eletrônicas que permitem a marqueteiros e gerentes de produtos representarem suas mercadorias da melhor forma possível na internet — usam três princípios diferentes da persuasão, cada um influenciando sistemas emocionais básicos, para maximizar o próprio poder de venda:

1. O princípio da *escassez*, que em inglês também é conhecido pela sigla FOMO — o *medo* de perder alguma coisa ("Até o estoque acabar!" e "Restam apenas dois quartos por esse preço!" são ótimos exemplos).
2. O princípio da *reciprocidade* — *contentamento* de sentir que você fez um bom negócio (não importa qual o seu objetivo como vendedor — incentivar compartilhamentos nas redes sociais, convencer clientes em potencial a baixar um produto ou a assinar uma newsletter —, tudo começa com a identificação da melhor oferta que você vai oferecer ao consumidor, para ele se sentir incentivado a oferecer algo em troca).
3. O princípio da *prova social* — *segurança* no conhecimento de que outras pessoas iguais a você compraram o produto ou o serviço oferecido (geralmente transmitido por curtidas, avaliações positivas e resenhas animadas).

Da próxima vez que você se aventurar pela internet para fazer uma compra, lembre-se disto: você está entrando em um campo minado do método switch!

Assim, a percepção das emoções — o Pilar 3 — é essencial para o método. Compreender e manipular emoções não apenas é útil para convencer alguém a comprar algo, como também para escapar de uma situação potencialmente perigosa, como aconteceu com minha vizinha Jennifer.

A raiva pode ser útil. Emoções podem impulsionar mudanças poderosas, e o uso instintivo da raiva por Jennifer no cativeiro é apoiado por descobertas mais recentes da ciência. Por exemplo, hoje sabemos que a raiva pode ser uma ferramenta de negociação muito eficiente, nos dando poder sobre situações imprevisíveis. Nós tendemos a ficar desconfortáveis com a raiva — e motivados a remediar a causa dela nos outros. Pessoas com raiva também costumam ser vistas como mais poderosas e, na ocasião, superiores. Compradores irritados têm mais chances de conseguir fechar um negócio melhor com empresas de telefonia, por exemplo, porque os vendedores acabam menos dispostos a negar-lhes as exigências.

No entanto, caso você esteja pensando em experimentar essa estratégia, tome cuidado. Lembre-se de que o contexto é tudo. Expressar raiva contra pessoas bem mais poderosas que você dificilmente vai causar um efeito positivo. Ou elas irão ignorá-lo ou vão revidar, como qualquer um que já tenha perdido uma promoção e dito ao chefe "tudo o que pensava" poderia lhe contar. Contudo, caso a outra pessoa seja menos poderosa que você, manifestações de raiva podem ser muito eficientes, especialmente se forem consideradas adequadas para o momento. No caso de Jennifer, apesar de ela ter menos poder do que os sequestradores, o homem mais hesitante considerava que havia uma justificativa moral para seu comportamento, e a raiva dela pode ter ajudado a enfraquecer a determinação dele.

Emoções como degraus

Outra coisa que sabemos é que as emoções nos oferecem um ótimo "choque de realidade". Elas são cruciais para que possamos estar mais bem adaptados a mudanças, porque podem nos ajudar a abrir mão de um objetivo desejado e seguir para outro. Por exemplo, caso você tenha sido rejeitado por seu parceiro ou parceira, pode sentir uma série de emoções — raiva, descrença, tristeza, choque, desespero —, talvez até alívio. Apesar de nem sempre serem agradáveis, emoções como a tristeza podem nos ajudar a alterar planos e objetivos profundamente enraizados. Elas nos ajudam a entrar naquele "vazio fértil" antes de podermos seguir com nossa vida. Assim, as emoções facilitam mudanças de direção significativas em momentos importantes da vida.

Isso significa que emoções nos dão muita agilidade em termos das ações que podemos tomar para alcançar um objetivo específico. Ao contrário de um reflexo que conecta com força um estímulo a uma ação (desencostar a mão de uma superfície quente, por exemplo), as emoções permitem que você quebre essa conexão, de forma que, quando algo acontece — digamos que alguém entre na sua frente em uma fila —, uma variedade de reações se torna possível. As emoções nos permitem observar, reunir o máximo de informações possível e então decidir como agir. Elas são a caixa de marchas, por assim dizer, que conecta pensamentos e julgamentos a atos. É por isso que facilitam a agilidade e são importantes para o método switch.

Siga o fluxo

As emoções são a forma pela qual o cérebro expressa grandes dados — todas as suas experiências, boas e ruins, estão armazenadas nos bancos de memória do cérebro e são consultadas para ajudar a prever o resultado de qualquer situação. Elas são úteis precisamente porque ajudam a navegar pelos momentos de virada da sua vida. Para ter sucesso em um mundo dinâmico, é essencial se sentir mais confortável com dificuldades e derrotas, aceitá-las e integrá-las em um pacote completo e coerente, juntamente com seus triunfos e sucessos.

A primeira lição que a ciência, o coaching de executivos e a terapia psicológica nos ensinam é que nada ensina tão bem quanto a prática. Para dar o seu máximo, você precisa enfrentar a realidade do dia a dia. Sair no mundo, apreciar os sabores, gostos, sons, as vistas, texturas, exigências e frustrações que ele oferece, dá a você uma variedade de sentimentos que lhe ajudam a enfrentar situações complexas. Conforme os anos passam, sua qualidade de vida será determinada em grande parte pelas coisas que você vivencia.

As emoções nos ajudam a comunicar o que sentimos. Mudanças sutis em nossos sentimentos, ou em como outras pessoas expressam emoções, nos dizem muito sobre o que está acontecendo. A expressão das emoções oferece informações explícitas para os outros, e isso provavelmente influencia suas ações. Quando você interage com uma criança pequena que não conhece, se ela parecer feliz e sorrir na sua direção, é quase certo que isso chame sua atenção e talvez até estimule uma interação positiva. Uma criança de 2 anos fazendo cara feia e chorando, por sua vez, pode fazer você se afastar, com medo de assustá-la ainda mais. Emoções são subprodutos de um sistema nervoso sofisticado e nos ajudam a regular não apenas nosso comportamento, mas também o dos outros, algo fundamental para nossa adaptação. É por isso que a percepção é um pilar importante do método switch.

Para começar a jornada com o objetivo de desenvolver um nível mais profundo de percepção e compreensão emocional, é interessante analisar de onde surgem as emoções. Ao compreender sua natureza básica, se torna mais fácil entender para que elas servem.

Da onde vêm as emoções?

Quando se trata da ciência do afeto sobre a origem das emoções, há duas grandes escolas de pensamento. Cada lado tem suas evidências, porém ainda não existe um consenso sobre qual abordagem é mais verdadeira — o júri ainda não chegou a uma decisão. Essas incertezas são comuns no âmbito da ciência e exigem uma mentalidade ágil para progredir.

A chamada "visão clássica" propõe que um pequeno número de emoções mais comuns está programado no cérebro. Na década de 1960, uma ideia popular na psicologia e na neurociência era que o cérebro humano podia ser considerado como três cérebros separados em um (conhecido como cérebro "trino"). Cada uma dessas três regiões estruturais correspondia a períodos distintos do desenvolvimento evolucionário: a mais antiga era o centro *reptiliano*, a base do cérebro e o topo da medula espinhal, que lida com funções básicas como manter a respiração, sede, frequência cardíaca e pressão sanguínea. A parte central do cérebro logo acima disso correspondia ao sistema *límbico*, que fica aconchegado abaixo do material córtico mais novo e é o lar das emoções. E, finalmente, a camada externa do cérebro: o *córtex* — que envolve tudo e nos diferencia de outras espécies — é responsável por implementar o autocontrole e muitas outras funções sofisticadas, como idiomas e racionalidade.

Apesar de existir certo grau de verdade estrutural na estrutura "trina", a ideia dos três cérebros não mais obtém apelo na neurociência. Mesmo assim, ela impulsionou uma área influente de estudos, geralmente com animais, para tentar compreender a natureza biológica das emoções. Entre outras coisas, esses estudos revelaram a importância de algumas estruturas minúsculas dentro da área central — límbica — do cérebro, que são importantes para nossa sobrevivência. A mais importante é a amígdala.

Amígdala — a central do medo?

A *amígdala* é uma estrutura minúscula, mais ou menos do tamanho da unha do seu polegar, que supostamente é o sistema de alarme do cérebro, minimizando a atividade em todas as outras áreas dele no momento em que uma ameaça é detectada. Em termos evolucionários, ela é muito antiga: se o cérebro fosse um clube e tivesse membros-fundadores, a amígdala seria um deles. Ela influencia mais o córtex do que vice-versa, e isso acontece porque uma quantidade muito maior de axônios sai da amígdala até áreas mais distantes do córtex do que o contrário. Esse mecanismo permite que o "raciocínio" seja pausado enquanto a atenção foca potenciais perigos. É por isso que podemos ficar paralisados de medo quando vemos uma aranha no chuveiro, apesar de nosso cérebro "racional" saber muito bem que ela é inofensiva. Como um sistema de alarme, a amígdala entra rapidamente em ação.

Vários anos atrás, eu estava aproveitando minha corrida ao sol, no pequeno vilarejo em Cambridgeshire em que morava na época. De repente, um doberman enorme saiu em disparada de uma casa e veio se aproximando enquanto rosnava. Eu conseguia ouvir os gritos do dono, mas dava para perceber que o cachorro não estava prestando atenção. O bicho me perseguiu e bateu os dentes furiosamente bem perto das minhas pernas. Nos segundos seguintes, acho que eu teria sido capaz de vencer Usain Bolt quando acelerei pela estrada. Por sorte, após cerca de 20 metros, o cão voltou para o dono, docilmente.

Eu continuei correndo até chegar bem longe na estrada, onde precisei parar e tentar acalmar meu coração disparado. Comecei a tremer incontrolavelmente, e demorei cerca de dez minutos antes de conseguir voltar para a corrida. Passei meses atravessando a estrada sempre que passava por aquela casa. Nunca mais vi o cachorro, porém a apreensão sempre surgia quando eu passava pelo portão, mesmo anos depois, quando eu sabia que a família havia se mudado.

A maioria de nós já passou por algo assim. Quando você é ameaçado, o corpo reage por instinto, de um jeito impossível de controlar; você sente *medo*. O medo costuma ser considerado um exemplo perfeito de uma emoção "básica" programada. Essas são as emoções que podem ser reconhecidas em outras espécies, como primatas, ratos e camundongos, e até em insetos e aranhas. De acordo com a visão clássica sobre emoções, um conjunto essencial de sentimentos como medo, nojo, raiva, felicidade, tristeza e surpresa tem o próprio conjunto neural, ou "digital", e isso ajudou nossos ancestrais a sobreviver ao longo de milênios.

A ideia de que algumas das nossas emoções mais comuns estejam programadas faz sentido e domina a ciência do afeto há muitos anos. O problema é que essa visão pode estar completamente equivocada. Existe uma interconectividade intrínseca entre muitas regiões diferentes do cérebro que não se encaixa bem com a teoria de circuitos de "emoções" diferenciados — não podemos isolar emoções específicas a uma região do cérebro. Sabemos, por técnicas modernas de escaneamento cerebral, que muitas áreas diferentes são ativadas ao mesmo tempo durante experiências emocionais *e* racionais. Se eu pudesse ter dado uma olhada no meu cérebro enquanto fugia daquele cachorro, não apenas teria visto minha amígdala no auge de sua atividade, como também muitas outras áreas em um estado elevado de atividade. Além disso, a evolução do cérebro humano não aconteceu de forma lógica e linear, como sugere a ideia do cérebro trino. Em vez disso, assim como uma organização, empresa ou universidade, que se reestrutura ao aumentar de tamanho e complexidade, o cérebro faz a mesma coisa conforme evolui.

Isso nos mostra que as interconexões densas entre as chamadas partes de "raciocínio/solução de problemas" e as "emocionais" do cérebro permitem que elas trabalhem juntas de forma integrada. De fato, conjuntos de células por todo o cérebro conseguem se conectar rapidamente em um tipo de "chamado de formação de resposta de emergência", para nos ajudar a lidar com situações específicas, e essas conexões não respeitam fronteiras. Na verdade, sabemos hoje que o cérebro funciona como um sistema extremamente integrado e dinâmico.

É óbvio que, no interior de um cérebro tão integrado, ainda podem existir conjuntos separados de células cerebrais — geralmente chamadas de circuitos — para emoções diferentes. Faria sentido, não é? No meu encontro com o cachorro hostil, circuitos especiais de *medo* podem ter sido acionados para me ajudar a fugir. No entanto, talvez isso esteja errado. Por mais surpreendente que pareça, está sendo difícil encontrar evidências de circuitos cerebrais diferentes para o medo, a raiva, o nojo, ou para qualquer outra emoção, na verdade.

Descrever emoções não é tão fácil quanto parece

Não apenas circuitos emocionais são difíceis de identificar em mapeamentos cerebrais, como também é complicado encaixar as descrições dessas emoções feitas por pessoas em categorias familiares de "medo", "tristeza", "alegria" e "nojo".

Pense um pouco. Tente colocar em palavras como é sentir medo. Agora, faça o mesmo com a sensação de raiva. Se você remover a *causa* por trás do sentimento, consegue explicar de verdade como o medo difere da raiva? É difícil, não é?

Muitos estudos da psicologia revelam que, na verdade, é praticamente impossível. Em vez disso, o que as pessoas descrevem são *dimensões* muito mais amplas de uma experiência afetiva, que remetem à intensidade do sentimento, ou de quanto ele é positivo ou negativo. Resultados como esse começaram a alertar pesquisadores para a noção de que a visão clássica das emoções pode não estar correta. Se eu tentar descrever o medo que senti com o cachorro, ou até o pavor de quando fiquei agarrada àquela coluna no mar tantos anos atrás, achando que iria me afogar, é difícil fugir de descrições físicas. Em ambas as ocasiões me lembro de que senti meu coração martelando o peito, as pernas bambas, a boca seca e, depois, uma tremedeira incontrolável. Em um dos casos, fiquei totalmente travada, sem conseguir me mexer, enquanto na outra, corri o mais rápido possível. E em termos de como eu me *senti*? Posso dizer que não foi uma sensação boa e que foi intenso, mas é difícil fazer uma descrição mais específica.

Não sou a única que tem essa dificuldade. Pesquisas sobre emoções costumam chegar a esse resultado.

Os blocos de construção da vida emocional: excitação e impressões sensoriais

Aparentemente, construímos nossa vida emocional com base na *excitação* e na *positividade* que as situações despertam em nós e não no conjunto de emoções discretas, que são quase intuitivas. Julgar se uma situação ou objeto é negativo ou positivo — algo chamado julgamento de *valor* na psicologia — se aproxima da ideia das "impressões sensoriais" que mencionamos no começo do livro. Professores de mindfulness ensinam que a percepção de que algo é agradável, desagradável ou neutro — "impressões sensoriais" — mostra o que é importante. Isso está em concordância com pesquisas modernas sobre emoções, as quais revelam que sentimentos são um tipo de sistema de rastreio do cérebro, e nos alertam sobre o que evoca sensações boas ou ruins, para sabermos quais experiências evitar e quais aceitar.

A parte importante é que circuitos cerebrais que envolvem partes corticais e subcorticais mantêm e fortalecem interpretações negativas ou positivas de acontecimentos rotineiros. Os resultados confirmam que o cérebro funciona como um sistema conectado e altamente fluido, que utiliza muitas regiões diferentes para lidar com situações emocionais. No Capítulo 6, vimos que a flexibilidade cognitiva é especialmente importante em situações emotivas para manter a fluidez da mente. Essa nova visão do funcionamento integrado do cérebro oferece uma compreensão mais profunda do motivo pelo qual as emoções e a consciência da nossa vida emocional são essenciais para a agilidade, e, no sentido geral, para o método switch.

O switch emocional

A nova visão do cérebro como uma máquina de fazer previsões — e que funciona como uma unidade extremamente dinâmica — transmite a nós a mensagem de que não precisamos de vários circuitos cerebrais inflexíveis para ter uma vida emocional ativa e operante. Em vez disso, uma quantidade mínima de processos gerais basta. Um processo que assimila o valor de um acontecimento externo (se ele é "bom" ou "ruim"), a habilidade de categorizá-lo rapidamente e a capacidade de integrar esses processos a informações corporais internas são os únicos elementos necessários para reagirmos de forma apropriada no momento. Essa é a essência da ideia de que nossas emoções são construídas "de cima para baixo", e não embutidas.

Isso mostra que mudanças no corpo são transformadas em uma emoção quando ganham funções psicológicas que não podem executar por conta própria. As emoções, em outras palavras, surgem de uma combinação de três coisas: um cérebro extremamente flexível, uma compreensão íntima do ambiente em que ele opera e o significado dos sinais internos vindos do corpo. Essa visão vem de uma compreensão bem mais ampla sobre o funcionamento da mente. Segundo esse ponto de vista, todos os estados mentais são criados nos momentos em que pensamentos, sentimentos e percepções se unem. O importante é que essa função temporária é feita sob medida para uma situação específica e criada ao consultar experiências anteriores parecidas, que ajudam a moldar nossa reação à nova situação. Essa teoria de emoção construída oferece uma forma muito diferente de pensar sobre emoções.

Voltemos à minha experiência de medo, fugindo do cachorro. Segundo essa teoria, quando vi o animal correndo em minha direção, circuitos de sobrevivência básica no cérebro indicaram que era necessário tomar uma atitude imediata (*excitação*) porque a situação era ruim (*valor*). Ao mesmo tempo, meu cérebro classificou o episódio como "potencialmente perigoso e talvez assustador". Ao usar elementos das minhas experiências passadas, de quando fui perseguida por um animal agressivo antes — um exemplo memorável foi o caranguejo que veio atrás de mim na beira do mar, quando eu era criança —, meu cérebro rapidamente previu o que o meu corpo devia fazer para lidar com a situação. Foi uma dessas *previsões* que causou o disparo de toda aquela adrenalina e permitiu que eu saísse em disparada e escapasse do perigo. Minha subsequente classificação da experiência como "assustadora" me ajudou a atribuir significado para as várias sensações que tive, associando-a ao *medo*.

Essas observações nos forçam a reconsiderar tudo o que parece tão intuitivo sobre nossas emoções. Em termos pessoais, como uma cientista que estudou e trabalhou por muitos anos seguindo a tradição clássica, demorei um tempo para aceitar essa nova visão. Apesar de ela não parecer correta em diversas ocasiões, a quantidade de evidências vem aumentando, o que torna mais e mais difícil discordar da ideia de que as emoções são construídas, em vez de virem da natureza.

A visão de que as emoções são construídas, e não oferecidas biologicamente, sugere que são produzidas por um processo de categorizar mudanças físicas no corpo — como o aumento do ritmo cardíaco — em relação à situação no momento. Seu coração pode acelerar quando você se excita sexualmente, quando faz um treino de alta intensidade, ou quando foge de um cachorro hostil. Em cada caso, a mudança física (o aumento no número de batimentos cardíacos por minuto) costuma ser igual, porém a maneira como você interpreta a situação é completamente distinta. Isso oferece uma perspectiva muito diferente sobre as emoções. Em vez de serem programadas, elas são criadas de forma flexível, para nos ajudar a lidar com as demandas de acontecimentos que mudam o tempo inteiro. Isso nos mostra com muita nitidez por que as emoções são essenciais para a agilidade. Se elas são construídas dessa forma, e não programadas, como a visão clássica sugere, então temos uma janela de oportunidade para manipular e mudar nossas reações, em prol da agilidade mental. Como apenas um exemplo, isso nos permitiria modificar nossos sentimentos ao mudar como interpretamos uma situação. Reformular uma palestra ou uma apresentação em público como um desafio interessante, e não como uma ameaça, por exemplo, pode transformar as emoções que são construídas.

A natureza costuma criar soluções amplas, que podem nos ajudar a solucionar muitos problemas diferentes. A visão da *emoção construída*, assim como a visão clássica das *emoções biologicamente básicas*, se fundamenta em suposições evolucionárias. No entanto, o que evoluiu é diferente. Em vez de vários circuitos específicos para cada emoção, um número menor de processos mais gerais é importante. A ideia é bem prática. Em vez de desenvolver uma solução específica para cada problema específico, algo que seria muito ineficiente, a natureza costuma criar um pequeno conjunto de processos que pode então ser usado para solucionar uma vasta gama de tipos variados de problema. Esses processos gerais são bem mais eficientes e permitem uma flexibilidade maior do que processos específicos a certas situações. Mais uma vez, a visão da emoção construída sugere que compreender como se dá o surgimento das emoções é essencial para descobrir como podemos permanecer ágeis.

Há uma longa tradição dessa linha de pensamento na psicologia. A suposição é que a maneira como notamos os objetos, os detalhes que chamam nossa atenção, a forma como memorizamos e categorizamos as coisas e até como aprendemos novas coisas são processos amplos, que se aplicam a muitas situações. Um bom exemplo é a conhecida limitação da nossa capacidade de nos lembrar de coisas em curto prazo. Sabemos que as pessoas costumam ser capazes de lembrar cerca de sete itens em um momento, podendo assumir uma margem de erro de dois números. Isso significa que, se entregarmos uma lista com vinte itens para um grupo de pessoas e pedirmos que elas se lembrem de tudo que puderem, a quantidade média de itens recordados será de sete — tendo a maioria lembrado de cinco a nove. Não importa se a lista consiste em nomes de Pokémon, produtos em um carrinho de supermercado, palavras ou números, a limitação é a mesma — existe uma restrição geral na memória de curto prazo, independentemente do conteúdo.

O que a emoção já fez por mim?

Existe, lógico, uma questão básica que surge neste ponto da discussão. Saber de onde surgem as emoções, em qual fábrica — "programadas" ou "improvisadas" — elas são feitas, nos oferece alguma pista sobre a sua utilidade? Afinal de contas, as emoções são o elemento mais subjetivo da consciência.

Apesar de podermos descrever experiências emocionais semelhantes — a leveza especial que acompanha a alegria, por exemplo, o embrulho no estômago que surge com a apreensão e o temor ou a tremedeira incessante da ansiedade —, ninguém é capaz de entender de verdade como você se sente. Como vimos, não existe um consenso entre os cientistas sobre como as emoções são construídas — alguns acreditam que o cérebro abriga circuitos emocionais herdados; outros, que emoções são misturas transitórias de processos diferentes, unidas no calor do momento. No entanto, as fortes sensações que temos quando estamos apaixonados, apavorados ou em um luto profundo podem ser mais verdadeiras para nós do que qualquer uma dessas explicações.

Para responder ao "por que" da emoção, vamos sair um pouquinho do laboratório e mergulhar na vida diária. Em primeiro lugar, uma coisa que sabemos é que as emoções oferecem informações internas sobre nosso corpo. Nossos sentimentos funcionam como sinais de que está tudo bem ou não — aquilo que a cultura mindfulness chama de "impressões sensoriais". Eles liberam imagens e pensamentos poderosos, que impregnam nosso ser, podendo ser incômodos e nos paralisando ou incentivadores e nos motivando a seguir em frente. Os sentimentos corporais conspiram com pensamentos poderosos para induzir ações, nos incentivando a agir da forma mais apropriada para a situação. Imagine ser abordado por um assaltante com uma faca em uma rua deserta, à meia-noite. Para a maioria das pessoas, um medo dominante nos "convenceria" a entregar tudo o que fosse valioso e escapar da situação o mais rápido possível. Contudo, para um amigo do meu marido, soldado das Forças Especiais, esse exato acontecimento foi um "chamado às armas", um interlúdio "divertido" no caminho de volta para casa, vindo do bar. Em um piscar de olhos, ele desarmou o ladrão, o imobilizou no chão e, pelo celular, ligou para a polícia. O sentimento dominante dele não foi medo, foi empolgação — causando um resultado muito diferente.

Emoções distintas podem inspirar uma variedade de ações, novamente nos oferecendo muita agilidade para reagir em determinadas situações. O medo pode induzir você a fugir, a lutar ou talvez a não se mexer. A tristeza pode levar você a se retrair, a se recuperar ou a começar a se afastar de um objetivo almejado. A alegria pode impulsionar você a aceitar e conservar esse estado agradável, enquanto o nojo é um incentivo a evitar algo podre. Na realidade, é óbvio, os sentimentos não podem ser categorizados de forma tão exata, e nós sentimos várias coisas conflituosas ao mesmo tempo, porém essas emoções são amplamente consideradas agradáveis ou desagradáveis — a "impressão sensorial" — e nos ajudam a decidir se persistimos ou se mudamos de tática.

Emoções negativas são úteis

Todas as suas emoções, até as muito desagradáveis, são importantes para alcançar saúde psicológica e felicidade. As negativas, como raiva e medo, são associadas às ameaças, e limitam sua atenção para se concentrar em questões importantes que podem machucar você ou as pessoas que você ama. Esse é um dos motivos pelos quais as emoções parecem ser tão avassaladoras em certos momentos.

Assim, talvez não seja surpreendente o fato de que emoções negativas tendem a atrair mais sua atenção e podem ser "exigentes". Uma sensação ruim incentiva você a evitar situações que dão origem a ela, o que pode ser bom. Se um grupo específico de amigos sempre faz você se sentir para baixo e irritado, por exemplo, então talvez seja sensato refletir sobre o assunto e passar menos tempo com eles. Dito isso, no entanto, você não deve evitar os sentimentos desagradáveis em si. Se você viver fugindo do estresse e do desconforto, então vai limitar suas possibilidades e talvez não consiga alcançar seus sonhos.

Quando observamos pessoas que foram resilientes durante momentos difíceis e conquistaram o que queriam apesar dos percalços, uma coisa que todas têm em comum é a habilidade de lidar com sentimentos ruins, contanto que eles estejam alinhados com seus objetivos de longo prazo. Se você se sente apavorado apenas pela ideia de pedir um aumento, por exemplo, pode acabar não pedindo para se sentir melhor. Isso pode ser um alívio em curto prazo, mas não vai ajudar você na carreira. O mesmo vale para um atleta que não gosta de acordar para treinar em uma manhã fria de inverno, mas sabe que é importante se acostumar com isso para conquistar seus objetivos.

Voltando para nossa analogia da caixa de marchas, imagine se eu apagasse todos os medos do seu cérebro por trinta minutos e colocasse você para dirigir um carro. Quanto tempo acha que duraria? O que impediria você de ultrapassar uma velhinha dirigindo na velocidade de uma tartaruga em uma curva fechada? Na próxima vez que chegar são e salvo em casa depois de dirigir, lembre-se de que o medo colaborou muito para isso. Da mesma forma, imagine se eu apagasse toda sensação de raiva e frustração do seu cérebro e então o colocasse para negociar um acordo. O que você acha que conseguiria? Emoções negativas como o medo, a raiva e o nojo são importantes, porque nos forçam a pensar em acontecimentos e coisas que nos ameaçam. É por isso que o que chamo de *cérebro chuvoso* — os processos cerebrais que nos alertam para perigos e ameaças — chama muito mais nossa atenção do que acontecimentos positivos e recompensadores.

As vantagens das emoções positivas

Enquanto emoções negativas são essenciais, é óbvio que a vida é melhor quando você tem sentimentos bons com regularidade. Estou falando sobre uma variedade de emoções positivas, e não apenas da sensação geral de felicidade (algumas das mais comuns são alegria, gratidão, serenidade, interesse, esperança, orgulho, divertimento, inspiração, fascínio, amor e curiosidade). Emoções positivas tendem a ampliar nossa atenção e nossos pensamentos e nos incentivam a ser engenhosos.

Emoções positivas nos dão energia, porque nos fazem querer mais do que experimentamos. O mecanismo por meio do qual isso ocorre no cérebro é um pouco surpreendente. Experiências positivas acionam o centro de recompensas no cérebro — o núcleo *accumbens* — de formas diferentes. Esse centro pode ser dividido em duas partes — uma nos faz *gostar* das coisas e a outra nos faz *desejá-las*. As partes do "gostar" liberam hormônios como a endorfina, que naturalmente ocorrem em opiáceos e nos oferecem sensações de prazer, enquanto as partes do "desejar" liberam a substância química dopamina, que nos faz buscar mais da mesma coisa e impulsiona nossa capacidade de resistir.

A parte mais importante é que o desejar nem sempre acompanha o gostar (e é por isso que nem sempre gostamos daquilo que queremos). Muitos atletas profissionais que eu conheço querem treinar, mas não gostam muito da ideia. A maioria dos viciados em drogas chega a ponto de desejar sua dose e ao mesmo tempo odiá-la. De fato, um amigo psiquiatra forense me contou que muitos pedófilos detestam ceder aos seus desejos.

Desse modo, emoções positivas são motivadores poderosos. Muitos estudos revelam que experiências positivas nos deixam um pouco mais abertos, ampliam nossa atenção e aumentam nosso fascínio. Quando você se sente positivo, seus interesses se tornam mais abrangentes e sua criatividade aumenta. Além disso, já foi revelado que elas melhoram nossa capacidade de trocar de tarefas.

Quando estamos de bom humor, nossos processos de raciocínio também se tornam mais precisos, o que pode nos conduzir a melhores decisões. Em um estudo, alguns estudantes de medicina receberam um presente inesperado ou ouviram músicas animadas, e isso aumentou o bom humor deles. Os estudantes no grupo de controle não receberam presentes ou ouviram músicas neutras ou levemente tristes, e o humor deles permaneceu igual. Os participantes de bom humor tomaram decisões corretas mais rapidamente e demonstraram menos indecisão quando precisaram fazer um diagnóstico com base em vários sintomas determinantes. E até médicos experientes se mostraram mais eficientes no diagnóstico de doenças específicas e menos propensos a ficar "presos" a suas expectativas originais quando estavam de bom humor.

Em termos simples, os médicos animados estavam mais abertos a novas informações, mesmo que elas entrassem em conflito com a conclusão deles naquele momento. Eles tinham um foco mais amplo, e a agilidade mental aumentou conforme alternavam entre aspectos diferentes da situação. E isso não acontece apenas com médicos. Experiências emocionais positivas podem incentivar todos nós a levar em consideração vários aspectos de uma situação, para que nossas avaliações sejam mais reativas às circunstâncias e menos suscetíveis a tendências pessoais.

Emoções positivas ajudam a resiliência

As emoções positivas e a resiliência estão muito associadas. Após os ataques terroristas do 11 de Setembro em Nova York, as pessoas sentiram uma série de emoções diferentes; era comum associar raiva, medo e hostilidade aos terroristas. No entanto, algumas pessoas conseguiram capturar momentos de alegria e conexão com parentes e amigos em meio ao desespero, assim como sentimentos de esperança e inspiração para o futuro. Os que foram capazes de fazer isso, mesmo que por pouco tempo, demonstraram mais resiliência nos meses subsequentes. Então, ao lidar com uma crise, lembre-se de tentar buscar experiências positivas, mesmo que minúsculas — pode ser brincar com seu bebê, ligar para um amigo ou se deliciar com seu chocolate favorito.

Experiências e emoções positivas também podem ser "acumuladas" e utilizadas em momentos difíceis. Caso você sinta emoções positivas regularmente, seus laços sociais vão se fortalecer e sua resiliência vai aumentar de maneira natural conforme você aprende a encarar situações complicadas com uma perspectiva mais abrangente e disposição para se manter ágil. Anos de pesquisas minuciosas revelam que se você vivenciar proporções maiores de emoções positivas para negativas (3:1 costuma ser o valor mínimo citado, apesar de ser muito debatido), terá mais facilidade para lidar com dificuldades e desafios do dia a dia.

Como aumentar a positividade?

A ciência das emoções positivas mostra muitas formas de nos tornar mais positivos, mesmo quando lidamos com diversas dificuldades na vida. O mais importante é manter em mente que doses pequenas, mas frequentes, de positividade podem fazer milagres. No entanto, está evidente que *tentar* ser positivo quando você não se sente assim pode ter o efeito contrário e causar uma sensação ainda pior, sem as vantagens da positividade. Todo mundo conhece alguém que se comporta com uma alegria falsa e é positivo de um jeito que não faz sentido. Não vale a pena tentar gerar sentimentos de positividade quando eles não existem. Em vez disso, aqui vão alguns lemas que sempre serão úteis para gerar positividade sem precisar de esforço em excesso:

- **Seja grato:** esta é uma das emoções positivas mais fáceis de gerar. Pergunte a si mesmo o que está acontecendo no seu dia que pode ser considerado um presente. Pelo que você é grato? Pode ser algo tão simples quanto um dia ensolarado, pode ser seu cachorro, ou um ótimo grupo de amigos. Encontrar algo pelo qual você se sente grato é uma ótima maneira de oferecer a si mesmo uma dose verdadeira de positividade.
- **Seja curioso e aberto:** estar aberto a experiências e sempre se interessar pelas coisas é uma ótima maneira de se afastar de toda a negatividade e evitar focar o que está errado, passando a enxergar as possíveis vantagens de uma situação. Então tente ser curioso, mesmo quando não sentir vontade.
- **Seja bondoso:** não costuma ser difícil demonstrar bondade com outras pessoas e animais, e há muitas evidências de que gestos simples podem nos fornecer uma sensação quentinha de bem-estar que ajuda a alcançarmos a positividade.

- **Seja apreciativo:** se uma pessoa ajudar ou for bondosa com você, deixe-a saber. Mostre que você aprecia o que ela fez. Não apenas isso vai dar a ela uma dose de positividade, mas também vai fazer você se sentir melhor.
- **Seja verdadeiro:** não tente fingir positividade. Quando você estiver se sentindo mal e passando por momentos difíceis, reconheça isso para si mesmo e para os outros. Só tome cuidado para não ficar remoendo muito a negatividade e mantê-la guardada. Caso você passe por um problema grave, tudo bem ficar remoendo isso por um determinado período, mas tente encontrar algo para se ocupar depois de um tempo, para ganhar foco e conseguir sair do mau humor. Isso é mais eficiente do que tentar expressar os sentimentos negativos.

Assim, emoções positivas vão além de apenas se sentir bem. A positividade nos possibilita ter novas experiências e viver novos relacionamentos, e inspira nossa curiosidade e criatividade. Como uma flor que se abre para o Sol, ficamos expostos à maravilhosa diversidade da vida. Dessa mentalidade de abertura, você será capaz de construir recursos duradouros — como fazer amigos, se inspirar com uma série de experiências ou adotar um senso de propósito e significado na vida —, que vão permanecer com você por muito tempo após a emoção ter passado.

E *essa* é uma boa notícia para todos nós!

Resumo do capítulo

- As emoções são um pilar importante do método switch, porque nos permitem uma flexibilidade maior ao reagir a situações desafiadoras ou em transformação.
- Todas as regiões do cérebro são extremamente interconectadas.

- Nossas experiências emocionais provavelmente são construídas, não programadas.
- Todas as nossas emoções, positivas ou negativas, são importantes, porque nos oferecem "impressões sensoriais" vitais que nos informam se está tudo bem ou não.
- Emoções são engrenagens que ligam pensamentos e julgamentos a ações.
- Apesar de emoções negativas ajudarem nossa sobrevivência, emoções positivas não devem ser subestimadas. Elas são ingredientes essenciais, que facilitam o sucesso e impulsionam nossa resiliência.

CAPÍTULO 11

APRENDA A CONTROLAR SUAS EMOÇÕES

Certa vez, ouvi uma história engraçada sobre um professor famoso, que ministrou uma palestra sobre controle emocional em uma conferência internacional importante. No fim da palestra, durante as perguntas, um membro corpulento da audiência se levantou.

— O senhor pode me dizer exatamente *por que* o controle emocional é tão importante? — perguntou ele ao professor.

O palestrante o encarou em um silêncio fatal.

— Não, não posso — respondeu ele. — Agora, sente na sua cadeira, seu gordo idiota!

A plateia soltou exclamações de surpresa. Ele tinha mesmo dito aquilo? O próprio inquiridor ficou revoltado.

— Como você ousa falar comigo desse jeito, na frente de todo mundo! — bradou ele. — Perdi uma hora do meu tempo aqui, ouvindo você falar, e então fiz uma pergunta em boa-fé, só para ser ofendido!

Na mesma hora, o palestrante se recompôs.

— Por favor — disse ele —, peço perdão ao senhor. Não tenho a menor ideia do que deu em mim. Estou horrorizado. Para compensar, vou lhe dar uma cópia do meu livro no fim da palestra e pagar uma dose de uísque. Acho que também preciso de uma! Sinto muito. Será que o senhor pode aceitar meu pedido de desculpas?

Dando-se por satisfeito, o homem aceitou o pedido de desculpas e voltou a se acomodar em seu assento. O palestrante fez uma pausa antes de continuar.

— Então — disse ele com um sorriso —, *isso* respondeu à sua pergunta?

Como controlar as emoções

Apesar de ser bom se conectar com as suas emoções e estar aberto ao que elas dizem, há momentos em que a intensidade delas pode ser avassaladora, e precisamos encontrar maneiras de controlar esses sentimentos fortes. A vida diária está cheia de tentativas de controlar nossas emoções. Isso é muito importante para o método switch. Para avaliar as situações com calma e decidir qual a melhor abordagem a seguir para qualquer que seja o problema que estivermos enfrentando, precisamos conseguir enxergar e pensar com nitidez, sem a interferência de emoções fortes que nos incentivam a agir por impulso. É óbvio que as emoções nos fazem bem e ajudam a nos ajustar a novas situações — são vitais para a agilidade. Contudo, elas também podem ser opressivas. Então, para sermos verdadeiramente ágeis, precisamos mantê-las sob controle quando estão atrapalhando e não ajudando na situação. Meu medo não me ajudou quando me incentivou a ficar agarrada àquela coluna tantos anos atrás; em vez disso, tive que controlar o pânico para enfrentar as ondas e nadar até a segurança da praia. Uma pessoa perdida de amor nem sempre toma as melhores decisões quando se trata da pessoa que está no centro do seu desejo.

Nós podemos aprender muito sobre como controlar emoções fortes com um método que faz parte das chamadas novas gerações de terapias discursivas, a "terapia comportamental dialética", ou TCD. Essa forma de terapia une uma ênfase em ajudar o paciente a modificar padrões de pensamento nocivos ao foco em fazê-lo se aceitar como é. "Dialética" significa tentar compreender como duas coisas que parecem contraditórias — como aceitar quem você é, mas também desejar mudar seu comportamento — podem ser verdade ao mesmo tempo.

Vejamos o exemplo de um jogador de futebol que ajudei a lidar com problemas de consumo de álcool. Ele confessou que sentia a pressão das competições e tinha medo de admitir isso para o treinador, então recorria ao álcool para acalmar sua forte ansiedade. Apesar de esconder bem o hábito, o vício estava começando a piorar, e ele também tinha começado a fazer uso associado de drogas sedativas. Ao analisarmos as pressões que ele sentia, chegamos à conclusão de que o comportamento fazia muito sentido para tentar aliviar a ansiedade e o estresse. Essa foi a parte da aceitação — em vez de julgar seu comportamento, concordamos que era uma forma eficiente de lidar com o estresse, pelo menos a curto prazo. Ao mesmo tempo, também concordamos que aquele comportamento não funcionava a longo prazo e logo começaria a afetar seu desempenho. Estava evidente que ele precisava encontrar novas formas de lidar com o estresse.

Para isso, conversamos sobre seus passatempos favoritos e descobrimos que ele sempre tinha considerado cozinhar algo muito relaxante. Comprar ingredientes frescos em um mercado local e cozinhá-los sempre o acalmava, mas isso era algo que ele havia parado de fazer depois de mudar de cidade e passar a jogar em um time novo. Ele começou a encomendar ingredientes e retomou o amor pela culinária. Isso também o ajudou a ser criativo e a convidar amigos para as refeições. Apesar de não ter parado completamente de beber, ele percebeu que se tornou menos dependente do álcool para relaxar e começou a trocar essa atividade por preparar a comida, cozinhar e comer pratos gostosos. Um efeito colateral positivo foi que isso também melhorou seu sono e o ajudou a lidar com o estresse.

Uma dica terapêutica para controlar emoções intensas

A terapia comportamental dialética (TCD) sugere o seguinte método para lidar com qualquer situação difícil — entenda com qual "mentalidade" você está. A *mentalidade emocional* é quando você interpreta a situação por meio de emoções e sentimentos. A *mentalidade racional* é quando você compreende uma situação por meio de fatos e valores. E então temos a *mentalidade sábia*, que mistura a emocional e a racional. O segredo da mentalidade racional é perguntar "O que eu preciso fazer neste momento que está alinhado com os meus valores?", ou, em outros termos: "Qual é a minha verdade neste caso?" Apenas perguntar a si mesmo "Qual é a minha mentalidade?" permite que você adquira certo controle sobre a situação. Então questione: "Se eu estivesse com uma mentalidade sábia, o que faria?" A mentalidade sábia, é evidente, é o estado que provavelmente permitiria que o método switch funcionasse de forma eficiente. Então segui-la é extremamente útil ao lidar com situações difíceis.

A TCD também desenvolveu um mnemônico útil para ajudar as pessoas a lidar com futuras emoções desagradáveis e desenvolver resiliência emocional. Todos nós podemos usar a técnica ABC-ACENDE (ABC-PLEASE, na sigla em inglês) para lidar e se recuperar de experiências estressantes.

- Acumular tantas experiências positivas quanto for possível.
- Baixa imunidade — faça o que puder para aumentá-la.
- Cuidar da saúde — se você estiver doente ou machucado, busque tratamento adequado.
- Alimentar-se de forma saudável — certifique-se de comer o suficiente, até se sentir satisfeito.
- Cuidar do sono — certifique-se de não dormir demais nem de menos.
- Enfrentar a situação, pesquisando informações sobre ela e criando um plano.
- Não usar drogas que alterem o humor (a menos que você tenha indicação médica).
- Dedicar-se ao seu desenvolvimento buscando pôr em prática habilidades de que você gosta.
- Exercite-se regularmente.

Essas são regras muito gerais para a vida que vão auxiliar sua adaptabilidade ao ajudá-lo a permanecer alerta, ter bastante energia e estar apto para controlar fortes emoções. O preparo emocional e físico é essencial para o método switch, então essas regras muito gerais são vitais.

Às vezes, estratégias mais específicas são necessárias

Há momentos, lógico, em que precisamos de estratégias mais específicas para regular nossas emoções. Por sorte, há muitas coisas que podemos fazer para controlar sentimentos específicos. Ao apresentar um trabalho importante no escritório, talvez seja uma boa ideia reduzir a ansiedade. Caso você tenha perdido um ente querido recentemente, talvez queira se livrar de um pouco da tristeza intensa antes de se encontrar com amigos. Apesar de as nossas emoções parecerem incontroláveis, há muitas formas de influenciar nosso estado emocional. Repensar uma situação difícil para reduzir o estresse, dividi-la em componentes mais manejáveis ou escutar músicas animadas para melhorar o mau humor são exemplos de controle emocional. Encontrar formas de mudar a maneira como você se sente quanto às suas circunstâncias pode fazer a diferença entre reagir bem a uma crise ou sucumbir ao pânico e à ansiedade. Desenvolver boas habilidades de controle emocional é fundamental, especialmente ao lidar com situações contínuas de estresse, como foi o caso da pandemia de coronavírus para muitos de nós.

Como modular suas emoções

Nós ainda sabemos surpreendentemente pouco sobre como as pessoas escolhem controlar suas emoções, e essa é uma área de pesquisas que está desabrochando. Para aprender a controlar suas emoções, é preciso tomar algumas decisões.

- **Primeiro, pergunte a si mesmo se o controle emocional é necessário.** Você precisa diminuir sua ansiedade? Levantar o humor? Diminuir sua empolgação?
- **Depois, escolha a melhor estratégia de controle.** Talvez você se pergunte se é possível mudar de situação, ou se existe alguma forma de se distrair. Caso você esteja no dentista, fugir pode não ser uma decisão sensata, então talvez seja melhor mudar o foco, ouvindo suas músicas favoritas. Pesquisas identificaram quatro tipos gerais de estratégia que podemos usar: mudar de situação, mudar o foco da atenção, mudar como a situação é encarada e mudar a reação.
- **Decida como colocar a estratégia escolhida em ação.** Fique de olho nas coisas para decidir se você quer manter sua estratégia, trocar para outra ou interromper suas tentativas de controle.

O controle emocional é um processo contínuo e uma parte central do método switch. O diagrama abaixo ilustra os quatro tipos gerais de estratégia que podem ser usados.

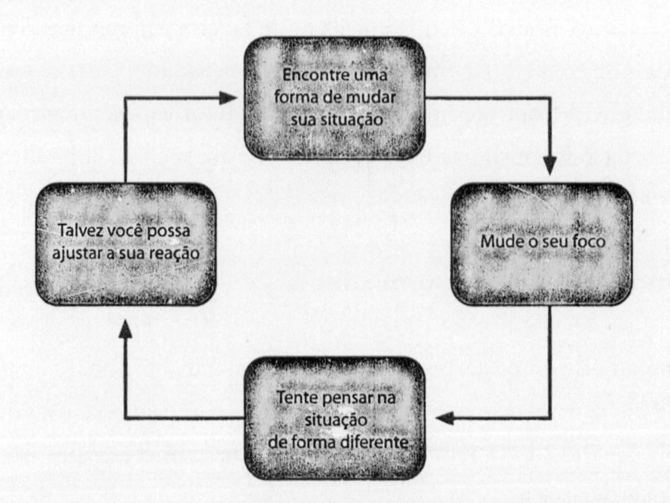

Às vezes, quando for possível, mudar de situação é a melhor abordagem. Como na ocasião em que acelerei a corrida para fugir do cachorro agressivo. Em outros momentos, você não pode fugir da situação, então é igualmente importante fortalecer certos processos mentais, como a maneira como você interpreta situações ou modifica seu foco, para ajudar a modular suas emoções em acontecimentos futuros. A capacidade de encontrar novas formas de interpretar e rever acontecimentos estressantes pode ser especialmente útil. Por fim, há várias coisas úteis que você pode fazer para mudar sua resposta emocional. Elas incluem diminuir o ritmo da respiração ou tomar um estimulante para aumentar a energia.

A tabela abaixo lista algumas estratégias específicas que costumam ser usadas para nos ajudar a lidar com situações estressantes e emoções intensas. A maioria delas é útil, enquanto algumas — como ruminação mental e preocupação — facilmente saem de controle.

Encontre uma forma de mudar sua situação
Você pode ser capaz de evitar completamente uma situação. Talvez você possa se valer do humor para tornar a situação mais leve. Procure amigos ou colegas de trabalho que possam lhe dar apoio e tornar a situação mais fácil. Às vezes, simplesmente desligar o celular pode ajudar.
Mude seu foco
Comece a prestar atenção na sua respiração — conte os segundos enquanto você inspira e enquanto expira. Fazer isso por alguns minutos pode ajudá-lo a se acalmar. Pense em outra coisa que pode distraí-lo de uma situação emocional. Ficar ruminando mentalmente ou se preocupando com a situação pode ser uma distração, mas geralmente piora as coisas. Há momentos, porém, em que pensar repetidas vezes sobre por que você está se sentindo de determinada maneira (ruminação mental) ou tentar prever o que vai dar errado no futuro (preocupação) pode ser útil.
Tente pensar na situação de forma diferente
Reinterpretar o significado de uma situação, dando um passo para trás e enxergando o quadro geral, ou talvez buscar por um lado positivo, pode ser útil. Isso se chama "reavaliação" no jargão da psicologia. Outra técnica útil se chama "distanciamento cognitivo", na qual você assume uma perspectiva de terceira pessoa com o propósito olhar para si mesmo e para a forma como está lidando com um acontecimento emocional. Aceitar uma situação incômoda e se permitir viver os sentimentos negativos que a acompanham pode ser muito útil.

Talvez você possa ajustar sua reação
Beber álcool demais para acalmar a ansiedade, ou ajudar você a relaxar, e talvez beber cafeína ou um energético para dar um impulso temporário podem ser soluções úteis a curto prazo. Inibir seus sentimentos, como sorrir quando você não tem vontade, pode ajudar em alguns casos. Novamente, respirar fundo pode ser útil. Por exemplo, respire fundo algumas vezes para se acalmar quando você estiver sentindo muita raiva. Tente dormir um pouco mais se você notar que está tendo reações exageradas por cansaço. Exercícios físicos costumam ajudar. Talvez seja bom sair para correr ou ir à academia para ganhar mais energia ou se acalmar.

Para dar um exemplo um pouco mais prático, quero contar sobre uma empresária de sucesso com quem trabalhei uma vez, chamada Mandy. Ela procurou minha ajuda por causa de sua preocupação crônica — apesar de seu problema não se tratar tanto de ansiedade, mas de controle emocional. Para todos os efeitos, Mandy tinha uma vida invejável. Seu casamento era ótimo, seus dois filhos maravilhosos iam bem na escola, ela adorava o emprego em uma grande empresa de arquitetura e tinha muitos amigos. Seu trabalho era encontrar novos projetos lucrativos para a companhia. A demanda do cargo era intensa, porém ocupar essa posição era também bastante recompensador. De acordo com todo mundo, ela era ótima no que fazia, e regularmente conquistava contratos grandes para projetos de construção importantes. Às vezes, eu via o nome delas nos jornais, associado a alguma nova obra empolgante em Londres.

Mandy não tinha cem por cento de sucesso — quem tem? — e sempre ficava pensando sobre os contratos que não conseguia fechar. O tempo todo, ela ficava ruminando mentalmente o que poderia ter feito de errado. Será que não tinha representado sua empresa bem o suficiente? Por que havia fracassado em convencer os potenciais clientes de que conseguiria oferecer um pacote melhor do que a concorrência? Assim que Mandy começava a pensar no trabalho, a mente dela entrava em um vórtice de pensamentos negativos sobre todas as vezes que ela havia fracassado, e suas emoções eram sufocantes. Em vez de comemorar os sucessos mais frequentes, Mandy acabava abatida pelos fracassos ocasionais.

Nós trabalhamos juntas em várias estratégias de cada um dos quatro grupos para ajudar. Mandy percebeu que usava a preocupação como uma maneira de permanecer pensando nas coisas que não tinham dado certo — esse foco no negativo precisava ser alterado (*mudar o foco*). Assim, ela transformou a situação de certa forma, compartilhando suas preocupações com alguns colegas, frequentemente contando histórias engraçadas sobre por que os contratos não tinham dado certo (*mude sua situação*). Ela também tentou ativamente reinterpretar o significado da situação (*encare a situação de uma perspectiva diferente*) ao olhar para o quadro geral e entender que ninguém acertava sempre. Em vez de se concentrar nos fracassos, aprendeu a comemorar os sucessos e colocá-los em perspectiva. Por fim, ela também começou a fazer questão de se exercitar com regularidade e também dormir melhor, para não se sentir tão estressada, além de aprender alguns exercícios respiratórios que poderia fazer todas as vezes que se sentisse estressada (*ajuste sua reação*). Com o tempo, Mandy aprendeu a lidar e a controlar suas preocupações e emoções negativas.

Como você pode ver, o controle emocional é um processo contínuo e progressivo, assim como o método switch. Nós não sentimos uma emoção e a controlamos. Em vez disso, lidamos com várias emoções continuamente, o que significa que não apenas as estamos ouvindo o tempo todo, como também decidindo se elas precisam ser reguladas e, se for o caso, escolhendo a melhor forma de fazer isso. Assim como no caso de Mandy, uma variedade de abordagens diferentes costuma ser a melhor solução.

Muitas pessoas se abalam com emoções negativas e têm dificuldade em controlar pensamentos dessa natureza, o que pode enfraquecer suas habilidades de adaptação. Nós temos uma tendência natural a focar apenas as informações ruins. Por um lado, isso é compreensível. O cérebro vai sempre dar mais destaque aos perigos em potencial em detrimento das recompensas em potencial, porque nossos ancestrais precisavam notar ameaças acima de tudo para sobreviver. A negatividade é o ponto fraco da maioria de nós. O problema surge quando esses pensamentos se tornam uma reação habitual ou se transformam naquilo que os psicólogos clínicos chamam de "pensamentos negativos automáticos" (ANTs, na sigla em inglês), quando nossa primeira reação a toda situação é ter um pensamento ruim que desencadeia uma série deles — quando, em outras palavras, não conseguimos *controlar* essa negatividade. Esses pensamentos são pessoais, dominantes, arrebatadores. Como minha cliente Mandy descobriu, eles podem infestar todos os aspectos da sua vida e acabar com a sua felicidade.

A coisa mais importante a lembrar é que esses vieses negativos nem sempre são ruins. Há momentos em que estar alerta a perigos potenciais é essencial. É por isso que todos nós vamos ter pensamentos negativos, e eles nem sempre levam a depressão e ansiedade. O viés em si não é o problema, mas, sim, a *rigidez* com a qual as pessoas o aplicam. Uma das principais características da mente presa na depressão ou na ansiedade é a tendência a ficar presa nessas formas habituais e repetitivas de pensar. O falatório constante na nossa mente consegue nos manter presos. Assim, um aspecto importante da regulação emocional costuma ser encontrar formas de impedir os pensamentos negativos de sair de controle. Nada faz tão mal para a agilidade mental quanto uma mente presa em um ciclo infinito de preocupação e ruminação.

Como lidar com pensamentos negativos

Sendo assim, é importante aprender a lidar com pensamentos negativos, saber determinar quando eles são úteis ou não. Há muitas formas de mudar a maneira como você encara as coisas. Digamos que você queira ser mais confiante no trabalho. Pense bem sobre o motivo de você não ser mais confiante. É por ter medo de que vai ser visto como "insistente"? Pense em como você pode repensar esses temores inúteis. Talvez seja bom escrever algumas das suas crenças — "As pessoas não vão gostar de mim se eu me tornar mais confiante" ou "Meu chefe vai pensar que sou arrogante se eu pedir um aumento de salário", por exemplo —, e então questione-as com as seguintes perguntas:

- A crença é simplista, sem nuances?
- A crença é generalista? Palavras como "sempre" ou "nunca" são perigosas.
- A crença parte do princípio de que você sabe o que os outros estão pensando?
- A crença foca o lado negativo?
- A crença contém um elemento daquilo que você sente que "deveria" ou "deve" fazer?
- A crença culpa outras pessoas? Ou coloca você no lugar de vítima?

É surpreendente como uma crença pode perder o poder quando você faz essas perguntas. Desempenhar o papel de detetive e interrogar suas crenças dessa maneira costuma revelar que elas se baseiam no seu conjunto de suposições extremamente tendenciosas, não na realidade. Reformular "Sou insistente demais" como "Estou tentando conquistar meu objetivo de ser promovido" ou "Minha solicitação de aumento de salário é razoável" forma uma base que vai ajudar você a desafiar sua perspectiva com regularidade, se tornando menos rígido e mais ágil. Você precisa dar um passo atrás e resistir à tendência de se concentrar demais nos seus problemas. Em vez de mergulhar de cabeça na situação, por assim dizer, e ficar remoendo cada mínimo detalhe de *por que* tal coisa aconteceu, se afaste e comece a pensar em *como* você pode solucionar a situação.

Não pergunte "por que", mas "como"

Muitos estudos revelam com todas as letras que nada traz mais infelicidade do que ficar remoendo mentalmente por que algo ruim aconteceu com você. Esse falatório negativo na sua mente — "Por que fiquei com câncer?"; "Por que meu namorado terminou comigo?"; "Por que não consegui aquele emprego?" — pode se tornar um ciclo impossível de escapar. Assim, sempre que você notar esses pensamentos de "por que" ou "se tal coisa acontecesse", faça a si mesmo algumas perguntas com "como" ou "o que": como posso me sentir melhor? O que posso fazer agora para mudar minha situação?

Psicólogos clínicos acreditam que essa técnica simples funciona muito bem. Pessoas que lutam contra o estresse pós-traumático costumam ser dominadas por questionamentos sobre por que seu acidente ou trauma aconteceu; isso apenas serve para mantê-las presas aos pensamentos negativos. Perceber isso e substituí-los por "O que posso fazer para seguir em frente com a minha vida?" pode magicamente transformar pessoas ao cortar o combustível essencial desse ciclo de pensamentos negativos. Quando você começa a focar as perguntas com "como" e "o que posso fazer", o "por que" parece perder força, e você consegue sair da sua prisão mental e voltar para a sua vida.

Reformular uma situação também é uma técnica poderosa

A reformulação, também chamada de "reestruturação cognitiva", pode ajudar você a controlar sua reação a diferentes situações. Vejamos como isso funciona com outro exemplo da vida real. John era um homem em forma e saudável, de 38 anos, que trabalhava como segurança em uma fábrica grande localizada nas margens da cidade. Ele costumava trabalhar no turno da noite; na maioria dos expedientes, nada acontecia, então o problema mais grave a ser enfrentado era lidar com o tédio e se manter acordado. No entanto, em uma noite, três homens o atacaram durante seu turno. Um deles lhe deu um soco, enquanto outro apontou uma arma para ele e ordenou que se deitasse no chão. Apavorado, John ficou deitado até ter certeza de que os ladrões tinham ido embora. Dois anos após o roubo, ele ainda sofria de ansiedade grave, frequentemente sentindo tanto medo que nem mesmo conseguia sair de casa, e trabalhar no turno da noite havia se tornado impossível.

Pedi a John que escrevesse suas crenças e seus pensamentos negativos em um diário por uma semana. Quando lemos suas anotações, ficou nítido que a maioria dos pensamentos negativos de John tinha ligação com o medo de ser atacado de novo. Pedi a ele que estimasse as possibilidades de um novo ataque ocorrer no trabalho, e ele avaliou que seria de oitenta por cento. Então o incentivei a desafiar essa crença utilizando as leis da probabilidade básica.

— Quantas vezes você já trabalhou no turno da noite? — perguntei.

— Centenas de vezes, no mínimo — respondeu ele.

— Tudo bem, então digamos que foram duzentas vezes — sugeri. — Agora, em quantas dessas ocasiões você foi atacado?

— Nenhuma — respondeu ele.

— Certo, e os outros seguranças da fábrica, quantas vezes eles foram atacados?

— Uma vez nos últimos dez anos — respondeu ele.

Conforme continuamos conversando sobre isso, John entendeu que estava superestimando a probabilidade de ser atacado de novo. *Poderia* acontecer, é óbvio, mas seria uma eventualidade raríssima. Quando pedi que reavaliasse as probabilidades de ser atacado, ele dessa vez disse que devia ser em torno de um por cento, um valor bem diferente dos oitenta em que acreditava antes. Aos poucos, John começou a reformular sua crença negativa, reconhecendo que as probabilidades de ser atacado eram, na verdade, muito baixas e iguais às de qualquer outra pessoa. Essa nova crença, essa reformulação, reduziu-lhe a ansiedade e o ajudou a voltar a ter uma vida normal. Agora, ele poderia pensar sobre a questão do *como* e encontrar formas de aproveitar a vida.

É fundamental ser flexível ao escolher técnicas de controle emocional

A *reformulação* dos sentimentos costuma ser contrastada com a *repressão* dos sentimentos, algo que muitos de nós tentamos fazer automaticamente. Um exemplo seria dizer a um grupo de crianças em um barquinho no mar, no meio de uma tempestade, que tudo vai ficar bem, apesar de você também estar nervoso. Nós costumamos achar que reprimir sentimentos faz mal, e estudos mostram associações às dificuldades psicológicas. No entanto, assim como acontece com muitas coisas na psicologia, e na vida, não é tão simples assim. Uma das lições mais importantes que podemos aprender com o método switch é que a eficácia de qualquer estratégia depende muito da situação.

De fato, alguns estudos descobriram que é a flexibilidade com que exercemos o controle das emoções que conta de verdade, não uma estratégia específica. Por exemplo, um estudo acompanhou um grupo de cem estudantes de 18 anos ao longo de dois anos, após os ataques terroristas do 11 de Setembro, em Nova York. Pouco após o ataque, os estudantes foram ao laboratório e analisaram uma série de imagens com impacto altamente positivo ou negativo. Para algumas, foi solicitado que "expressassem ao máximo qualquer emoção que sentissem ao ver a imagem"; para outras, que "reprimissem todas as emoções despertadas pelas imagens". Os estudantes foram filmados durante o processo e avisados que outra pessoa teria que adivinhar se eles estavam sentindo algo ou não. Assim, tanto para as condições de expressão como para as de repressão, eles precisavam tentar garantir que o espectador conseguisse determinar se estavam se sentindo calmos ou nervosos. Alguns tiveram muito talento para esconder o que sentiam, outros eram ótimos em expressar as emoções, e havia aqueles que eram muito bons nas duas coisas e conseguiam se adaptar com facilidade às instruções — para esconder ou expressar. No fim das contas, a flexibilidade para usar as *duas* estratégias era o fator mais importante para a resiliência. Surpreendentemente, os estudantes que melhor conseguiam expressar *e* esconder suas emoções com agilidade nessa tarefa simples se distraíram menos ao serem testados de novo, dois anos após os ataques terroristas, em comparação àqueles que tinham desempenho melhor em apenas uma das estratégias.

A lição importante nesse caso é ter flexibilidade nas estratégias de controle emocional, utilizando a que melhor se adapta ao desafio do momento. Escolher a estratégia certa é importante, e nossa experiência costuma ser o melhor guia. É por isso que o nosso corpo oferece atualizações a cada instante sobre o mundo ao nosso redor e por que esses sinais incentivam o cérebro a fazer ajustes contínuos ao nosso comportamento. Então é importante aprender a ouvir seu corpo e suas emoções; essas são habilidades fundamentais, necessárias para qualquer praticante do método switch. Quando você sente frio, pode tomar uma tigela de sopa quente; quando se sente cansado, pode parar o que está fazendo e descansar um pouco. O controle emocional precisa ser adaptativo da mesma maneira. Nós precisamos ser *ágeis* por um lado, para adaptar nossas emoções de acordo com a situação, e precisamos ser *autênticos* por outro: temos que ser verdadeiros com nós mesmos.

Aceitar a si mesmo como você é — uma forma eficiente de lidar com as suas emoções

Uma abordagem terapêutica poderosa baseada nos princípios da agilidade e da autenticidade se chama "Terapia de Aceitação e Compromisso" (ACT, na sigla em inglês). A ACT nos incentiva a lidar com nós mesmos da forma como somos, em vez de desesperadamente tentarmos mudar. A regra principal é simples: seus atos sempre devem ser guiados por seus valores fundamentais — aqueles que dão significado à sua vida. A ACT se trata de usar *atos baseados em valores* para inspirar mudanças de comportamento reais. A ideia é:

- Aceitar seus pensamentos e sentimentos e viver o momento presente.
- Escolher uma forma de seguir em frente que seja coerente com os seus valores.
- Tomar atitudes apropriadas.

Esse é outro motivo pelo qual é importante estabelecer seus valores e objetivos (como fizemos um pouco no começo do livro). A ideia é se concentrar em aceitar sentimentos e pensamentos negativos como uma parte normal da vida e dedicar sua energia a atividades melhores, que você realmente valoriza.

Seus pensamentos não são descrições da realidade

Para "sair da sua cabeça", controlar suas emoções e se tornar mais ágil, você precisa aprender a enxergar que seus pensamentos, por mais poderosos que sejam, não são descrições verdadeiras da "realidade"; em vez disso, são símbolos da sua experiência pessoal. Há uma grande diferença. Seus pensamentos são importantes para compreender quem *você* é, mas não necessariamente oferecem uma compreensão factual do mundo exterior. As pessoas têm todo tipo de crenças estranhas e maravilhosas que não estão muito relacionadas à realidade. Cair na armadilha de acreditar que seus pensamentos negativos lhe conferem a verdade absoluta pode causar um sofrimento imenso.

Alan, um homem de quem fui coach, me explicou que sentia desânimo e desmotivação havia muitos anos. "É um problema físico", garantia ele, "não mental". Ele havia sofrido um acidente de carro aos 5 anos e, apesar de não ter se machucado, estava convencido de que um traumatismo craniano não diagnosticado havia ocorrido na ocasião, e isso explicava por que Alan não se sentia motivado e não aproveitava a vida. Sua solução era passar boa parte dos dias juntando as peças da sua vida, usando a ruminação mental e a preocupação para tentar entender quando havia começado a notar seus problemas. Ele estava convencido de que o acidente era o motivo pelo qual seu cérebro "funcionava" de um jeito diferente.

Por causa dessa crença, a vida de Alan fazia muitos anos estava em um estado de suspensão. Ele tinha se submetido a tomografias, se consultado com neurologistas, psiquiatras e psicólogos. Ninguém encontrava nada errado. Com delicadeza, sugeri que talvez o problema principal não fosse físico, mas mental: os pensamentos negativos repetitivos. Mostrei a ele vários estudos os quais demonstravam que crenças rígidas e fixas como as dele, junto com a constante ruminação, são formas comuns e inúteis de lidar com a vida. Apesar de ele ter concordado com as pesquisas, insistiu que seu caso era diferente; ele acreditava que remoía aquilo tudo *porque* tinha uma anomalia física no cérebro.

— Tentar resolver a ruminação em si não vai ajudar — dizia ele.

No fim das contas, o que ajudou Alan foi seguir uma abordagem mais ágil e aprender a aceitar que a crença dele quanto aos problemas no cérebro era apenas um pensamento que podia ou não ser verdadeiro. Quando ele começou a cogitar de verdade a possibilidade de estar errado, encontrou o caminho para a recuperação. É óbvio que dar esse passo é mais fácil na teoria do que na prática. No caso de Alan, o avanço aconteceu após dois anos de coaching, juntamente com terapia cognitivo-comportamental.

Às vezes, assim como Alan, precisamos aceitar que a estratégia da ruminação mental para entender as dificuldades da vida não é a abordagem mais eficiente. Há momentos, como nesse caso, que o avanço ocorre quando você aceita que o importante não é necessariamente sua crença ser certa ou errada. Em vez de tentar entender de maneira exata qual é o problema do seu cérebro, por exemplo, uma abordagem melhor seria buscar formas de conseguir viver uma vida mais recompensadora — procurar o *como*, não o *porquê*.

Entre em contato com seus sentimentos

Uma forma de melhorar seu bem-estar psicológico, e fortificar sua habilidade de adaptação, é entrar em contato com seus sentimentos. É natural tentar suprimi-los como forma de controlar suas emoções, mas isso não costuma ser muito eficiente. Em várias ocasiões, aprender a vivenciar e a aceitar nossos sentimentos pode ser uma forma poderosa de controlar o estresse e a ansiedade.

A escrita expressiva é uma técnica surpreendentemente eficaz para alcançar isso. Um estudo pediu que um grupo de engenheiros que haviam sido desligados de uma empresa após vinte anos de trabalho escrevesse sobre seus pensamentos e sentimentos mais profundos a respeito desse fato e como isso afetava tanto a vida pessoal como a profissional de cada um deles. Outro grupo, também de funcionários recém-demitidos, deveria escrever simplesmente sobre os respectivos planos para aquele dia e sobre a busca por um novo emprego, sem pensar em sentimentos.

Os resultados foram impressionantes. Não apenas as pessoas no grupo da escrita expressiva se sentiam muito melhor e tinham menos problemas de saúde mental, como metade delas também encontrou um novo emprego dentro de oito meses, em comparação ao apenas um quinto dos participantes do grupo de controle. Aprender a aceitar suas emoções simplesmente escrevendo como você se sente sobre situações diferentes pode ajudar a reprogramar a forma como você encara a vida. Um aviso, porém: estudos revelam que a escrita expressiva, especialmente sobre situações incômodas, pode ser muito desconfortável no começo. Após cerca de duas semanas, no entanto, esse peso inicial desaparece e as vantagens começam a ficar aparentes. Então permaneça firme, porque os benefícios da escrita expressiva são duradouros e terão efeitos positivos abrangentes no seu bem-estar.

Existe uma linha tênue, lógico, entre aceitar suas emoções negativas e remoê-las. Não existem regras rigorosas a serem obedecidas, porém a maioria de nós vai aprender com o tempo a diferenciar as duas coisas. Um estudo mostra que o segredo para a saúde mental é não ignorar emoções negativas nem as remoer por tempo demais. Usando várias pesquisas diferentes, ele indicou que aceitar emoções negativas não faz as pessoas as remoerem por mais tempo. Na verdade, o oposto acontece — aceitar sentimentos negativos causou *menos* ruminação —, os sentimentos negativos melhoraram depois de fazer seu trabalho. Lembre-se de que as emoções são naturalmente curtas — pensar e ruminar sobre sentimentos negativos é o que causa um estado contínuo de chafurdação e de sentimentos negativos contínuos, como vimos no caso de Alan. É muito mais fácil termos sucesso quando encaramos os sentimentos negativos como nuvens passageiras.

Aprenda a forçar limites

Quando você se tornar mais familiar com suas emoções, vai poder buscar formas de se expandir. Trabalhei com uma executiva sênior que havia sido recentemente promovida, Andrea, que tinha medo de falar em público.

Com o passar dos anos, sua forma de lidar com isso foi ignorar seus sentimentos ou fugir do assunto. Nenhuma das duas estratégias é muito eficiente nessa situação específica. Contudo, agora, em seu novo cargo, Andrea precisava se apresentar para grupos grandes e sabia que precisava controlar seu medo. Nesse tipo de situação, o que funciona melhor é uma série de pequenos ajustes; uma exposição gradativa, por assim dizer. Então trabalhamos juntas para identificar o nível em que Andrea se sentia confortável. Ela não se incomodava com reuniões com até seis pessoas, mas ficava apavorada de verdade só de pensar em ministrar uma palestra para um grupo de sessenta pessoas.

— E quarenta pessoas? — perguntei.

— Apavorante — respondeu ela.

— E vinte, ou dez? — continuei.

— Acho que dez seria aceitável — concordou ela.

Juntei 12 estudantes e pedi a Andrea para fazer uma apresentação rápida ao grupo. Eles reagiram bem, e, para sua surpresa, Andrea gostou muito da experiência. Após mais alguns testes, ela começou a ganhar confiança e percebeu que não era tão difícil quanto imaginava. Ao forçar seus limites gradativamente, ela aprendeu a regular o medo.

Encarar seus temores em um ambiente seguro vai ajudar você a fazer progresso. Internalizar seus sentimentos e fugir de situações desafiadoras, não. O segredo é determinar objetivos a longo prazo que impulsionem você ir além dos seus limites, mas sem pesar a mão.

Aprenda a se distanciar de pensamentos ou sentimentos inúteis

Uma analogia que costumo usar — com alunos e clientes — é que nossas zonas de conforto são como passear em um zoológico. Todos os animais — as emoções "perigosas" ou "desconfortáveis" — estão presos em suas jaulas, e podemos observá-los de uma distância segura. Contudo, se abrirmos as portas das jaulas, tudo muda: o pânico reina!

Essa situação ficaria bem menos ameaçadora se fôssemos treinados e soubéssemos como lidar com essas emoções "selvagens", da mesma forma como Andrea eventualmente aprendeu a "domar" sua ansiedade sobre falar em público. Há muitas técnicas para escolher. Uma, por exemplo, vem do mindfulness e é projetada para ajudar você a se distanciar de pensamentos inúteis, deixando que eles venham e partam sem esforço.

A "prática da difusão" é um bom exemplo. A ideia é escrever alguns pensamentos negativos, autocríticos: "Sou gordo" ou "Sou chato", ou qualquer coisa que faça sentido para você. Agora, passe cerca de trinta segundos dedicando sua completa atenção a uma delas, tentando acreditar o máximo possível nesse pensamento. Então, repita o pensamento com a frase "Estou pensando que..." na frente. Por exemplo, você poderia dizer: "Estou pensando que sou chato." Após fazer isso por vários segundos, acrescente "Notei que estou pensando que..." antes do pensamento original. Agora, pratique isso repetidas vezes com diferentes frases negativas, até você começar a notar que não é difícil se distanciar delas. O distanciamento é uma ferramenta mental poderosa, que vai mostrar a você como os pensamentos podem ir e vir, e que eles não são necessariamente conectados com a realidade.

A cadeira da preocupação

Outra técnica de que gosto bastante é a "cadeira da preocupação". A preocupação pode alimentar sentimentos negativos, então uma boa forma de controlar emoções ruins é encontrar maneiras de lidar com ela. Vá para um cômodo silencioso e coloque uma cadeira em um espaço livre. Sente-se nela e se conecte com a preocupação ou com o pensamento negativo que fica rondando sua mente. Você pode estar preocupado com a avaliação de um trabalho que vai receber na semana seguinte, por exemplo. Novamente, tire um ou dois minutos para se conectar com seus pensamentos sobre essa crença negativa, imaginando bem a avaliação ruim. Talvez seu chefe esteja preocupado e tenha lhe dado um período de experiência para melhorar. Observe como você se sente encurralado e arrasado. Permita-se ficar imerso nessa sensação. Quando cansar disso, passe para o outro lado do cômodo e observe sua versão preocupada, como se você ainda estivesse sentado na cadeira. Veja como você parece triste e avalie se está se identificando mais com a sua "versão preocupada", na cadeira, ou com a "versão observadora", que está apenas observando a outra.

Essa técnica é outra ferramenta mental poderosa que pode ajudar você a se distanciar das preocupações e das sensações ruins associadas a elas. Gradualmente você vai aprender a alternar entre as duas perspectivas com facilidade. Uma pessoa consumida pela tristeza após a morte do companheiro pode aprender a se distanciar da sua "versão enlutada", porém ainda vai ser capaz de resgatá-la em certas ocasiões, como um aniversário de casamento, e se lembrar desse ente querido.

Terapia da autonegociação

Uma terceira técnica — um pouco relacionada à "cadeira da preocupação" — que adaptei do campo da resolução de conflitos e uso muito nas minhas consultorias como coach é algo que chamo de "terapia da autonegociação". A maioria dos negociadores em situações de crise segue uma abordagem de cinco passos para convencer a outra pessoa a enxergar seu ponto de vista e mudar de comportamento. Apesar de ser pouco provável que você tenha que convencer alguém prestes a cometer suicídio a se distanciar do telhado, ou lidar com um desconhecido armado, essas etapas também são úteis para situações rotineiras:

- **Escuta ativa:** dedique um tempo para escutar verdadeiramente o que alguém tem a dizer, sem interromper.
- **Empatia:** tente compreender por que a pessoa se sente dessa forma.
- **Conexão:** use suas habilidades sociais para estabelecer certa conexão, talvez utilizando humor ou contando para a outra pessoa sobre um momento em que você se sentiu da mesma forma.
- **Influência:** depois de conquistar certa conexão e entender um pouco mais o que está acontecendo, tente, com muita delicadeza, convencer a pessoa a respirar fundo e, talvez, falar um pouco mais.
- **Mudança de comportamento:** o ideal é que, neste ponto, a pessoa comece a mudar de comportamento e de planos.

A maioria das pessoas naturalmente tenta pular os três primeiros passos e ir direto para a tentativa de resolver o problema, ainda mais quando a situação é tensa. No entanto, negociadores habilidosos diriam que isso não funciona, porque ouvir é o passo mais importante. Nós precisamos escutar verdadeiramente para começar a entender o que está por trás das atitudes daquela pessoa e como ela está se sentindo. Após desenvolver essa empatia, você consegue estabelecer a conexão, quando começa a ganhar a confiança da outra pessoa. Então os dois podem buscar por uma solução, juntos. Um bom negociador, a cada passo desse processo, deve ser adaptável e flexível, demonstrando empatia pela pessoa, acalmando a situação e mantendo o tempo todo as próprias emoções sob controle.

Lembre-se de que uma pessoa em crise não quer ouvir, mas falar. Pense na última vez em que você sentiu muita raiva: você se interessou em ouvir o que a outra pessoa dizia? Acho que não. Quando estamos em crise, costumamos ser guiados por emoções avassaladoras e não nos comportamos de forma racional. Nessa situação, é essencial escutar, verdadeiramente, o que a outra pessoa tem a dizer. A escuta genuína, porventura, neutraliza as emoções intensas. Ouvir verdadeiramente as pessoas e desenvolver empatia e estabelecer conexão pode prevenir o aumento de emoções "acaloradas". Mais uma vez, essas habilidades são partes úteis da caixa de ferramentas do praticante do método switch.

Ao serem questionados sobre os principais atributos de um bom negociador, as três respostas oferecidas com mais frequência por especialistas da polícia foram:

1. Ouvinte eficiente.
2. Paciente, calmo e estável.
3. Flexível, adaptável e pensa rápido.

Quase metade dos entrevistados destacou que "manter a flexibilidade e reagir instintivamente" é essencial para criar uma conexão. Essas mesmas habilidades são vitais para se adaptar em situações fora de uma crise. Ao aprender a controlar nossas emoções e as dos outros, podemos aprender a lidar com os altos e baixos da vida diária.

O importante a ter em mente é que bons negociadores sempre têm um plano; eles nunca "improvisam". Enquanto escutam com atenção e criam uma conexão, eles sempre têm um objetivo final em mente, e tudo que fazem é projetado para alcançá-lo, ao mesmo tempo em que continuam usando uma abordagem flexível. Assim como muitas situações na vida, incluída a adaptabilidade, é importante compreender o que dá certo, por que dá certo, e então praticar, praticar e praticar até você conseguir agir ou pensar dessa forma com muita facilidade e fluidez.

É importante colocar esse hábito de bom planejamento em prática na sua vida; é essencial impulsionar o terceiro pilar do método switch. Contudo — e aqui vai a complicação — não é apenas quando você antecipa uma conversa ou uma situação difícil com outra pessoa..., mas também quando antecipa uma conversa ou uma situação difícil *consigo mesmo*.

1. Tenha uma escuta ativa *consigo mesmo.*
2. Tenha empatia *consigo mesmo.*
3. Estabeleça uma conexão *consigo mesmo.*
4. Influencie *a si mesmo.*
5. Mude o *próprio* comportamento.

Tenha um plano evidente e decida o que você vai fazer no caso de potenciais resultados diferentes. Ter um plano assim vai dar a você um senso de controle e lhe ajudar a lidar com as suas emoções antecipadamente, para que possa ter uma reação mais adequada no momento.

Classificar emoções é importante

A maioria das pessoas tem consciência de emoções comuns como medo, raiva, felicidade ou nojo, mas existem muitas experiências emocionais "complexas", como fascínio, orgulho, inveja, sensibilidade, carinho ou alívio. E a sua habilidade de descrevê-las tem consequências para o seu bem-estar psicológico.

Quando você ficou sabendo que, em 2020, Donald Trump perdeu as eleições presidenciais dos Estados Unidos, se sentiu radiante, exultante, feliz ou aliviado? Talvez tenha se sentido arrasado, decepcionado, chocado ou indignado? A capacidade de descrever sentimentos nos mínimos detalhes é chamada de "granularidade emocional". Assim como o povo inuíte tem muitas palavras que significam neve, algumas pessoas têm muitas palavras para descrever suas emoções e podem elaborar distinções detalhadas entre a sensação de medo, repulsa, raiva, tristeza ou apreensão. No entanto, as que têm baixa granularidade emocional talvez não consigam descrever sensações desagradáveis com outros detalhes além de "ruim" ou "incômodo". Ser capaz de classificar exatamente seus sentimentos dá mais definição a eles e ajuda você a interpretar o que significam. Isso permite que você compreenda seus gatilhos — por que se torna ansioso ou apreensivo *por* algo ou por que fica com raiva *de* alguém. Por fim, ter palavras para explicar com nitidez como você se sente permite um preparo para uma variedade de circunstâncias. É por isso que essas habilidades de controle emocional são úteis para o método switch.

O poder da granularidade emocional para melhorar habilidades de controle emocional foi demonstrado no seguinte estudo, que nos ensina métodos de aprender a habilidade em si. Voluntários precisavam indicar até que ponto seguiram determinadas estratégias de controle emocional nas duas semanas anteriores. Elas incluíam coisas como reformulação ao tentar encontrar um aspecto positivo em situações difíceis, tentar se distrair ao se removerem de uma situação desagradável ou ativamente participarem de atividades divertidas, e assim por diante. Depois, as pessoas receberam diários para escrever por um período de 14 dias, avaliando suas experiências emocionais mais intensas diariamente. Exemplos de emoções positivas que poderiam descrever incluíam alegria, felicidade, entusiasmo e divertimento, enquanto emoções negativas incluíam nervosismo, raiva, tristeza e vergonha. A pesquisa mostrou que as pessoas que tinham dificuldade de distinguir suas emoções negativas no papel tinham menos chance de usar estratégias eficazes para controlá-las. As que conseguiam classificar emoções negativas com detalhes usavam muito mais estratégias para lidar com acontecimentos adversos da vida.

Classificar sentimentos positivos com mais detalhes também se mostrou benéfico e foi associado à resiliência. A boa notícia é que podemos aprender a ter granularidade emocional. Assim, da próxima vez que você sentir emoções mais intensas — sejam elas positivas, sejam elas negativas —, tente encontrar palavras, talvez até de idiomas diferentes, que as descrevam. Aprender termos variados apenas para classificar seus sentimentos é uma das formas mais surpreendentes e simples de controlar suas emoções e melhorar sua saúde mental.

Resumo do capítulo

- Controlar emoções é uma parte importante do método switch, porque nos permite dar um passo atrás e analisar a situação com nitidez, nos colocando em uma posição melhor para avaliar a abordagem mais apropriada. Emoções intensas podem nos levar a agir por impulso, o que nem sempre pode ser a solução correta, então aprender a regulá-las é uma parte essencial da caixa de ferramentas da adaptabilidade.
- Ao lidar com nossas emoções, precisamos almejar agilidade e autenticidade na mesma medida. É ótimo conseguir reformular as coisas de forma positiva, mas a positividade falsa pode ser prejudicial.
- Há várias formas diferentes de controlar emoções, e a flexibilidade para decidir entre elas conforme as situações se desenrolam é fundamental. Não existe apenas uma solução.
- Uma possível exceção é aprender a classificar seus sentimentos, sejam eles bons, sejam eles ruins, nos mínimos detalhes. A "granularidade emocional" maior que isso nos oferece comprovadamente nos ajuda a regular emoções, além de aumentar o bem-estar e a resiliência.

O QUARTO PILAR DO MÉTODO SWITCH

PERCEPÇÃO DAS SITUAÇÕES

CAPÍTULO 12

COMO FUNCIONA A INTUIÇÃO

Em 1984, quando eu era estudante, passei uma temporada feliz trabalhando em restaurantes e me divertindo nos Estados Unidos. Foi um verão longo e quente, e eu e minha amiga Maria já começamos bem, conseguindo um emprego como camareiras em um hotel de Montauk, na pontinha de Long Island, em Nova York. O salário não era dos melhores, mas tinha alojamento para nós duas bem na beira de uma extensa praia de areia. O trabalho começava cedo, por volta das seis da manhã, e terminava pouco antes do almoço. Então podíamos passar a tarde inteira na praia antes de seguirmos para nosso segundo emprego, em um restaurante caro de frutos do mar, à noite.

As gorjetas eram generosas, e, sem precisarmos gastar com acomodação e tendo muito tempo livre, nós nos divertíamos muito. Montauk era o parque de diversões praiano de Nova York, cheio de pessoas vindas de Manhattan para passar férias. Nós logo conhecemos muitos outros estudantes de diversos lugares do mundo que também trabalhavam nos vários bares e restaurantes do resort.

Ficamos muito amigas de uma estadunidense chamada Jenny, que estava viajando sozinha e trabalhava no mesmo hotel que nós. Ela era animada e divertida, e nos apresentou a muitos dos seus amigos. Ninguém ficou surpreso quando ela arrumou um namorado bonito; eu me lembro vividamente da inveja que todas nós sentimos. Jenny começou a passar mais tempo com ele, e fomos parando de encontrá-la.

Em uma tarde, desci sozinha para a praia e encontrei com Jenny e seu novo namorado. Mais uma vez, fiquei impressionada com a beleza e o charme dele. Entretanto outra coisa também me chamou atenção. Era algo muito sutil, porém logo comecei a sentir um pequeno desconforto e certo nervosismo. Eu não sabia bem o motivo por trás daquilo, mas, enquanto falava com ele, sentia seus olhos se demorarem em mim por mais tempo do que o necessário. Não era nem de longe uma tentativa de dar em cima de mim, mas um gesto levemente hostil, incômodo. Nas semanas seguintes, em outras ocasiões, tive a mesma sensação esquisita e fui ficando cada vez mais desconfortável perto dele. Lembro-me de ter ficado surpresa, porque ele nunca tinha feito nem dito qualquer coisa que me tivesse intimidado. Mesmo assim, meu mal-estar não passava, e acabei ficando bem desconfiada dele. Uma noite, conversei com Maria sobre isso, e ela me contou que também sentia o mesmo desconforto.

Algumas semanas depois, eu e Maria acordamos no meio da madrugada com o som de batidas altas. Era o namorado de Jenny, esmurrando nossa porta frágil, exigindo saber onde ela estava. Ele estava louco de raiva, convencido de que ela estava escondida em nosso quarto. Nós demos um jeito de abrir a porta, mas manter a tela fechada, de forma que ele conseguisse ver que ela não estava lá dentro. A fúria dele, porém, não diminuía, e era apavorante. Ele deu um soco na tela, berrando e insistindo que nós sabíamos onde ela estava, antes de finalmente ir embora.

Jenny ficou abalada, mas, por sorte, estava bem. Ela nos contou que havia ficado cada vez mais com medo dele nas semanas anteriores. Nos dias seguintes, todas nós fomos interrogadas pela polícia, tendo que responder o que sabíamos sobre ele ou para onde poderia ter ido. Ficamos chocadas ao descobrir que ele era procurado pela polícia por ter cometido vários estupros na Califórnia no começo daquele ano e estava foragido.

Foi uma experiência aterrorizante e, até hoje, sou incapaz de explicar por que me sentia em perigo e apreensiva na presença dele, apesar de todas as evidências "externas" de que ele era um cara legal e carismático. Meu cérebro, porém, nitidamente captou sinais que me alertaram. Muitas das nossas "intuições" se baseiam em uma compreensão íntima dos nossos arredores, do contexto, e essa é uma habilidade fundamental que podemos desenvolver e aprimorar. A intuição é uma parte importante do método switch exatamente por esse motivo — ao extrair informações sutis dos nossos arredores, ela nos ajuda a tomar a decisão certa no momento certo.

A natureza da intuição

Muitos estudos da psicologia nos revelam que a intuição é um processo muito real, em que o cérebro usa experiências passadas, juntamente com sinais internos e dicas do ambiente, para nos ajudar a tomar uma decisão. Essa decisão acontece tão rápido que não é registrada pela mente consciente. Isso foi demonstrado em um estudo agora clássico, em que voluntários precisaram escolher cartas de dois baralhos, que, sem eles saberem, estavam marcados. Um oferecia grandes vitórias e grandes derrotas, enquanto o outro oferecia pequenas vitórias e quase nenhuma derrota. Foram necessárias, em média, quase oitenta rodadas antes de os voluntários compreenderem isso. Aqui vai a descoberta interessante: após cerca de apenas dez cartas, eles tinham uma sensação de qual era o baralho "perigoso"; ao investigarem mais, os pesquisadores concluíram que os voluntários sentiram algo chamado resposta galvânica da pele — aumento de suor — ao escolher as cartas de alto risco/altos ganhos. Os pesquisadores concluíram que esse sinal corporal gerava um viés intuitivo que era usado para guiar a tomada de decisões antes de o cérebro consciente entender o que estava acontecendo. Está nítido que, em muitas situações nas quais devemos tomar decisões sem ter acesso a todos os fatos, ter contato com esse sentido intuitivo pode ser vantajoso.

A intuição é a parte da nossa mente que nos apresenta *a essência* de uma situação. Esses sinais intuitivos são quase imperceptíveis, ocorrem rapidamente e nos permitem captar, de forma não intencional, informações sobre o mundo. É um conhecimento que passa uma sensação desarticulada, que não é ensinado, mas absorvido por osmose. A intuição é a base da nossa capacidade de compreender situações cotidianas complexas e outros problemas. É aquela "voz interior" que ignoramos. A maioria de nós vai ouvir essa voz interior dizendo que algo estranho está acontecendo, mesmo sem conseguirmos entender por quê. Foi isso o que aconteceu comigo quando senti aquele desconforto em relação ao namorado de Jenny. Essas intuições também podem ser muito úteis para nos sintonizar nas normas sociais de uma nova situação. Como o cérebro analisa padrões e probabilidades mais rápido do que a mente consciente tem tempo de acompanhar, esses sinais intuitivos podem ser muito úteis para nos orientar quando estamos em ambientes novos e desconhecidos.

Por exemplo, quando terminei meu doutorado, aos 25 anos, fiquei animadíssima ao conseguir meu primeiro emprego acadêmico na Nova Zelândia — um país que parecia ficar a um milhão de quilômetros de Dublin. Apesar de a Irlanda e a Nova Zelândia terem culturas e idiomas muito similares, tive que me adaptar à mudança. A curva de aprendizagem das semanas e dos meses seguintes foi difícil. Logo aprendi a nunca fazer piada sobre rúgbi, um esporte amado na Irlanda, mas que parecia ser uma religião nacional na Nova Zelândia e era levado muito a sério.

Ninguém me explicou isso com todas as letras, mas aprendi rápido. Ao observar as reações das pessoas e a maneira como elas conversavam sobre o jogo, entendi tudo o que eu precisava. Esse tipo de conhecimento intuitivo é difícil de explicar — a gente simplesmente *sabe* quando algo é certo ou errado. É um conhecimento que guia nosso comportamento sem necessariamente estar disponível para nossa percepção consciente. Com frequência, acredita-se que pessoas profundamente intuitivas têm poderes misteriosos vindos do Universo, de uma fonte espiritual ou de alguma parte profunda do cérebro. De algum jeito essencial, elas parecem diferentes do restante de nós.

Intuição não é mágica

A verdade, no entanto, é que intuição não é mágica. Em vez disso, ela é uma extensão de como nossa memória e nossos sistemas cognitivos em geral funcionam — uma habilidade mental profundamente afetada por experiências de vida. O que ocorre é o seguinte: o cérebro reúne o máximo de informações possível, compara essas informações com o "banco de dados" das suas experiências anteriores e então faz uma previsão. Ter um vislumbre de uma amiga próxima entrando em uma loja pouco iluminada enquanto você passa correndo de carro causa um reconhecimento instantâneo. O cérebro não tem informações suficientes para fazer uma identificação racional e detalhada, mas há dicas no formato do rosto dela, na maneira como caminha ou na ondulação do cabelo que permitem que você tome uma decisão rápida.

Essa capacidade de deduzir informações vitais com base em apenas meros resquícios de experiência já foi chamada de "fatiar fino". Ela passou por estudos intensos, que analisaram o impacto profundo causado por primeiras impressões. Em um dos mais famosos, estudantes tiveram que avaliar seus professores antes do começo das aulas, tendo como base um vídeo de dez segundos, no começo do primeiro ano, e então após dois anos, tendo passado por várias aulas e interações. As duas avaliações foram praticamente idênticas. Isso mostra que a impressão inicial instintiva permaneceu intacta e não mudou durante um longo período. Primeiras impressões são importantes, mesmo que nem sempre sejam justas.

A intuição vem da experiência

É importante observar que a intuição é uma forma elusiva de inteligência, que adquirimos por meio de experiências pessoais, não por aprendizado proposital. Da próxima vez que você estiver em um computador, tente digitar a frase "Jack estava longe de casa" sem olhar para as mãos. Imagino que você vai ter facilidade em fazer isso; porém, se eu perguntar quais são as dez letras na fileira do meio do seu teclado, você provavelmente vai ter dificuldade em responder sem olhar. Ter que se lembrar da posição das letras no teclado exige uma memória explícita, adquirida propositadamente, enquanto digitar apela para a memória *intuitiva*, que costuma ser absorvida de forma não intencional.

Boa parte da nossa competência cotidiana é baseada em habilidades e informações desse tipo, que aprendemos sem qualquer instrução explícita. Pense nos muitos costumes sociais que compreendemos de forma implícita, ou na maneira como aprendemos a falar quando somos pequenos. Mesmo com pouca educação formal, falantes nativos de um idioma têm certo domínio intuitivo da gramática, mas nem sempre conseguem explicar suas regras em detalhes. Isso se baseia em algo chamado "conhecimento tácito" — o conhecimento que sabemos ter, como fazer um nó, andar de bicicleta ou pegar uma bola, mas que não conseguimos colocar em palavras. Ele costuma ser aprendido por ações e práticas diárias, não por livros e aulas. E nós somente entendemos que temos esse conhecimento quando o utilizamos, seja ele um movimento de dança complexo, seja ele nosso rápido reflexo a um cachorro passando na nossa frente na estrada enquanto dirigimos. Donald Rumsfeld, que foi secretário da Defesa dos Estados Unidos, foi memorável ao falar sobre os "conhecidos fatores desconhecidos" — as coisas que sabemos que não sabemos, apesar de também haver coisas que sabemos, mas que não sabemos *como* sabemos.

A intuição nos diz o que é importante

Colocando em outras palavras, a intuição nos oferece uma compreensão instintiva daquilo que é importante e das informações que podem ser ignoradas com facilidade. Lembra-se de quando você estava aprendendo a andar de bicicleta, em como prestava tanta atenção a cada movimento que fazia, até que essa série de gestos complexos aos poucos se tornou automática? Conforme nos tornamos especialistas em uma nova habilidade, vamos prestando cada vez menos atenção aos detalhes. De fato, o desenvolvimento da especialização envolve exatamente isto: aprender a focar os elementos mais importantes e deixar o cérebro lidar com o restante no plano do inconsciente.

A intuição guia nossas percepções

Em primeiríssimo lugar, os poderes da intuição ajudam nossa sobrevivência; ela nos guia rumo aos aspectos mais relevantes de uma situação quando ainda nem sabemos quais são eles. Meu trabalho sobre o impacto profundo dos sinais de perigo na nossa atenção — talvez inspirado pela minha experiência com o namorado de Jenny em Montauk, tantos anos atrás — é um bom exemplo de como nossa atenção rapidamente foca um sinal de perigo: um rosto irritado, por exemplo, em uma multidão de caras inexpressivas. Isso não é surpresa alguma. Em um estudo que conduzi, voluntários observaram uma série de imagens de diferentes locais passando rapidamente em uma tela de computador. Algumas delas exibiam expressões faciais raivosas ou assustadas, enquanto outras mostravam rostos mais agradáveis, com sorrisos felizes. Quando medimos o que tendia a atrair mais o olhar e a atenção, descobrimos que as expressões de raiva eram muito mais atrativas do que as outras. O mais surpreendente foi que, quando preveni a percepção consciente dos rostos ao apresentar outra imagem misturada por cima delas após apenas 17 milissegundos — bloqueando a percepção dos rostos —, os sinais agora invisíveis chamaram ainda mais atenção. Apesar de os voluntários não terem consciência do que havia sido apresentado, os rostos irritados ainda chamavam muito mais atenção do que os felizes. Um aprofundamento do estudo mostrou que a resposta galvânica da pele alertava os voluntários para sinais de perigo, assim como os sinais anteriores com baralhos diferentes.

Esse é um exemplo da intuição — ou o que costuma ser chamado de "voz interior" — em ação. Um sinal corporal sutil incentivou voluntários a prestar mais atenção a essas imagens. O instinto é importante e direciona nosso foco para os aspectos mais relevantes dos nossos arredores. No entanto, vale manter em mente que nem sempre eles acertam. O objetivo não é esse. O instinto não dá respostas certas ou erradas evidentes, que você pode avaliar racionalmente. Não é para isso que ele serve. Nem sempre você vai chegar à conclusão certa, porque as coisas não são tão simples assim. De toda forma, a intuição oferece provas extras para orientar seu julgamento.

Segundo muitas fontes, Albert Einstein disse: "A mente intuitiva é um dom sagrado e a mente racional é uma serva fiel. Nós criamos uma sociedade que honra a mente que serve e se esqueceu da mente que é um dom." A intuição existe para *guiar* você rumo a uma análise mais racional e lhe ensinar a se adaptar a ambientes que são dinâmicos e mudam rapidamente. Acredito que precisamos das duas coisas — de percepções intuitivas e de análises racionais — para tomar as melhores decisões possíveis. No próximo capítulo, veremos algumas dicas e exercícios que podem ajudar você a se conectar com a sua intuição. Para isso, em parte, é preciso aprender a silenciar o falatório na sua mente e nos seus arredores e prestar mais atenção aos sinais corporais. Primeiro, vamos ver por que isso funciona.

A intuição realmente é baseada nos "pressentimentos" que você tem

Para tentar entender melhor como a intuição funciona, cientistas começaram a pesquisar o aparelho digestivo e seu funcionamento. No fim das contas, o termo "pressentimento" é surpreendentemente preciso. Os sinais intuitivos de fato vêm de uma camada de neurônios que forram o estômago e o trato gastrointestinal, que costuma ser chamado de "segundo cérebro". Conhecido como sistema nervoso entérico, esses neurônios com base no estômago estão intimamente conectados com o cérebro e nos ajudam a transformar sinais ambientais, como os de risco, em sensações vagas de perigo, sobre as quais podemos tomar uma atitude. Não sabemos muito sobre as interações entre o cérebro e o aparelho digestivo, mas não restam muitas dúvidas de que a ligação entre os dois nos ajuda a caminhar por um mundo acelerado.

A importância do contexto

É importante lembrar que informações vindas da intuição não são autossuficientes. Nossos pressentimentos *informam*, não ordenam. Quando você está lidando com o desconhecido, seja no mundo da ciência, seja no dos negócios, não existe um guia. É preciso ser destemido ao enfrentar os desafios que aparecem pelo caminho, e é exatamente nesse momento que a intuição mostra seu valor. A intuição é para o contexto o que uma prancha é para se surfar uma onda.

Um olhar de fora nos permite reconhecer o clima de uma situação, por mais leve que seja, e instintivamente compreender o que é importante e o que deveríamos fazer. Oriundo da palavra latina *contextere*, "contexto" originalmente significava "tecer" ou "entrelaçar" os significados de um texto. Atualmente, usamos esse termo em um sentido bem mais amplo, para se referir a todas as circunstâncias que influenciam como nos sentimos e nos comportamos em diferentes situações. Talvez a culpa seja da sua cultura; talvez seja de uma vaga lembrança de uma situação parecida no passado; talvez da presença de uma pessoa específica. Nossos arredores imediatos são importantes para determinar os papéis que desempenhamos e como nos sentimos, e isso se chama "contexto de performance". Coisas específicas podem despertar pensamentos e sensações muito diferentes, dependendo, por exemplo, se você está em casa ou no trabalho.

Tive a chance de testar isso quando um dos meus alunos trabalhou em um projeto para investigar a experiência de funcionários de uma empresa, e precisava conduzir algumas entrevistas rápidas. Abordar as pessoas ao fim de um longo dia, enquanto iam para casa, provavelmente geraria respostas bem diferentes das que escutaríamos caso as entrevistas acontecessem no escritório, durante o intervalo da manhã. Então nos perguntamos se as respostas que os entrevistados dariam em casa seriam as mesmas que dariam no ambiente de trabalho. Como esperado, cada contexto resultou em uma qualidade diferente de respostas.

O contexto é um fator importante para determinar conquistas e sucesso. É óbvio, em um sentido mais amplo, contexto se torna cultura, e as pessoas carregam sua cultura, suas tradições e sua realidade econômica para cada situação — como eu fiz quando me mudei para a Nova Zelândia. Tudo isso tem uma influência profunda em como reagimos às situações. Em uma série de estudos conduzidos na área rural do Quênia, pesquisadores queriam descobrir se "inteligência" era um conceito universal. Eles pediram aos adultos que avaliassem a "inteligência" das crianças do vilarejo, e as crianças que receberam a maior pontuação foram as que tinham aprendido a usar várias ervas medicinais. Isso fazia sentido, já que infecções parasitárias são comuns nesses vilarejos rurais, e apenas algumas das centenas de medicamentos herbais disponíveis são eficientes para curar as dores de estômago resultantes. As crianças que tinham aprendido a encontrar as melhores ervas para se automedicar tinham uma vantagem adaptativa. O mais interessante era que essas crianças adaptáveis tendiam a obter um desempenho *pior* em testes de escola ocidentais convencionais. Os autores concluíram que o sucesso escolar tinha pouquíssimo valor nesses vilarejos, onde a maioria das crianças nem terminava o ensino médio. De fato, no geral, acreditava-se que as crianças que permaneciam e apresentavam um bom desempenho na escola estavam perdendo tempo, já que aquelas habilidades não as ajudariam a encontrar um emprego nem a se tornar economicamente seguras. "Sucesso" só pode ser compreendido em um contexto cultural. Quando inserimos o contexto, uma criança queniana que não apresenta um bom desempenho na escola é tão inteligente quanto uma criança americana ou europeia que não sabe nada sobre medicamentos naturais.

A capacidade de se destacar naquilo que é mais valorizado em nosso contexto imediato é a melhor forma de prever quanto somos capazes de nos adaptar e evoluir. Muitas sociedades africanas e asiáticas valorizam muito mais qualidades sociais como o respeito e o cuidado com os outros, a dedicação, a consideração e a cooperação do que nas noções ocidentais de sucesso. Para o povo baúle, da África Ocidental, o respeito pelos mais velhos e o serviço à comunidade são vistos como o marco da inteligência. Lá, a capacidade de facilitar relações estáveis e felizes entre grupos tem um peso muito maior do que a de resolver problemas tem para muitos países ocidentais.

Não que solucionar problemas *não* seja importante. Alan Sugar, o apresentador do reality show *O aprendiz*, no Reino Unido, certa vez comentou que procurava um aprendiz que fosse "sagaz até o último fio de cabelo" — alguém com mais experiência prática do que teórica. As duas coisas nem sempre andam juntas. Isso acontece porque problemas "intelectuais" não costumam representar o tipo de problema que encaramos na vida cotidiana. Problemas rotineiros têm mais peso para nós e, no geral, podem ter várias soluções diferentes, cada uma com muitos prós e contras.

A intuição se baseia na vastidão da experiência

A intuição é acentuada pela diversidade dos contextos diferentes aos quais somos expostos; é por isso que as pessoas podem ser muito intuitivas em um tipo de situação, mas não necessariamente em outros. Podemos entender, então, que todos nós somos capazes de melhorar nossos poderes intuitivos se assim quisermos.

Especialistas em um assunto específico, seja enfermagem, seja programação de computadores, liderança, desenvolvem um alto grau de intuição, resultado de anos de experiência no ramo. O que importa é a diversidade dessa experiência. Vejamos, por exemplo, a enfermagem. Uma enfermeira não faz apenas a mesma coisa sem parar. Uma enfermeira experiente já trabalhou em muitos contextos diferentes; já viu pessoas morrerem, sobreviverem, reagirem a boas e más notícias e já trabalhou em muitas subespecialidades distintas. Em muitas ocasiões, ela pode ter precisado pensar "fora da caixa" e usar o que estava à mão durante uma emergência. Essa diversidade — na enfermagem — leva a uma compreensão profunda e intuitiva da maioria das situações que podem surgir em um domínio profissional específico.

Também podemos observar isso no trabalho das pessoas que decidem quanto peso cada cavalo pode carregar durante uma corrida. Isso se chama "handicap" (limitar, em inglês), quando os cavalos recebem cargas diferentes para tentar equilibrar as chances de todos vencerem. Aqueles que provavelmente terão um desempenho melhor recebem mais peso, enquanto os que correriam mais devagar recebem menos. Entender o melhor cálculo para cada cavalo é um processo matemático complexo, que leva em consideração uma variedade de questões para determinar como um cavalo irá correr em um dia específico. Muitos fatores fazem diferença: resultados anteriores, o impacto das condições do tempo, se um cavalo se sente confortável em ultrapassar os outros, se tentativas de ultrapassagem já aconteceram antes, e assim por diante. Especialistas usam um algoritmo complexo para prever a velocidade provável de cada animal e calcular as chances de vitória de cada um.

Talvez você pense que a capacidade de uma pessoa de usar esses cálculos complicados poderia ser transferida para outras áreas. No entanto, em um estudo, pesquisadores descobriram que a habilidade não tem relação alguma com o QI. De fato, um dos *handicappers* mais famosos era um pedreiro com um QI baixo pontuando 85. Os pesquisadores solicitaram aos especialistas em cavalos que fizessem previsões sobre a bolsa de valores, já que ambos utilizam um sistema de algoritmos muito semelhante. Apesar de os cálculos necessários serem bem parecidos, o contexto completamente desconhecido resultou em um desempenho quase que ao acaso. Se eles estivessem adivinhando as respostas, daria na mesma.

O contexto pode funcionar como um sinal para se comportar de determinada forma; fora dele, o comportamento muda. Nossa intuição é resultado de conhecimento acumulado, que, apesar de escondido, é especialmente vital quando precisamos tomar decisões rápidas, sob pressão. Quando não há tempo suficiente para absorver todas as informações necessárias, nossa inteligência intuitiva entra em cena e vem nos ajudar. Ela nem sempre acerta, lógico — como já mencionamos, não é essa a sua tarefa. No entanto, ela nos guia, utilizando evidências da nossa experiência: quanto mais diverso for nosso passado, mais útil e construtiva será nossa intuição. Pessoas intuitivas desenvolveram a habilidade prática de aprender com a experiência, uma vez que elas conseguem detectar os sinais mais sutis e usar esse conhecimento em favor próprio.

O valor da intuição costuma ser menosprezado no currículo de faculdades de administração, apesar de executivos frequentemente a utilizarem, juntamente com análises críticas, para tomar decisões importantes e alcançar sucesso comercial. No mundo dos negócios, o clima costuma ser complexo e imprevisível, fazendo com que o processo de tomada de decisões baseado na lógica seja inútil. É nesse ponto que usar a intuição e o instinto pode guiar um empresário na direção de uma informação essencial que às vezes escapa da racionalidade. Isso pode oferecer uma vantagem competitiva, especialmente em momentos de instabilidade nos negócios. Por exemplo, a empreendedora e empresária Estée Lauder, que fundou uma marca de cosméticos, era conhecida pela habilidade impressionante de "prever" pesquisas detalhadas de mercado e identificar quais fragrâncias venderiam bem. Alguns dos seus funcionários especulavam que isso acontecia devido a algum sentido sobrenatural, porém é mais provável que o motivo fosse uma capacidade intuitiva de compreender as pessoas e seus desejos mais profundos.

Assim como a maioria das formas de inteligência, a intuição não é estática, mas se desenvolve com a experiência. De acordo com seus colegas de trabalho, Estée Lauder passava horas e horas conversando com os clientes, descobrindo do que gostavam. Era esse conhecimento íntimo que lhe permitia desenvolver um visual e uma experiência que ela sabia, intuitivamente, que agradaria. Da mesma forma, utilizando a experiência que possuem, médicos conseguem dar diagnósticos complexos após minutos de conversa com um paciente, da mesma forma que soldados com experiência de muitos anos de batalha identificam o perigo por instinto, mesmo sem conseguir explicar como. E na vida cotidiana, devido à experiência prolongada, sabemos determinar nos primeiros segundos de uma ligação se nosso parceiro está zangado, ou quando nosso filho está tentando esconder que fez uma besteira.

O cientista cognitivo Herbert Simon explicou isso muito bem ao dizer: "A situação ofereceu um sinal; esse sinal ofereceu ao especialista acesso à informação dentro da memória; e a informação oferece a resposta. A intuição não é nada além de reconhecimento." Nossa habilidade intuitiva se desenvolve quando elementos familiares são reconhecidos — e causam uma reação — em uma nova situação, e isso só acontece quando ganhamos experiência. A percepção funciona da mesma forma: informações mínimas nos ajudam a reconhecer e a prever elementos familiares, mesmo quando achamos isso ser impossível.

Levando em consideração que o método switch se trata de compreender uma situação da forma mais exata possível, reconhecer o poder da intuição é importante. Se ignorarmos o que nossa "voz interior" diz, vamos acabar tomando decisões piores em muitas áreas da vida.

Resumo do capítulo

- A intuição oferece a essência de uma situação e é um guia útil para tomar decisões.
- O contexto oferece muitos dos dados que a intuição usa para produzir "pressentimentos".
- A intuição não pode ser ensinada, mas pode ser aprimorada quando nos expomos a muitas experiências.
- Intuições nem sempre estão corretas — em vez disso, elas são pequenas informações adicionais que podem ser usadas para tornar nossos processos de tomada de decisão mais racionais.
- A intuição é relevante para o método switch porque nos dá acesso a um nível de conhecimento sobre o mundo que não está disponível para a mente consciente. Esse tipo de conhecimento costuma ser mais importante em situações complexas, que mudam rápido — exatamente naquelas em que a adaptabilidade é mais necessária.

CAPÍTULO 13

OLHE PARA FORA — COMO O CONTEXTO FORTALECE A INTUIÇÃO

No mundo acelerado das corridas de Fórmula 1, o piloto argentino Juan Manuel Fangio, de 40 anos, era um dos melhores. No Grand Prix de Mônaco de 1950, Fangio estava na segunda volta, bem na frente dos outros, quando entrou em um túnel com uma curva fechada infame, porém, dessa vez, ele inexplicavelmente tirou o pé do acelerador ao sair e reduziu bastante a velocidade. Foi sorte dele. Logo após a curva, havia ocorrido uma batida terrível, com nove carros engavetados atravessando a pista. Se Fangio não tivesse diminuído, teria batido direto neles. Em vez disso, conseguiu encontrar um caminho entre os destroços e ganhou a corrida.

Posteriormente, Fangio não conseguiu explicar sua intuição súbita de diminuir a velocidade. Sua equipe, porém, acabou descobrindo o sinal que ele havia detectado. Como estava na dianteira, ele normalmente veria um mar de rostos predominantemente cor-de-rosa olhando na sua direção quando saísse do túnel. Em vez disso, ele notou o borrão mais escuro da nuca dos espectadores, já que todos tinham se virado para olhar o acidente. Essa mudança sutil no sombreamento foi registrada pelo cérebro de Fangio, informando-o de que havia algo errado, fazendo-o diminuir a velocidade. Com base na vasta experiência como piloto, ele reconheceu um padrão de sinais incomuns no ambiente (cabeças na plateia viradas para o lado errado), e isso o fez reagir intuitivamente em uma questão de microssegundos.

Um componente vital da intuição é a capacidade de olhar *para fora* e compreender melhor o que está acontecendo ao nosso redor. Como vimos no capítulo anterior, sinais do ambiente em que estamos acionam conhecimentos anteriores, que servem como informação para o momento atual, disponibilizando para a nossa consciência a sensação geral de que algo estranho está acontecendo. Uma leve sensação de que ele devia diminuir a velocidade foi acionada quando o cérebro de Fangio notou o sinal incomum de que os espectadores olhavam na direção contrária. Esses sentimentos sutis oferecem informações interiores do vasto repertório de experiências passadas do cérebro. Apesar de as informações nem sempre estarem corretas, elas nos guiam em momentos críticos, em que uma análise racional completa simplesmente não é possível. Isso é intuição, como vimos no capítulo anterior, porém guiada ao máximo pelo contexto. Chamado na psicologia de *sensibilidade ao contexto*, esse campo de pesquisa é surpreendentemente negligenciado. Ele se refere à capacidade de entender o que é necessário em uma situação específica. Especialistas estarão alerta ao seu contexto, como vimos com Juan Manuel Fangio, porém, para o método switch, é interessante ser sensível ao máximo de contextos possíveis, principalmente os sociais, porque isso nos oferece ingredientes vitais para cultivar habilidades de adaptação. Neste capítulo, veremos como podemos melhorar a sensibilidade aos nossos arredores e como aprimorar nossos poderes de intuição.

A sensibilidade ao contexto em ação

Recentemente, tive um gostinho da sensibilidade ao contexto em ação quando fui me consultar com uma vidente. Pelo bem da ciência, é óbvio.

Eu estava um pouco nervosa enquanto subia os lanços de escada até as salas inesperadamente bem iluminadas e arejadas na zona norte de Londres. Sentei-me com Anna a uma mesa pequena e muito envernizada perto da janela, e não vi bola de cristal alguma.

— Como posso ajudar? — perguntou ela.

Antes que eu conseguisse responder, ela me encarou com os olhos apertados e disse:

— Vejo que você está se questionando sobre uma decisão importante.

Ela disse que eu tomaria a decisão certa em um futuro próximo e encontraria uma solução empolgante. Essa foi, lógico, uma observação muito vaga, mas era *mesmo* verdade que eu tinha recebido uma oferta muito animadora fora do mundo acadêmico e estava considerando uma mudança radical de carreira.

Fiquei impressionada e comecei a relaxar na companhia de Anna. Quando ela jogou minhas cartas de tarô, todas confirmaram sua previsão inicial. Primeiro, ela tirou a carta da Morte, o que me deixou assustada, mas Anna me garantiu que isso significava que uma fase importante da minha vida chegava ao fim e uma nova estava prestes a começar. Ela não conseguia determinar bem um prazo, mas via que não demoraria muito. Também me falou que eu estava estressada com a mudança e a carta me dizia para correr o risco e tomar uma atitude naquele momento. Depois de tirar várias outras cartas e as fitar rapidamente, ela parou ao pegar a da Roda da Fortuna.

— Ah — disse ela —, que interessante.

Anna explicou que aquela carta me dizia que aconteceria uma grande mudança no próximo ano, e eu precisava estar pronta para me adaptar.

Saí da sessão me sentindo estranhamente relaxada, com a sensação de que ela havia "visto" elementos do que estava acontecendo na minha vida e me deixado com a sensação positiva de que tudo daria certo. Independentemente das minhas opiniões sobre videntes, Anna tinha entendido meu turbilhão mental. Eu me dei conta de que ela provavelmente era muito habilidosa em detectar sinais sutis dos clientes quando algo fazia sentido. Ela era boa em algo chamado "leitura fria" — captar sinais sutis quando algo dito é importante para quem está ouvindo, mesmo quando a pessoa tenta disfarçar. Isso é ter "sensibilidade ao contexto". Declarações como "Vejo que você está se questionando sobre uma decisão importante" são muito eficientes, porque parecem pessoais, mas, na verdade, são bem gerais e podem ser usadas com qualquer pessoa. Ao ouvir algo pertinente para a sua vida, é difícil não reagir. Um bom praticante da leitura fria vai notar essa reação e insistir no tema. Mesmo como uma professora de psicologia me esforçando ao máximo para fazer cara de paisagem, não consegui esconder minha conexão pessoal com o comentário genérico de Anna. É quase certo que deixei "escapulir" sinais, mostrando a ela que tinha atingido o alvo certo.

Como melhorar a sensibilidade ao contexto?

Então, como podemos melhorar nossa sensibilidade ao contexto — e, por consequência, nossa intuição? Mais importante: por que devemos fazer isso? A resposta para essas perguntas é evidente. A resposta para "como" é simplesmente "saindo mais" (no sentido psicológico). E por quê? Porque isso vai melhorar nossas habilidades de adaptação, vai nos ajudar a tomar decisões mais inteligentes, assim como aumentar nossa resiliência e nosso bem-estar em geral. Então, há muitos motivos. O método switch precisa que estejamos antenados com o ambiente ao nosso redor, e a "sensibilidade ao contexto" é uma parte crucial disso.

Experiência é tudo

Anna me disse que trabalhava como vidente havia mais de trinta anos. No começo, ela havia começado como médium em Blackpool, quando era adolescente, antes de começar a trabalhar em festivais e depois se mudar para Londres. Eu não fiquei nem um pouco surpresa, levando em consideração o talento dela para leitura fria. Não são análises intelectuais que nos fazem ganhar conhecimento intuitivo, mas a *prática*. Você vai se tornar uma pessoa muito bem-informada ao ler manuais sobre como um rádio funciona, mas, para entender os mecanismos interiores de verdade, não há nada mais eficaz que desmontá-lo em mil pedacinhos e fisicamente colocar tudo de volta no lugar. Esse tipo de experiência muda tudo.

Fazer em vez de pensar ajuda o cérebro a construir o reservatório de conhecimento intuitivo. Expor-se a muitas experiências diferentes — e aos pensamentos e sentimentos que os acompanham — vai ajudar você a construir sua sensibilidade ao contexto, que é um andaime para a intuição. É difícil desfazer a experiência. Depois que vemos algo, não podemos desver com facilidade, assim como depois que entendemos, é difícil desentender.

A importância de "sair mais" é pinçada de uma citação geralmente atribuída a C. S. Lewis: "Experiência: a mais brutal das mestras. Mas você aprende, meu Deus, você aprende." Todos nós precisamos desenvolver um estoque útil de experiências para consultar quando necessário. Para isso, é essencial participar ao máximo da vida, com seus altos e baixos. Você pode participar de retiros, estudar em bibliotecas, travar debates intermináveis com seus amigos, mas só vai aprender de verdade ao se expor a experiências genuinamente novas e diferentes, ao se deparar com pessoas com visões opostas às suas, ao se obrigar a sair da sua zona de conforto. Como C. S. Lewis nos lembra: "É muito mais fácil rezar por um chato do que ir visitá-lo."

A diversidade de experiências ajuda nossa adaptabilidade porque muda os algoritmos internos de aprendizado no nosso cérebro para oferecer uma interpretação mais exata do contexto. Assim como uma boa história infantil, a vida é salpicada de várias camadas de significado, e quanto mais ampla for sua experiência de vida, mais fácil vai ser notar todas as maravilhas e complexidades dos seres humanos e as situações complicadas em que eles se metem. A boa notícia é que, com uma experiência de vida variada, você vai contar com a ajuda de mais processos cognitivos, emocionais e comportamentais para se adaptar a praticamente qualquer situação que surgir no seu caminho — então é óbvio que ela é um elemento essencial do método switch.

Assim como uma biodiversidade mais ampla está associada a uma resiliência maior do ecossistema, a diversidade mental está associada a vários benefícios para o bem-estar psicológico e físico. Não apenas a diversidade mental permite que você acesse uma reserva mais rica de intuição — um pilar crucial do método switch —, como também oferece uma variedade maior de estratégias e opções para lidar com problemas.

Desenvolva sua "percepção das situações"

Para melhorar nossa adaptabilidade e realmente aproveitar nossa experiência, é essencial desenvolver uma percepção ampla da situação; essa é a base da sensibilidade ao contexto. Muitos soldados que participaram da Guerra do Iraque, por exemplo, contam que sobreviveram também devido à capacidade de saber o que era "normal" e, portanto, conseguir perceber situações estranhas — um aumento da tensão no ar, uma rua surpreendentemente vazia para certo horário, e assim por diante. Em 2004, o tenente Donovan Campbell liderava um pelotão de fuzileiros navais estadunidense pela cidade iraquiana de Ramadi, em uma de suas missões regulares de varredura de estrada, para buscar e desarmar bombas. Eles notaram um aparelho explosivo no meio da estrada — e logo viram que se tratava de uma armadilha óbvia. Em seguida, quando estavam prestes a seguir em frente, um dos soldados notou um bloco de concreto a cerca de 100 metros de distância, que o deixou incomodado por parecer "simétrico demais, perfeito demais". No fim das contas, havia uma bomba de alto poder de letalidade dentro do bloco. "A menos que você saiba como são os entulhos naquela parte do Iraque, seria impossível perceber aquilo", disse Donovan. Foi o conhecimento do fuzileiro naval sobre uma rua *comum* que o permitiu identificar uma anomalia. De forma parecida, após o atentado à Maratona de Boston de 2013, a polícia rapidamente identificou os responsáveis por filmagens de câmeras de trânsito ao flagrar os dois caminhando com tranquilidade pela rua enquanto todo mundo estava em pânico. Aquele comportamento estranho se destacou.

Compreender o que é "normal" em qualquer situação permite que você identifique irregularidades em um piscar de olhos. O cérebro é um excelente detector de anomalias, então, surpreendentemente, costuma ser melhor procurar por consistências do que por mudanças (ou perigos), e então deixar o cérebro fazer o restante. Pergunte a si mesmo o que é normal em qualquer situação. Em uma cafeteria, por exemplo, você espera que as pessoas estejam relaxadas e confortáveis, jogando conversa fora com amigos e bebendo café. Pessoas olhando ao redor com um ar nervoso, sem conversar, podem indicar algum problema. Quando você estiver em situações variadas, especialmente nas que forem familiares, dedique algum tempo para observar comportamentos típicos, e então teste sua memória quanto a eles.

Às vezes, limitar o foco é essencial

Dar um passo para trás a fim de ter uma visão geral da situação é importante, como já vimos, mas também pode ser válido limitar seu foco de propósito. Alguns anos atrás, eu e meu marido trabalhamos com o time de futebol Arsenal, tentando encontrar formas de melhorar as habilidades cognitivas dos jogadores e melhorar o desempenho deles. Nós conversamos com os atletas e a equipe de treinadores, e os observamos em ação. O futebol é um jogo rápido e fluido, com muitas movimentações por um bom tempo da partida.

Durante os treinos intensos, com tanta coisa acontecendo ao mesmo tempo, o desafio do treinador era ter em mente todos os aspectos da performance. A resposta, obviamente, é que isso é impossível. É fácil cair nessa armadilha e tentar permanecer atento a tudo. Em vez disso, o truque é limitar o foco a apenas um aspecto da partida, talvez a dois jogadores específicos, por um período, observando como estão os passes de um e como o outro antecipa esses movimentos.

O segredo é não tentar acompanhar muitos aspectos diferentes de uma situação, já que isso vai prejudicar sua capacidade de notar aspectos sutis e, portanto, vai enfraquecer sua capacidade de se adaptar. Minhas pesquisas atestam, por exemplo, que podemos manter cerca de quatro coisas em mente ao mesmo tempo. Isso significa que, se você tentar absorver tudo, ainda mais em uma situação nova, seu cérebro rapidamente vai se tornar sobrecarregado. Apesar de isso ter sido determinado em estudos experimentais com objetos simples, é razoável presumir que não devemos ter mais de quatro itens na nossa lista de afazeres, já que qualquer quantidade além disso começa a exceder nossa capacidade mental.

Prestar atenção aos olhos pode ajudar

Às vezes, como minha experiência com Anna demonstra, a intuição pode ocorrer sem percebermos, quando nosso cérebro inconscientemente detecta aspectos sutis da linguagem corporal dos outros. E você não precisa ser vidente para constatar isso! Você já teve a sensação de que alguém estava mentindo, mas não conseguia entender por quê? A resposta pode estar na sua sensibilidade ao contexto da dilatação da pupila. Os olhos podem não ser as janelas da alma de verdade, mas são muito reveladores. Cada vez mais evidências nos revelam que o tamanho da pupila é um indicador importante de como alguém se sente. O motivo básico para isso é porque ela é um marcador confiável do esforço mental. Quando você está pensando muito, suas pupilas se dilatam. Teste: pare na frente do espelho, tente calcular uma multiplicação difícil — 63 vezes 14, por exemplo — e observe bem suas pupilas.

Esconder trapaças também exige esforço mental, e é por isso que a dilatação da pupila pode dedurar que há um problema. Em um estudo, foi solicitado que alguns voluntários roubassem US$ 20 da bolsa de uma secretária quando ela saísse da sala, enquanto outros participantes não precisavam roubar nada. Depois, os pesquisadores pediram que todos negassem o roubo. Eles tiveram mais facilidade em detectar os ladrões quando analisaram a dilatação das pupilas, que estavam um milímetro maior do que as pupilas dos participantes honestos.

Não é fácil, mas os adeptos da "leitura fria", como Anna, se tornam muito habilidosos em notar dilatações de pupila. Então, preste atenção nos olhos das pessoas, especialmente quando elas escutarem algo surpreendente ou empolgante, e veja se você consegue notar alguma mudança. Essas podem ser boas formas de guiar sua intuição sobre como alguém realmente se sente.

Saia da sua bolha

Mais fácil na teoria do que na prática? Que nada. A maioria de nós vive em bolhas, junto com pessoas de mentalidade parecida, e isso não se resume a redes sociais. Então olhe bem para as pessoas com quem você interage na maior parte do tempo. A maioria delas são colegas de trabalho? São parentes? Elas têm vidas ou rendas semelhantes à sua? Compartilham as mesmas opiniões? Tente se tornar mais atento a isso, tomar medidas para conhecer pessoas com histórias de vida diferentes e ouvir verdadeiramente o que elas têm a dizer. Talvez haja outros tipos de conversa em redes sociais. Dê uma olhada em grupos com opiniões políticas e interesses diferentes dos seus e procure ver como eles pensam. Leia outros jornais ou assista a outros canais de televisão, voluntarie-se em instituições de caridade em comunidades diferentes da sua, vá a eventos aos quais você normalmente não iria. Qualquer coisa que exponha você a culturas e pessoas que não cruzam seu caminho com frequência, para ajudar a abrir sua mente e aumentar sua adaptabilidade.

Tentei fazer isso enquanto viajava pelos Estados Unidos em 2018. Eu tinha dificuldade de entender por que tantos estadunidenses apoiavam Donald Trump após o que me parecia ser uma série de comentários abertamente racistas. Aquilo não se encaixava com os Estados Unidos, ou com os estadunidenses, que eu conhecia. Fiz questão de assistir a canais conservadores que apoiavam as opiniões de Trump. Foi muito revelador ver como diferentes jornais transmitiam as mesmas notícias. Eu assistia com frequência a um comentador específico com um fascínio crescente. Era chocante vê-lo aparentemente defendendo supremacistas brancos e criticando imigrantes. Contudo, quando superei a surpresa de ouvir opiniões tão diferentes das minhas, quando tentei escutar de verdade, notei que ele fazia alguns comentários razoáveis durante entrevistas com convidados. Até me peguei concordando com certas coisas que ele dizia. Comecei a entender os medos que muitas pessoas têm a respeito da quantidade de novos imigrantes chegando em certas áreas, especialmente naquelas em que os índices de desemprego e pobreza já são altos. Temas semelhantes surgiram no debate sobre o Brexit no Reino Unido. Apesar de as minhas crenças básicas sobre essas questões serem muito diferentes, eu entendia que essas opiniões refletiam preocupações genuínas e profundas. Até mesmo um exercício rápido como esse pode fazer você se tornar mais aberto a visões diferentes e ajudar as previsões do seu cérebro a se tornar menos tendenciosas do que antes.

Usar a abordagem certa no contexto certo é fundamental para o método switch

O motivo pelo qual é importante melhorar nossa sensibilidade ao contexto é porque isso nos ajuda a escolher a estratégia certa para a ocasião. Nós só estamos começando a compreender a importância de optar entre estratégias diferentes para lidar com nossas emoções. Como vimos no Capítulo 4, quando falamos sobre resiliência, a flexibilidade de escolher entre abordagens para lidar com problemas é essencial. A mesma flexibilidade é necessária em termos de utilizar esses processos psicológicos que nos ajudam a analisar o mundo ao nosso redor. Se você notar uma ameaça distante, como um predador, por exemplo, o comportamento ideal seria permanecer bem vigilante e ficar de olho no que a criatura estivesse fazendo — porém esse mesmo comportamento provavelmente não levaria a um final feliz se o predador estivesse perto. Esse é mais um exemplo de que cada pensamento e cada sentimento somente são úteis em contextos específicos. Como sabemos pelo método switch, não existe uma solução única para todas as situações.

Reagir de forma apropriada ao contexto não apenas é importante para a sobrevivência, como também é sinal de boa saúde mental. As pessoas que alcançam o sucesso tendem a escolher a abordagem certa para o momento. Por exemplo, estudos revelam que crianças mentalmente saudáveis demonstram reações intensas de medo em situações ameaçadoras, como seria esperado, mas *não* em situações pouco ameaçadoras — como também seria esperado. Em outras palavras, a reação de medo que elas têm é apropriada para o contexto. Em um contraste marcante, crianças que reagem intensamente ao medo até em situações pouco ameaçadoras — isto é, não demonstram sensibilidade ao contexto — correm muito mais risco de desenvolver ansiedade e outros problemas de saúde mental no futuro.

Nós observamos reações inadequadas a contextos semelhantes em adultos com depressão severa. Pessoas sem depressão costumam ter reações emocionais intensas a filmes felizes, mas demonstram reações discretas aos tristes. Em outras palavras, elas se animam muito quando assistem a cenas animadas, mas não ficam muito tristes quando assistem a cenas tristes. Em comparação, as pessoas deprimidas demonstram uma reação discreta aos dois tipos de filme. Elas não desanimam muito ao assistir a cenas tristes, mas também não ganham ânimo com cenas felizes. Com base nesse tipo de evidência, foi sugerido que certa falta de sensibilidade ao contexto tem um papel importante na manutenção da depressão. A ideia é que um tipo de "desligamento defensivo" se torna uma estratégia inconsciente na depressão, mesmo quando não ajuda de forma alguma na situação.

Por que a experiência melhora a sensibilidade ao contexto?

Expor-se a uma série de experiências tem um impacto direto na maneira como sua mente funciona. Lembre-se de que o cérebro é basicamente uma máquina de fazer previsões, que se alimenta de grandes quantidades de dados. Pense por um instante sobre a origem desses dados. Eles vêm de todas as coisas que você vê, escuta e vivencia desde o momento em que nasce até o dia em que morre. Isso significa que experiências culturais e pessoais têm um profundo impacto na maneira como o cérebro interpreta e reage aos acontecimentos que ocorrem com você. Quando muitos países decretaram quarentenas rígidas durante a pandemia de coronavírus, isso acabou causando uma experiência muito mais restrita e limitada do que o normal. É por isso que muitas pessoas tiveram dificuldade com situações sociais quando voltaram a ter permissão para sair, e, apesar de isso ser uma teoria especulativa, talvez seja o motivo por trás da "confusão mental" que muita gente sentiu após o longo período de isolamento social.

Limitar nossa experiência também pode nos tornar mais vulneráveis a tendências pessoais. Isso pode ser observado em bebês de até 3 meses, que já demonstram uma forte preferência pelos rostos mais associados à etnia a que foram mais expostos durante sua curta vida. Em um estudo interessante, psicólogos reuniram três grupos de bebês de 3 meses que moravam em Israel ou na Etiópia, e mostraram a eles rostos de pessoas negras, originárias da África (etíopes) e de semitas lado a lado, e então cuidadosamente monitoraram para quais os bebês olhavam mais. Esse é um método muito utilizado na psicologia, e se um bebê olhar mais um tipo de rosto do que para outro, podemos presumir com segurança que existe uma tendência. Os resultados revelaram que as crianças etíopes passavam mais tempo fitando rostos etíopes, enquanto os bebês semitas olhavam mais para rostos semitas. Eles demonstravam um interesse maior por aquilo que lhes era familiar.

A parte mais intrigante é que bebês etíopes negros que moravam em um centro de absorção de imigrantes em Israel não demonstravam essa inclinação. Em vez disso, elas dedicavam a mesma quantidade de tempo a rostos brancos e negros. Os pesquisadores acreditam que isso acontecia devido à diversidade de rostos a que essas crianças eram expostas regularmente.

Uma infinidade de pesquisas sugere que nossa tendência a prestar mais atenção a rostos de nossos grupos étnicos vem diretamente do grau de exposição que tivemos a eles no começo da vida. Bebês criados por mulheres mostram preferência por rostos femininos, enquanto os criados por homens passam mais tempo olhando para rostos masculinos. Um estudo fascinante revela que a preferência baseada em etnicidade não está presente nos primeiros dias de vida, mas é desenvolvida nos três primeiros meses. Enquanto bebês caucasianos de 3 meses demonstraram preferir olhar para rostos da mesma etnia, essa preferência não foi observada quando o mesmo experimento foi conduzido com recém-nascidos. Eles se interessavam igualmente por rostos de todas as etnias.

Nossas experiências oferecem conjuntos de dados ao cérebro

O que acontece é que o conhecimento cumulativo que adquirimos forma um banco de dados, que resulta em fortes preferências — nós nos orientamos para aquilo que é mais familiar. O lado negativo é o desenvolvimento de "aversões", ou de uma preferência reduzida, pelos grupos aos quais não fomos expostos na mesma medida. O favoritismo intragrupal é um dos vieses mais básicos, e as raízes dele no cérebro surgem por aprendizado e exposição, não por qualquer "medo do estranho" pré-programado no cérebro.

Segundo algo que é chamado de "instinto de classificação", nós automaticamente agrupamos as pessoas em "nós" e "eles". Essa distinção de "nós-eles" costuma ser baseada em características raciais, mas também pode usar fatores como nacionalidade, bairros, torcedores do mesmo time ou até parentes. Esse instinto inevitável de categorizar "nós" e "eles" abre caminho para o desenvolvimento de níveis extremamente variados de entendimentos implícitos sobre grupos diferentes. Publicações de psicologia social estão cheias de evidências de que compreendemos muito mais as pessoas do nosso grupo do que as de "fora". Essa "homogeneidade fora do grupo" significa acreditarmos que pessoas de outros grupos sejam muito mais parecidas entre si do que realmente são. Prestamos mais atenção, no entanto, na individualidade dos membros do nosso grupo. Isso significa que precisamos fazer um esforço bem maior para compreender pessoas de grupos diferentes.

É importante manter limites entre aspectos diferentes da vida. Contudo, quando se trata de limites sociais, nos deparamos com um paradoxo singular. Por um lado, remover barreiras entre pessoas pode enriquecer a sociedade e a qualidade de vida individual; por outro, manter limites nítidos entre aspectos diferentes de nossa vida e experiências pode ter papel importante na melhora da diversidade mental, porque seremos expostos a formas variadas de fazer as coisas. Como sabemos, ser capaz de pensar e agir de várias formas é essencial para o método switch e nos ajuda a melhorar a agilidade. Se houver muitos aspectos em comum e parecidos entre elementos diferentes da nossa vida, acabaremos correndo o risco de sofrer de rigidez mental.

Isso ficou evidente na série de estudos que demonstraram que quanto maior for o número de papéis separados que uma pessoa ocupa na vida, mais provável é que ela tenha sucesso e não sofra de depressão. A demarcação entre os papéis é o que tem mais peso. Vejamos o exemplo de uma mulher que é clínica geral, casada e tem filhos. Ela tem três grandes papéis na vida: médica, esposa e mãe. Cada um deles fez com que ela desenvolvesse uma série de habilidades e estratégias, e essa diversidade oferece uma capacidade maior de lidar com os desafios, em comparação a alguém que só tenha um papel importante. No entanto, vamos imaginar que o marido dela também seja médico e trabalhe na mesma clínica. O grau de conexão entre dois dos papéis dela agora aumentou, e isso reduz sua distinção.

No cérebro dela, os vieses e contingências que se desenvolvem em um papel não são desafiados na mesma proporção pelo outro. Vamos usar um exemplo bobo para ilustrar isso: imagine que os dois, ela e o marido, considerem que o momento de intervalo no trabalho deve ser tranquilo e reflexivo, enquanto outro colega prefere bater papo e ouvir música. Em casa, eles sempre podem fazer pausas relaxantes e silenciosas, enquanto o ambiente de trabalho é o espaço em que são expostos a diferentes formas de recuperar as energias. Contudo, quando estão juntos na clínica, eles podem preferir evitar o colega falante e tirar intervalos tranquilos juntos. A distinção entre os intervalos em casa e no trabalho agora não é mais tão evidente como seria caso passassem esse tempo na clínica com outras pessoas. Situações assim são bobas, mas, com o tempo, ao longo de muitas semanas e muitos meses, se acumulam no banco de dados do cérebro. Nós o treinamos para agir e pensar da mesma forma, o tempo todo, e hábitos acabam ganhando raízes mais profundas. Ao mudar nosso comportamento, interrompemos o hábito que pode nos deixar mais alerta aos nossos arredores — porém isso também interrompe o desenvolvimento das preferências que podem acabar nos cegando para nosso ambiente.

Outros estudos também revelam que manter limites entre papéis de vida pode funcionar como uma proteção contra o estresse, já que uma crise em uma área vai ter menos chances de ser transferida para outra. Caso a nossa médica tenha uma briga com o marido pela manhã, isso provavelmente vai ter um efeito bem maior na sua vida profissional do que teria caso ele trabalhasse em outro lugar. Quanto mais papéis e experiências nossa médica tiver, melhor. Assim, se ela também for uma atriz amadora de sucesso, que ensaia com um grupo de teatro local toda semana, e pratica esportes com uma equipe nos fins de semana, vai desenvolver uma diversidade mental ainda maior, e a briga com o marido provavelmente vai ter um impacto menor.

Esse princípio tem consequências importantes para as observações sobre resiliência que fizemos no Capítulo 4. Como vimos na minha pesquisa, os adolescentes que relataram os níveis mais elevados de bem-estar têm vieses sobre atenção, memória e interpretação de ambiguidade relativamente desconectados uns dos outros. Enquanto muitos dos vieses eram negativos, a falta de uma *conexão* próxima entre eles era o que importava de verdade, porque um viés negativo não necessariamente ativava outro. A lição é que, quando vieses negativos permanecem relativamente desconectados uns dos outros, a inteligência intuitiva será mais profunda e menos tendenciosa, oferecendo a base para raciocínios mais ágeis. Assim, apesar de eu estar especulando aqui, manter na vida uma variedade de papéis e atividades que sejam relativamente desconectados pode ajudar a manter uma *separação* entre os vieses cognitivos, aprimorando ainda mais os poderes intuitivos e, é óbvio, a capacidade de adaptação.

Como melhorar a intuição?

A intuição é um pilar importante do método switch, porque não apenas nos conecta a nós mesmos — ajudando, assim, quanto ao autoconhecimento, outro pilar —, mas também porque nos alerta sobre os pormenores dos nossos arredores. Como vimos ao longo deste capítulo, há muitas formas de melhorar a sensibilidade ao contexto. Há duas etapas para esse processo. Pense nele como uma situação de negócios complexa.

- Primeiro, mentalmente dê um passo para trás — como descrevemos no descentramento, no começo do livro — e observe o quadro geral, para conseguir estabelecer uma linha de partida "impressionista".
- Então, decida em qual aspecto do seu ambiente você quer focar e concentre-se nos mínimos detalhes antes de seguir para outros elementos.

Para nos ajudar a nos conectar com nossos arredores, o polímata Rudolf Steiner sugeriu um exercício simples, qual seja o de colocar uma moeda na parte superior esquerda da sua escrivaninha em uma manhã e então, a cada manhã seguinte, mudar a moeda para um canto da mesa. Apesar de ser uma tarefa simples, ela gradualmente nos faz desenvolver consciência de nossos arredores imediatos.

Você pode começar a pensar no seu contexto mais amplo e se concentrar nos aspectos mais relevantes da sua situação quando tiver um senso geral do que está acontecendo e do que é importante. Esse processo de duas etapas prepara o terreno para uma agilidade maior.

Por exemplo, se você começar em um emprego novo, pode prestar atenção em como as pessoas reagem ao chefe. Elas se mostram fascinadas por ele? Desafiam suas decisões? Seguem suas ordens, mas reclamam com colegas quando ele sai de perto? Todas essas coisas oferecem pistas de algo importante e costumam ser aspectos sutis da cultura em que você entrou. Então, por mais um tempo, concentre-se em outra coisa — como as pessoas interagem umas com as outras, por exemplo. Talvez você possa tentar ter uma conversa mais profunda com alguém — descubra o que esse alguém gosta de fazer fora do trabalho, quais são seus hobbies. Aos poucos, você vai aprender a ter mais foco e alternar entre aspectos mais eficientemente. E vai compreender melhor seu ambiente de trabalho e seus novos colegas sem sobrecarregar seu cérebro.

Aprimore sua intuição

É importante lembrar que a intuição não pode ser ensinada. Ela surge apenas com o tempo, conforme nossa experiência com uma variedade de situações aumenta. Todos nós temos intuição, porque, como vimos no último capítulo, é assim que o cérebro funciona. Ele consulta o banco de dados de experiências passadas, junta isso aos sinais internos do corpo e aos sinais emitidos pelo ambiente e nos orienta a pensar, sentir e agir da forma mais apropriada.

É por isso que a intuição é um pilar tão crucial do método switch — essas orientações sutis podem fazer toda a diferença entre errar feio e acertar. Então, apesar de a intuição não poder ser aprendida diretamente, há coisas que podemos fazer para nos conectar com nossa inteligência intuitiva.

- **Silencie a mente... e escute:** nós estamos cercados de barulho, sejam constantes alertas e vibrações, seja o falatório incessante em nossa cabeça. Tudo isso pode abafar nossa voz intuitiva. A intuição não vai conseguir falar se você não estiver prestando atenção. Assim, certifique-se de encontrar tempo para a solidão. Ao dedicar um tempo para relaxar o corpo e acalmar a mente, você vai criar uma oportunidade para se tornar mais consciente da sua intuição. Sei que isso é difícil no nosso mundo moderno e atarefado, mas é essencial encontrar apenas uma hora em alguns momentos na semana para relaxar, talvez entrar em contato com a natureza, e aprender a ouvir seu corpo. Uma caminhada demorada, yoga ou meditação são boas formas de fazer isso.

- **Livre-se dos sentimentos ruins:** nós sabemos que as emoções negativas existem por um motivo. Elas nos alertam para problemas e limitam nosso foco às coisas que causam complicações em nossa vida. Isso, porém, é prejudicial para a nossa intuição, que exige uma mente aberta, que escuta tudo. Assim, é importante aprender a limitar os sentimentos negativos — pelo menos em parte do tempo — para dar à voz intuitiva uma chance de ser ouvida. De fato, alguns estudos revelam que é muito mais fácil para as pessoas tomarem decisões intuitivas quando estão de bom humor. Use algumas das dicas do Capítulo 10 para aumentar sua positividade — e escute sua intuição.
- **Cuide do seu corpo:** ao longo deste livro, vimos que o corpo é fundamental para muitos aspectos do método switch. Nós estamos começando a aprender que o cérebro está a serviço dele, então é vital ouvirmos nossos sinais corporais internos. Se o corpo não estiver funcionando bem, não vai conseguir alertar para os aspectos mais sutis do ambiente ao redor, porque vai estar focado demais em elementos básicos. Assim, certifique-se de se alimentar bem, dormir por tempo suficiente e se exercitar com regularidade. Todas essas atividades são importantes para muitas coisas, inclusive para permitir que sua intuição encontre uma voz.
- **Limite suas funções executivas:** este é um conselho surpreendente, porque suas funções executivas, como vimos no Capítulo 7, são vitais

para a agilidade. Quando analisamos situações e tomamos decisões racionais, é essencial que nossos recursos mentais — controle inibitório, memória de trabalho, flexibilidade cognitiva — estejam em ótima forma. Apesar de isso ser verdade, também é verdade que esses processos podem ir contra a intuição. Isso parece esquisito, mas faz sentido. Quando estamos cansados, nossas funções executivas não funcionam tão bem, então somos mais propensos a nos distrair e não conseguimos nos lembrar tão bem das conexões entre aspectos diferentes de uma situação. No entanto, é exatamente aí que entra a nossa intuição. Nos momentos de cansaço e distração, estamos mais abertos a novas ideias e podemos criar conexões mais criativas entre as coisas. Assim, em momentos de baixa demanda, quando nos sentimos cansados, a intuição tem mais chance de ser ouvida, o que é irônico.

Resumo do capítulo

- A sensibilidade ao contexto e a percepção das situações vêm do acúmulo de conhecimento conforme ganhamos mais experiência no que diz respeito a setores específicos da vida. Isso é essencial para abastecer a intuição e, lógico, para o método switch.
- Ampliar a diversidade das nossas experiências aumenta a sensibilidade ao contexto e a percepção das situações e reduz os vieses cognitivos. Tudo isso nos torna mais cientes dos nossos arredores, e, assim, mais qualificados para tomar decisões apropriadas. É por isso que a "intuição", da qual a sensibilidade ao contexto faz parte, é um pilar tão importante do método switch.
- Todos nós somos intuitivos — só precisamos aprender a ouvir melhor nossa intuição.

- Apesar de a intuição não poder ser ensinada — ela surge com a experiência —, há coisas que podemos fazer para conseguir escutar mais nossa voz intuitiva interior. Elas estão muito relacionadas com o silenciar do nosso falatório mental, assim como os barulhos ao nosso redor, talvez encontrando momentos de solidão.

CONCLUSÃO

ALGUNS DOS PRINCÍPIOS ESSENCIAIS DO MÉTODO SWITCH

Toda primavera, meu marido, Kevin, participa de uma maratona *cross--country* em uma parte remota do interior de Herefordshire, perto da fronteira com o País de Gales. A corrida não tem nada de mais, tirando o fato de que é extremamente cansativa e atrai alguns membros do regimento do Serviço Aéreo Especial de elite, que tem um acampamento posicionado relativamente próximo ao local. Depois, os participantes, seus amigos e familiares se reúnem em um bar para beber, fazer um churrasco e, mais tarde, assistir ao show de uma banda local.

Alguns anos atrás, pouco depois de começar a escrever este livro, eu estava sentada no jardim desse bar, esperando Kevin sair do "banho" — de uma mangueira em um campo que espirra jatos de água geladíssima. Era um lindo dia ensolarado, e a cidra rolava solta. A meu lado estava um membro do Serviço Aéreo que já tinha enfrentado a mangueira (isto é, ele tinha corrido mais rápido do que Kevin). Eu sabia o que ele fazia da vida — nós tínhamos sido apresentados mais cedo —, mas *ele* não sabia o que *eu* fazia. Quando lhe contei sobre o livro, ele concordou com a cabeça.

Expliquei minha analogia com o golfe. Cada taco é melhor especificamente para um propósito. Às vezes, você precisa de um *driver* na *fairway*. Às vezes, só um *wedge* vai fazer sua bola sair de um *bunker*. Às vezes, é necessário usar um *putter* no *green*. Contudo não adianta ter todos os tacos do mundo se você não sabe quando deve usá-los. Um golfista com um conjunto completo de tacos que não sabe selecionar o apropriado para determinada tacada seria pior do que um golfista que tem um único taco na bolsa.

— Você basicamente resumiu como é ser um soldado das Forças Especiais — disse ele. — No regimento, temos muitos caras cheios de habilidades que não encontraríamos em qualquer outro lugar... Exceto na prisão, talvez! Está vendo aquele ali... — Ele apontou para um ruivo gigante, cheio de tatuagens, perto da mesa de comidas. — Ele consegue arrombar qualquer carro que encontrar pela frente. E aquele? — Olhei para um homem baixo, negro, magro, de cabeça raspada e barba. — Ele consegue falsificar qualquer documento, qualquer assinatura, que você quiser. Todos nós trabalhamos juntos no regimento, como os tacos de golfe em uma bolsa.

O método switch fazia muito sentido para aquele homem. Ele entendia que, em primeiro lugar, é preciso ter uma variedade de habilidades. Em segundo, essas habilidades precisam ser adaptadas para situações diferentes. Em terceiro, entretanto, e provavelmente mais importante, você precisa ter o discernimento de entender qual situação pede por qual habilidade. E isso surge apenas com a experiência.

Determinação e agilidade

Um dos caminhos mais inesperados pelos quais minha carreira me levou foi o de trabalhar com um grupo de atletas de elite — alguns deles foram corredores de meia-maratona que almejavam a glória olímpica. Trabalho com Kevin, que ajuda os atletas a maximizar o desempenho mental em momentos de pressão. Enquanto Kevin está na pista com os maratonistas, eu costumo conversar com o treinador de força e condicionamento deles, Dan, na esperança de aprender alguma coisa que ajude a minha capacidade física. "O segredo absoluto do condicionamento", diz Dan sempre, "é ser persistente, para desenvolver força e resistência. É importante também trabalhar a flexibilidade, e essa é a parte que a maioria das pessoas esquece."

Ao pensar nos planos de treinamento mental que eu e Kevin preparamos para os atletas, percebo que usamos exatamente os mesmos princípios. Não preciso mencionar a parte da determinação. Seja você um atleta de elite, seja um completo iniciante que deseja sair do sofá e passar a correr 5 quilômetros em um intervalo de oito semanas, uma dose generosa de persistência é necessária. Em noites frias e chuvosas, ou no começo da manhã, é necessário um esforço imenso para sair de casa e se exercitar. A persistência é essencial para conquistar seu objetivo. Então não é surpreendente observar que muito já tenha sido escrito sobre a determinação — desde artigos científicos até dicas em revistas e livros best-sellers. A importância da garra é inquestionável.

A significância da agilidade, por sua vez, costuma ser ignorada. Ela, contudo, pode ser até mais importante. Se um atleta se machuca de leve, por exemplo, é essencial que ele modifique rapidamente o treinamento, para não piorar. Talvez ele treine com bicicleta por uns dois dias, por exemplo, em vez de correr. Caso mantenha a rotina normal, existe o risco de a lesão se intensificar e ele precisar passar semanas, ou até meses, sem praticar o esporte.

Se pararmos um pouco para pensar, é óbvio que a determinação sem flexibilidade pode nos levar por um caminho sem qualquer propósito. Incapaz de aprender com os próprios erros, sem jamais melhorar porque não pensamos nos feedbacks que recebemos, nós continuamos seguindo em frente independentemente do que aconteça. A flexibilidade sem determinação, em contrapartida, costuma ser manifestada na forma de um excesso de energia ao começar tarefas, juntamente com novas ideias e formas de pensar. O problema, porém, é que uma pessoa assim raramente se mantém firme e logo ganha a reputação de começar várias coisas diferentes, mas não ter o foco para chegar ao fim com qualquer uma delas. Algumas pessoas são tão flexíveis com o próprio raciocínio que se distraem com tudo.

Encontrar o equilíbrio perfeito entre a determinação e a agilidade é fundamental para o sucesso na vida. O método switch pode nos ajudar a fazer isso. Sendo assim, é essencial desenvolver os quatro pilares gerais:

- Permaneça *ágil* e se adapte a tempos de constante transformação.
- Desenvolva *autoconhecimento.*
- Melhore sua *percepção das emoções* e a capacidade de controlar seus sentimentos.
- Aprenda a escutar sua *intuição,* uma vez que isso pode guiar você pela complexidade da vida e lhe ajudar a ter mais consciência dos seus arredores.

A agilidade é o pilar principal do método switch, fortalecida por outros três pilares: autoconhecimento, percepção das emoções e intuição. Juntos, eles permitem que você enfrente qualquer desafio, até os mais difíceis. Alcançar o sucesso na vida, então, costuma ser uma questão de encontrar o equilíbrio entre força e agilidade mental, dependendo da natureza da situação. A decisão de se manter firme ou mudar é essencial na maioria dos casos. E é o switch que vai ajudar você a tomar uma decisão bem-informada, virando o jogo para que você consiga acertar mais do que errar.

Ser adaptável é um processo contínuo e vitalício. Como qualquer especialista diria sobre qualquer especialidade: você nunca para de aprender — então por que deveria ser diferente com a vida? Não existe uma solução única para todos os problemas que encontramos pelo caminho. Muitas das nossas táticas favoritas funcionarão no futuro, mas desafios completamente novos podem aparecer, e nós vamos ter que desenvolver métodos inovadores "de improviso". Nossas experiências durante a pandemia de coronavírus deixaram isso bem explícito de um jeito dramático.

A essência do método switch está em desenvolver uma capacidade de selecionar a estratégia certa para o momento certo: o taco de golfe exato para determinada tacada. Esse processo costuma ter dois passos:

- Decidir quando permanecer firme e quando é necessário mudar e tentar uma tática diferente.
- Se for realmente o caso de mudar, escolher a solução certa para o problema enfrentado.

Como saber quando se manter firme e quando mudar?

A abordagem que adotamos costuma ser determinada pelo grau de *incerteza* da situação. Se ela for extremamente segura e as coisas estiverem indo bem, então continuar fazendo a mesma coisa é, na maioria dos casos, a melhor opção. Por que mexer em time que está ganhando? No entanto, conforme a situação se torna mais incerta, devemos permanecer abertos à mudança e ágeis quanto à nossa abordagem.

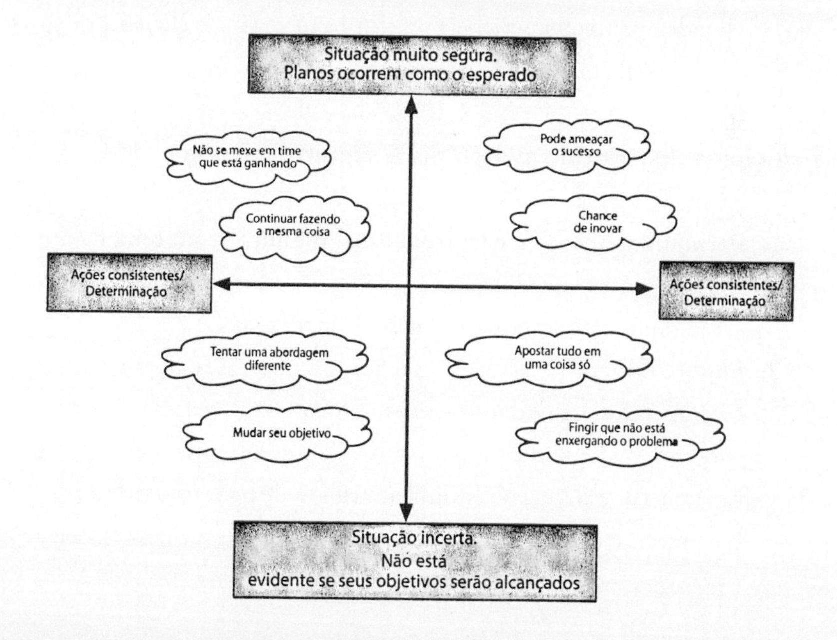

O método switch consiste em encontrar uma forma de adequar sua abordagem à situação enfrentada. Para isso, é óbvio, você precisa ter determinação ou flexibilidade conforme necessário. E, como o soldado das Forças Especiais com quem conversei lembrou, para conquistar essa capacidade, é preciso passar por uma variedade de experiências para conseguir lidar com uma variedade de situações.

A sua experiência de vida oferece um alto grau de diversidade mental. Não há como escapar do fato de que a exposição a situações diferentes é inestimável. Não existe nada igual. É isso que permite que você tenha uma série de alternativas para usar em momentos voláteis.

Nós exploramos cada um dos quatro pilares do método switch em detalhes ao longo do livro, e você pode consultá-los sempre que quiser ao se deparar com desafios. Tentei oferecer o máximo de dicas e sugestões possíveis para ajudá-lo a navegar por um mundo complexo e em constante transformação. Tente executar alguns dos exercícios, fazer registros em um diário e praticar o tempo todo. Assim como um atleta de elite, treinar sua habilidade e ganhar experiência prática é a forma mais eficiente de se tornar um especialista e aumentar suas chances de sucesso.

Princípios do método switch para seguir por toda a vida

1. **Permaneça aberto e curioso:** encare o mundo com uma mente aberta e curiosa e tente não se prender a uma mentalidade rígida, acreditando que só existe um jeito de fazer as coisas.
2. **Fique confortável com a incerteza:** aprenda a aceitar que a única certeza que existe é que as coisas mudam. Se você fugir de situações incertas e não estiver disposto a mudar, então aos poucos vai começar a desenvolver um jeito rígido de pensar, sentir e agir. E não seria o único a fazer isso. Muitos de nós nos tornamos cheios

de manias, e não há nada errado com isso quando a vida é estável e certa, porém essa situação não vai durar para sempre, e seremos rapidamente deixados para trás se mantivermos essa atitude quando as coisas mudarem.

3. **Cultive uma mentalidade ágil:** este é o primeiro, e talvez seja o mais importante, pilar do método switch. Você pode se tornar mais ágil ao manter em mente o ABCD da agilidade: Adaptar-se a exigências variáveis; Balancear desejos e objetivos em conflito; Converter ou combater sua perspectiva; e, por fim, Desenvolver sua competência mental, para conseguir "dançar rapidamente no momento", como diz um amigo meu, que é coach executivo.
4. **Cultive o autoconhecimento:** este segundo pilar do método switch pede que você compreenda seus valores fundamentais e seja sincero sobre as suas capacidades. Reflita constantemente e avalie se suas ações são consistentes com o seu eu verdadeiro. Encontrar compatibilidade entre quem você é e a forma como vive é um dos segredos para o sucesso.
5. **Aceite e siga sua vida emocional:** o terceiro pilar — compreender e aceitar suas emoções — também alimenta a agilidade. Algumas emoções não transmitem uma sensação boa, mas oferecem informações importantes sobre o mundo e sobre como você está. Aprenda a escutar o que suas emoções dizem, ao mesmo tempo em que aprende a controlá-las nos momentos em que se tornam intensas demais. Novamente, lembre-se de que a *flexibilidade* é fundamental; circunstâncias distintas exigem formas diferentes de regular suas emoções.
6. **Dedique-se à sua intuição:** assim como aprender a ouvir os sinais internos, muitas vezes sutis, que vêm de dentro do corpo, aprenda a olhar para fora e desenvolver uma "percepção das situações" dos seus arredores. O quarto pilar do método switch vai permitir que você tome decisões mais precisas e melhore a agilidade.

7. **Aprenda a descentrar:** nós temos uma habilidade única de nos afastar das situações e olhar para o quadro geral. Quando aumentamos nossa perspectiva, podemos nos lembrar de que nossos pensamentos não são necessariamente verdadeiros — eles são como trens que passam por uma estação; surgem em nossa mente, e nem sempre precisamos lhes dar atenção nem acreditar no que dizem. Essa habilidade de sair do momento e ver as coisas de fora pode ser muito útil, principalmente em um momento de crise.
8. **Aprenda alguns exercícios de respiração e técnicas de aterramento:** aprenda algumas formas simples e eficientes de relaxar seu corpo. Ter uma sensação básica de segurança dentro de si mesmo pode ajudar muito a acalmar a mente. Por meio de uma imensidão de pesquisas, sabemos que isso acontece porque sinais internos do corpo enviados para o cérebro são constantemente interpretados e analisados, então, se o corpo estiver tenso e enviando mensagens de perigo, a mente vai permanecer em constante alerta. Exercícios de respiração simples podem ter um efeito surpreendente. Tente fazê-los todos os dias — não espere uma crise chegar.
9. **Crie um diário com memórias felizes:** escreva alguns dos momentos mais felizes de que você consegue se lembrar. Esse método poderoso vai oferecer memórias felizes que você pode consultar em momentos desafiadores e estressantes. Por muitas pesquisas, sabemos que pessoas desanimadas têm muita dificuldade em direcionar a mente para pensamentos positivos. Assim, ter uma forma fácil de sair da negatividade e passar um tempo com aspectos positivos da vida é uma estratégia muito boa para a saúde mental.
10. **Torne-se adaptável ao estresse:** ao longo deste livro, vimos que a experiência é fundamental. Expor-se a uma variedade maior de experiências possível é a forma natural de desenvolver as habilidades do método switch. Por meio de pesquisas, sabemos que a

exposição a adversidades pode nos oferecer capacidades mentais e sociais para lidar com o estresse. Assim, em vez de tentar fugir de todas as adversidades e situações incertas, se jogue — essa é a única forma de aprender as habilidades de que você vai precisar para enfrentar dificuldades futuras.

11. **Cultive uma "mente sábia":** na terapia TCD, como vimos no Capítulo 11, há três estados da mente, ou formas de ser. A mente emocional, em que você avalia emocional e intuitivamente uma situação; a mente racional, em que compreende uma situação ao analisar os fatos objetivos; e a mente sábia, que une o emocional e o racional. Sempre que puder, pergunte a si mesmo: "O que minha mente sábia faria?" Isso é especialmente útil em fases tranquilas, porque vai ajudar na aplicação quando momentos de crise surgirem.
12. **Aproveite a jornada!** Lembre-se de que a vida pode ser divertida. Lógico, todos nós precisamos lidar com tristeza, perdas e decepções, já que tudo isso faz parte de uma vida normal. No entanto, também há muitas maravilhas a serem aproveitadas. Então, aceite tudo — vá devagar, faça uma pausa, aproveite o momento presente. Mantenha um pouco de fascínio e brilho na sua vida. Procure coisas que deixem você impressionado — apreciar uma obra de arte ou uma música, notar a beleza da natureza, observar a vastidão do céu à noite, todas são ótimas opções para colocar as coisas em perspectiva.

O método switch nos ajuda a lidar com um mundo incerto

O método switch é uma habilidade de alta pressão, que nos permite prosperar em um mundo precário, em que muitas mudanças chegam até nós vindas de direções inesperadas. O foco inabalável da determinação significa que corremos o risco de perder a riqueza intrínseca, a criatividade e a vastidão da vida. Há muitos exemplos de como pessoas generalistas —

aquelas que não necessariamente persistem em uma coisa, seja ela uma ocupação, seja ela um hobby — costumam ser mais bem-sucedidas e felizes. O importante é encontrar a combinação certa. A questão não é desistir ou fazer trocas sem motivo, mas descobrir a melhor opção para os seus talentos e interesses.

Meu amigo Jonathan descobriu isso do jeito difícil. Ele era apaixonado por ciências na escola e sonhava em estudar química na faculdade. A família dele, no entanto, vinha de uma longa linhagem de advogados, e ele sofria muita pressão para ingressar na faculdade de direito. Jonathan cedeu aos desejos da família e lutou para conseguir o diploma, odiando cada segundo. Anos trabalhando em um escritório de advocacia vieram após isso, incluído o treinamento para defender casos. Jonathan não era um bom contador de histórias e observava com fascínio enquanto seus colegas habilidosamente manipulavam júris com o brilhantismo de suas narrativas.

Ironicamente, a vida dele mudou quando ele entrou para a equipe de defesa de um químico, que alegava propriedade de uma patente que havia sido registrada pela universidade que o empregava. Horas de perguntas e conversas sobre os detalhes da invenção reacenderam o amor de Jonathan pela química. Alguns meses após esse caso, ele tomou a decisão extraordinária de desistir da advocacia e estudar ciências. Meu amigo nunca olhou para trás e se arrepende apenas de não ter mudado antes. "Ainda bem que tive coragem", disse ele. "Caso contrário, o caminho para a infelicidade seria bem longo."

Desistir foi a decisão certa para Jonathan. E com frequência é para muitas pessoas. Diminuir os atendimentos como dentista foi a melhor solução para Paddi Lund. A minha decisão de desistir da contabilidade tantos anos atrás foi, quase com certeza, certa para mim. Aos 17 anos, quando eu estava chorando no meu quarto, tinha certeza de que meu futuro havia sido arruinado. Em vez disso, a jornada estava apenas começando!

Nenhum de nós jamais vai saber com certeza se escolheu o caminho certo, ou se tomou a decisão correta, é óbvio, porque problemas corriqueiros não têm respostas óbvias. Sabemos, porém, que, para termos sucesso diante das incertezas inerentes da vida, precisamos de adaptabilidade.

Espero que este livro ajude você a seguir um caminho mais resiliente. Ao aprender a compreender e aceitar a si mesmo, apreciar seus arredores e reconhecer o poder de ser ágil e manter a mente aberta, torço para que você esteja pronto a encarar o restante da vida não como uma tarefa a ser cumprida, mas como uma aventura.

ANEXO I

SOLUÇÃO PARA O PROBLEMA DOS NOVE PONTOS

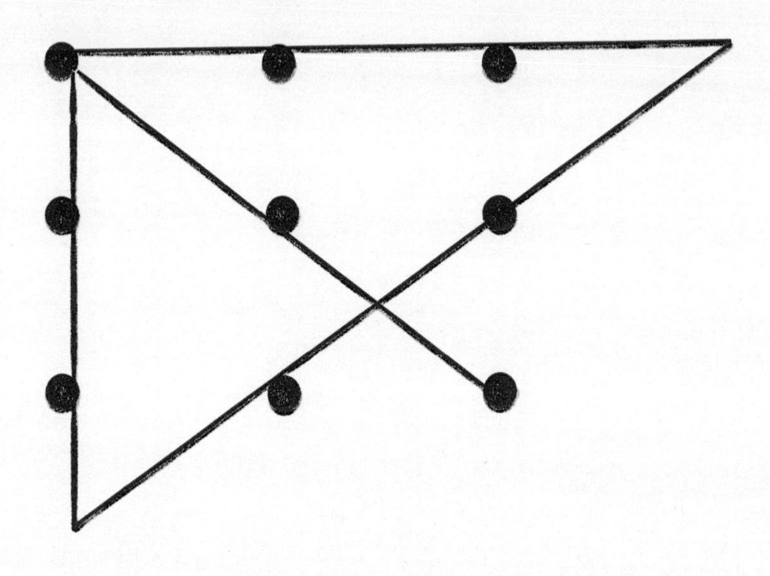

ANEXO 2

COMO PONTUAR OS COMPONENTES DE UMA NARRATIVA PESSOAL

Essas pontuações foram adaptadas de um trabalho científico de Kate C. McLean e colegas, "The empirical structure of narrative identity: The initial Big Three", *Journal of Personality and Social Psychology*, 2020, vol. 119, pp. 920-944. Outros dados foram oferecidos por um guia de pesquisas organizado por Jonathan Adler e colegas, publicado em *Social Psychological and Personality Science*, 2017, vol. 8, pp. 519-527.

Qualidade emocional:

Agência (A): refere-se ao grau de autonomia que você tem na sua narrativa. Você teve muito controle sobre a situação? Pontue-se com 0 caso estivesse à mercê da situação e sem poder algum, e então com 1, 2, 3 ou 4, sendo 4 o controle absoluto sobre a situação e uma demonstração evidente de que você foi capaz de iniciar uma mudança sozinho e influenciar sua vida.

Companheirismo (C): aqui, a pontuação é 0 se você estivesse completamente desconectado, isolado ou rejeitado, e então 1 a 4, com 4 significando conexões profundas com outras pessoas e formas elaboradas de descrever essas conexões.

Tom emotivo (T): refere-se à sensação emocional da narrativa em geral e é classificado em uma escala de 1-5, sendo 1 muito pessimista ou negativo, 5 muito otimista ou positivo e 3 emocionalmente neutro.

Redenção (R) e Contaminação (Ct): redenção é definida como uma narrativa que começa em um estado negativo (perda ou doença, por exemplo) e termina em estado positivo, enquanto contaminação começa em estado positivo ou neutro, mas termina negativo. Se não existe sinal de mudança do começo ao fim, a pontuação deve ser 0. Sinais de pequenas mudanças de negativo para positivo devem receber 1, enquanto uma mudança maior para um estado positivo recebe 2. Evidências de contaminação — sair de um estado neutro ou positivo para um negativo — recebem menos 1.

O cálculo da qualidade emocional é (A + C + T + R) - Ct. Em outras palavras, apenas some as pontuações dos três componentes (A, C e T) e então acrescente a pontuação de R se for positiva, ou subtraia 1 se a sua narrativa teve um tema contaminado (passou de positivo para negativo).
NOTA: ______________________

Significação:

Processamento exploratório (PE): sua história descreve uma análise e uma exploração abertas do significado de acontecimentos passados para compreender o impacto deles e o potencial que tiveram em mudar a forma como você se enxerga? Isso pode ocorrer na forma de uma reflexão sobre como você se sentiu durante o acontecimento, se debateu a natureza dele com outras pessoas e se você descreveu explicitamente como mudou por causa dele. A pontuação é feita em uma escala de 5 pontos de 0-4, com 0 significando nenhum sinal de exploração, 1 sendo uma exploração mínima e 4 sendo altamente exploratório, com a exploração sendo o tema principal da narrativa.

Significação (S): este é o grau em que seu autoconhecimento aumentou e as revelações que você teve ao refletir sobre a experiência passada. Uma pontuação de 0 reflete nenhuma explicação sobre o significado do acontecimento; 1 é atribuído quando uma lição específica foi aprendida; 2 é oferecido a narrativas com um significado vago (isto é, há um relato de certo crescimento ou mudança, mas sem detalhes); e 3 significa que há evidências de que você teve revelações específicas a partir do acontecimento, que então foram aplicadas a áreas mais abrangentes da sua vida.

Conexões de mudança (CM): este componente reflete o grau em que o acontecimento ou situação narrada levou a uma mudança em algum grau do seu autoconhecimento. A pontuação 0 é atribuída se não há sinal de que a experiência causou mudança no autoconhecimento; 1 se há evidências de que a experiência causou mudança no autoconhecimento, e um ponto extra (totalizando 2) é somado se o acontecimento trouxe à tona um aspecto antes ignorado sobre si mesmo.

Crescimento (Cr): este é o grau em que um senso de crescimento pessoal positivo foi descrito como resultado do acontecimento narrado. Uma pontuação de 0 significa que não há evidência de crescimento pessoal; 1 é atribuído se a narrativa sugeriu minimamente que houve um crescimento; 2 mostra que um crescimento positivo foi notável e descrito como importante ou transformador; e a pontuação 3 é oferecida quando o crescimento é um tema muito detalhado da narrativa, descrito como nitidamente transformador.

O cálculo da significação é (PE + S + CM + Cr). Em outras palavras, apenas some a pontuação dos quatro componentes.

NOTA: ____________________

Complexidade:

Os elementos-chave da complexidade são detalhes factuais, junto com a coerência da história.

Fatos (F): são os detalhes factuais da situação — como onde aconteceu, quando aconteceu, quem fez o quê, e assim por diante. A pontuação 0 é atribuída para a ausência total de detalhes factuais, sendo uma escala de 1-3 atribuída dependendo do grau de detalhes factuais que transportam o leitor ao acontecimento. Uma nota 3 incluiria detalhes minuciosos sobre motivações, intenções e sentimentos que oferecem certa noção de como você se sentia ou pensava no momento.

Coerência (Co): este é o grau em que a narrativa faz sentido em termos de momento e contexto. Os detalhes da situação (contexto) são evidentes, e existe uma linha do tempo compreensível dos acontecimentos? Uma ausência completa de coerência recebe 0, sendo 1 atribuído a detalhes bem definidos de tempo e lugar (contexto), com um ponto extra (totalizando 2) sendo oferecido para uma descrição clara da organização temporal do acontecimento.

O cálculo da complexidade é F + Co. Em outras palavras, apenas some a pontuação dos dois componentes.
NOTA: ____________________

Qualidade emocional: notas podem variar de 0 a 15.
Significação: notas podem variar de 0 a 12.
Complexidade: notas podem variar de 0 a 5.

NOTAS

Introdução

1. "é comum perder essa fluidez..." (p. 13): há evidências de que existe uma conexão entre permanecer mentalmente ágil e um bem-estar maior conforme envelhecemos. Consulte Julie Blaskewicz Boron e colegas em "Longitudinal change in cognitive flexibility: Impact of age, hypertension, and APOE4", *Innovation in Aging*, 2018, vol. 2, p. 249.
2. "Nosso cérebro evoluiu para funcionar como uma 'máquina de predizer o futuro'." (p. 13): no século XX, neurocientistas acreditavam que o cérebro aprendia com a extração de informações dos sinais sensoriais absorvidos do mundo exterior. Essa crença foi radicalmente deixada para trás no século XXI, quando o cérebro passou a ser visto como um "aparelho de inferência" que ativamente constrói explicações e previsões sobre o que acontece no "mundo exterior". Uma explicação muito acessível sobre como isso funciona pode ser encontrada na Lição 4 do fascinante livro escrito por Lisa Feldman Barrett, neurocientista e psicóloga, *Sete lições e meia sobre o cérebro* (Tramas e debates, 2022). Caso você prefira uma leitura mais acadêmica, um bom panorama científico dessa nova perspectiva pode ser encontrado em um trabalho de Karl Friston: "Does predictive coding have a future?", *Nature Neuroscience*, 2018, vol. 21, pp. 1019-1021.

3. "Uma descoberta surpreendente nos estudos das emoções..." (p. 14): para uma visão geral das "impressões sensoriais" de uma perspectiva budista, consulte "Mindfulness theory: feeling tones (vedanās) as a useful framework for research", de Martine Batchelor, *Current Opinion in Psychology*, 2019, vol. 28, pp. 20-22. Trabalhos mais recentes sobre a ciência afetiva são belamente explicados por Lisa Feldman Barrett em seu livro *How Emotions Are Made: The Secret Life of the Brain*, Macmillan, 2017.
4. "Uma mente inflexível gera ansiedade e depressão." (p. 15): os psicólogos Todd Kashdan e Jonathan Rottenberg coletaram muitas evidências de que a inflexibilidade de processos mentais está no âmago de muitos problemas psicológicos. Sua revisão da literatura em 2010 ajudou muito a impulsionar essa área de pesquisa. Consulte Todd Kashdan e Jonathan Rottenberg em "Psychological flexibility as a fundamental aspect of health", *Clinical Psychology Review*, 2010, vol. 30, pp. 865-878.
5. "Sempre fui fascinada pela maneira como nossa atenção é capturada por informações negativas." (p. 15): esses estudos são descritos em vários trabalhos científicos, entre eles: Elaine Fox, "Attentional bias in anxiety: Selective or not?", *Behaviour Research and Therapy*, 1993, vol. 31, pp. 487-493; Elaine Fox, "Allocation of visual attention and anxiety", *Cognition and Emotion*, 1993, vol. 7, pp. 207-215.
6. "Eu nunca me convenci de que a teoria do 'alerta total' contava a história toda." (p. 16): alguns desses estudos são descritos no trabalho elaborado por Elaine Fox, Riccardo Russo, Robert Bowles e Kevin Dutton: "Do threatening stimuli draw or hold visual attention in subclinical anxiety?", *Journal of Experimental Psychology*, 2001, vol. 130, pp. 681-700.
7. "Essas recomendações têm respaldo científico de verdade..." (p. 17): há vários livros interessantes, escritos por especialistas renomados, que descrevem evidências extensivas sobre o funcionamento de mindfulness (Mark Williams e Danny Penman, *Atenção plena — Mindfulness: Como encontrar a paz em um mundo frenético*, Sextante, 2015; Ruby Wax, A Mindfulness *Guide for the Frazzled*, Penguin Life, 2016), determinação (Angela Duckworth, *Garra: O poder da paixão e da perseverança*, Intrínseca, 2016), mentalidade do crescimento (Carol Dweck, *Mindset: A nova psicologia do sucesso*, Objetiva, 2017)

e positividade (Barbara Fredrickson, *Positivity: Groundbreaking Research to Release Your Inner Optimist and Thrive*, Oneworld Publications, 2011).

8. "Há muitas evidências de que precisamos de uma série de abordagens..." (p. 17): o jornalista norte-americano David Epstein escreveu um best-seller interessante sobre a importância de experimentar várias coisas na vida para otimizar suas oportunidades em um mundo complexo. *Por que os generalistas vencem em um mundo de especialistas*, David Epstein, Globo Livros, 2020.

Capítulo I: Aceite a mudança e se adapte

1. "O coronel Pete Mahoney comanda..." (p. 25): ouvi Pete Mahoney discursar em muitos eventos sobre resiliência, e suas histórias sobre o *front* de batalha sempre impressionam.
2. "Em vez de criar uma falsa divisão..." (p. 28): por muitos anos, fiz parte da diretoria acadêmica de uma multinacional de coaching para executivos, a MindGym, e nosso mantra era lembrar a empresas que mudanças fazem parte da rotina. Você pode ler mais sobre a abordagem da MindGym em um livro escrito por seus dois fundadores, Sebastian Bailey e Octavius Black, *MindGym: Achieve More by Thinking Differently*, Harper One, 2016.
3. "Mudanças e transições" (p. 30): muitos livros foram escritos sobre como se adaptar bem a mudanças. Meus dois preferidos são *Transitions: Making Sense of Life's Changes*, de William Bridge, Da Capo Lifelong Books, 2020 (edição atualizada), e *Vai passar: Histórias de mudança, crise e esperanças de recomeço*, de Julia Samuel, Fontanar, 2022.
4. "O psicanalista alemão Fritz Perls..." (p. 33): Fritz Perls, *A abordagem gestáltica e testemunha ocular da terapia*, Zahar, 1981.
5. "Pesquisas extensivas sobre como parar de fumar..." (p. 37): James Prochaska e Carlo DiClemente, "Stages and processes of self-change of smoking: towards an integrated model of change", *Journal of Consulting and Clinical Psychology*, 1983, vol. 51, pp. 390-395.
6. "No geral, o foco deve ser dar pequenos passos..." (p. 41): o site www.jamesclear.com tem diversas dicas ótimas e sugestões sobre como construir e manter bons hábitos, passo a passo, assim como o best-seller de James

Clear, *Hábitos atômicos: um método fácil e comprovado de criar bons hábitos*, Alta Life, 2019.

7. "'Seja como a água', ensina Lee." (p. 42): é possível encontrar várias entrevistas com Bruce Lee no YouTube. Há também uma apresentação maravilhosa sobre suas opiniões menos conhecidas em um artigo escrito por Maria Popova, "Bruce Lee's never before seen writings on Willpower, Emotion, Reason, Memory, Imagination, and Confidence", no seu empolgante site *Brainpickings* (www.brainpickings.org).

Capítulo 2: Como lidar com incertezas e preocupações

1. "Rituais podem trazer certa ideia de organização..." (p. 45): Martin Lang oferece uma visão interessante sobre a função dos rituais da perspectiva científica e religiosa em "The evolutionary paths to collective rituals: An interdisciplinary perspective on the origins and functions of the basic social act", *Archive for the Psychology of Religion*, 2019, vol. 41, pp. 224-252. Sasha Sagan, em seu terno livro *For Small Creatures Such as We*, Penguin Random House, 2019, também defende que rituais são essenciais para nos ajudar a encontrar significado em nossa existência tão frágil.
2. "As questões a seguir vão dar a você uma ideia..." (p. 48): as questões apresentadas aqui são uma versão modificada do questionário padronizado sobre "intolerância à incerteza", desenvolvido por R. Nicholas Carleton e seus colegas R. Nicholas Carleton, Peter J. Norton e Gordon J. G. Asmundson, "Fearing the unknown: A short version of the Intolerance of Uncertainty Scale", *Journal of Anxiety Disorders*, 2007, vol. 21, pp. 105-117.
3. "Psicólogos estão pesquisando..." (p. 50): R. Nicholas Carleton e colegas, "Increasing intolerance of uncertainty over time: the potential influence of increasing connectivity", *Cognitive Behaviour Therapy*, 2019, vol. 48, pp. 121-136.
4. "É por isso que a ansiedade é uma consequência comum..." (p. 51): Michel Dugas e seus colegas produziram uma série de trabalhos os quais demonstram que a intolerância à incerteza causa preocupação e ansiedade crônicas. Uma versão inicial do seu modelo pode ser encontrada em Michel Dugas, Mark Freeston e Robert Ladouceur, "Intolerance of uncertainty

and problem orientation in worry", *Cognitive Therapy and Research*, 1997, vol. 21, pp. 593-606.

5. "A preocupação que nos impulsiona a tomar atitudes pode ser produtiva..." (p. 51): você pode encontrar uma visão geral de leitura muito fácil sobre a diferença entre preocupação produtiva e improdutiva em *Como lidar com as preocupações: Sete passos para impedir que elas paralisem você*, Artmed, 2017, do psicólogo Robert Leahy.
6. "Vários estudos científicos revelam que a incerteza nos impulsiona..." (p. 53): muitos trabalhos liderados pelo psicólogo polonês Arie Kruglanski, que hoje vive nos Estados Unidos, mostram que a sensação de incerteza leva ao que ele chama de "necessidade de conclusão". Ela apresenta várias consequências, como nos impulsionar a tomar decisões rápidas, preferir o familiar ao desconhecido, favorecer nosso grupo em vez de outros e ter a mente fechada para possibilidades alternativas. Uma visão geral acadêmica inicial sobre essa ideia pode ser encontrada em Arie Kruglanski e Donna Webster, "Motivated closing of the mind: seizing and freezing", *Psychological Review*, 1996, vol. 103, pp. 263-283.
7. "Em um conjunto interessante de estudos..." (p. 53): Edward Orehek e colegas, "Need for closure and the social response to terrorism", *Basic and Applied Social Psychology*, 2010, vol. 32, pp. 279-290.
8. "Elas fazem as pessoas se exporem a pequenas 'doses' de incerteza..." (p. 56-7): Michel Dugas e Robert Ladouceur, "Treatment of Generalized Anxiety Disorder: Targeting Intolerance of Uncertainty in Two Types of Worry", *Behavior Modification*, 2000, vol. 24, pp. 635-657.
9. "Tente planejar alguns experimentos comportamentais por conta própria..." (p. 57): caso você sinta muita ansiedade e incerteza, talvez seja bom explorar experimentos comportamentais com um terapeuta competente. Um tratamento típico costuma durar de 14 a 16 consultas.
10. "Um jeito surpreendentemente eficiente de fazer isso..." (p. 60): você pode registrar suas preocupações em um diário ou no celular. Também há um aplicativo grátis e intuitivo, o Worry Tree, disponível para ajudar você a registrar, gerenciar e solucionar suas preocupações: https://www.worry-tree.com/worrytreemobile-app.

11. "Isso se chama descentramento." (p. 62): descentramento é a capacidade de notar situações estressantes rotineiras de uma perspectiva objetiva, em terceira pessoa. Essa técnica simples mostrou-se muito poderosa para reduzir a ansiedade e a depressão. Para uma boa perspectiva acadêmica, consulte o trabalho de Marc Bennett e colegas, "Decentering as a core component in the psychological treatment and prevention of youth anxiety and depression: A narrative review and insight report", *Translational Psychiatry*, 2021, vol. 11, artigo 288.

Capítulo 3: A flexibilidade da natureza

1. "As minhocas ainda são estudadas em laboratórios em todo o mundo..." (p. 65): *Caenorhabditis elegans é uma nematoda* transparente, com cerca de um milímetro de tamanho. Sydney Brenner, junto com os colegas John Sulston e Robert Horvitz, recebeu o Prêmio Nobel de Fisiologia ou Medicina em 2002 pelo trabalho com a *C. elegans*.
2. "Brenner e sua equipe descobriram muitas coisas fascinantes sobre o cérebro..." (p. 66): *na verdade, o sistema nervoso contém dois tipos de célula: neurônios, que processam informações, e as células da glia, que oferecem apoio metabólico e mecânico aos neurônios. Quando falo de "células cerebrais", me refiro aos neurônios.*
3. "Pesquisas bem mais recentes descobriram..." (p. 66): Yuan Wang e colegas, "Flexible motor sequence generation during stereotyped escape responses", *eLife*, 2020, artigo número 56942.
4. "Quase todos os peixes..." (p. 67): Há uma demonstração impressionante da capacidade fantástica dos peixes de mudar de sexo no primeiro episódio de *Planeta Azul II*, uma série documental da BBC sobre a natureza, junto de uma explicação interessante sobre o processo biológico: https://ourblueplanet.bbcearth.com/blog/?article=incredible-sex-changing-fish-from-blue-planet.
5. "Em um nível mais básico, temos as bactérias..." (p. 68): a estratégia adaptativa de roubar genes é destacada em um breve artigo de Mitch Leslie, "Stealing genes to survive", *Science*, 2018, vol. 359, p. 979.
6. "Ao produzir uma defesa para cada situação possível..." (p. 68): o sistema imunológico é extremamente adaptável e flexível. O biólogo Gerald Edelman,

juntamente com o colega Rodney Porter, recebeu o Prêmio Nobel de 1972 por descobrir que pequenos erros ocorrem cada vez que uma célula se divide, resultando na produção de múltiplas proteínas ligeiramente diferentes, e que é essa variedade que o sistema imunológico usa para combater corpos estranhos. Em pesquisas recentes, uma equipe australiana descobriu que o sistema imunológico pode modificar certos tipos de células próprias (células B) para criar anticorpos mais ajustados a corpos estranhos quando os alvos desses anticorpos, chamados antígenos, são flexíveis em vez de rígidos: Deborah L. Burnett e colegas, "Conformational diversity facilitates antibody mutation trajectories and discrimination between foreign and self-antigens", *Proceedings of the National Academy of Science*, 2020, vol. 117, pp. 22341-22350.

7. "Essa tendência dos sistemas de fazer a mesma coisa..." (p. 68): Gerald Edelman e Joseph Gally, "Degeneracy and complexity in biological systems", *Proceedings of the National Academy of Sciences*, 2001, vol. 98 (24), pp. 13763-13768.
8. "Em comparação aos 302 neurônios e oito mil sinapses..." (p. 69): sabemos o número de células cerebrais (as células da glia e neurônios) no cérebro humano graças ao notável trabalho da neurocientista brasileira Suzana Herculano-Houzel. Você pode ler sobre esse trabalho fascinante em um texto muito fácil de compreender escrito pela própria cientista, em *The Human Advantage: A New Understanding of How Our Brains Became Remarkable*, MIT Press, 2016.
9. "Esse processo é chamado de regra de Hebb..." (p. 69): Donald Olding Hebb publicou seu influente livro *The Organization of Behavior* em 1949. Ele ainda é uma base poderosa para que compreendamos o funcionamento do cérebro e é considerado um dos livros mais influentes já publicados sobre psicologia e neurociência.
10. "A neurocientista Lisa Feldman Barrett descreve o processo..." (p. 71): a psicóloga e neurocientista de Boston apresenta uma visão envolvente e fascinante sobre o funcionamento do cérebro e a importância do que ela chama de "orçamento corporal" em seu livro *Sete lições e meia sobre o cérebro*, Tramas e debates, 2022.
11. "Pense no tenista Roger Federer..." (p. 72): o jornalista Oliver Pickup escreveu uma excelente análise sobre a arte de devolver o saque no tênis masculino de elite para o jornal *Telegraph*, que pode ser encontrada aqui: https://www.telegraph.co.uk/tennis/wimbledon-reaction/how-to-return-a-serve/.

Capítulo 4: Agilidade e resiliência

1. "Hoje, sabemos que a resiliência é um processo contínuo e dinâmico..." (p. 75): em 2017, um grupo de pesquisadores especialistas publicou um guia importante para aprimorar a pesquisa sobre resiliência. Eles enfatizaram a importância de capturar a natureza dinâmica da adaptação ao estresse em estudos de longo prazo: Raffael Kalisch e colegas, "The resilience framework as a strategy to combat stress-related disorders", *Nature Human Behaviour*, 2017, vol. 1, pp. 784-790.
2. "Diversos estudos revelam que a maioria de nós..." (p. 75): o psicólogo nova-iorquino George Bonanno mostrou que, após passar por um grande trauma, as pessoas seguem muitas trajetórias diferentes ao longo dos anos, porém a resiliência é o resultado mais comum: George Bonanno, "Loss, Trauma, and Human Resilience: Have We Underestimated the Human Capacity to Thrive After Extremely Aversive Events?", *American Psychologist*, 2004, vol. 59, pp. 20-28.
3. "A resiliência tem tanto a ver com..." (p. 75): a pandemia de coronavírus não teve o efeito adverso à saúde mental que muitos esperavam. Em vez disso, pessoas por todo o mundo se mostraram altamente resilientes e se adaptaram bem às mudanças. Você pode ler sobre essa pesquisa em um artigo para uma revista, escrito pelos psicólogos Lara Aknin, Jamil Zaki e Elizabeth Dunn, *The Atlantic*, 4 jul. 2021.
4. "Na verdade, pesquisas recentes revelam..." (p. 75): Jessica Fritz e colegas, "A systematic review of amenable resilience factors that moderate and/or mediate the relationship between childhood adversity and mental health in young people", *Frontiers in Psychiatry*, 2018, vol. 8, artigo 230.
5. "Michael Ungar, renomado pesquisador sobre a resiliência..." (p. 76): conversei com o pesquisador canadense sobre resiliência Michael Ungar, após um evento do MQ Mental Health Science em Londres, em fevereiro de 2019. As várias maneiras pelas quais podemos nos recuperar e nos adaptar positivamente à adversidade estão bem resumidas em seu livro *Change Your World: The Science of Resilience and the True Path to Success*, Sutherland House, 2019.
6. "Vários estudos sobre resiliência em refugiados..." (p. 76): Emrah Cinkara, "The role of L+ Turkish and English learning in resilience: A case of Syrian

students at Gaziantep University", *Journal of Language and Linguistic Studies*, 2017, vol. 13, pp. 190-203. Uma boa análise da importância da linguagem para aumentar a resiliência dos refugiados pode ser encontrada em um relatório do British Council, "Language for Resilience": www.britishcouncil.org/language-for-resilience.

7. "Estudos realizados pelo grupo do meu laboratório exploraram a resiliência..." (p. 78): em nossos estudos com um grande grupo de cerca de quinhentos adolescentes, encontramos uma variedade de influências protetoras: elas incluem ser do sexo masculino, de origem abastada, e também ter certos tipos de pensamento e nível de autoestima. Você pode encontrar os resultados de nossa pesquisa em Charlotte Booth, Annabel Songco, Sam Parsons e Elaine Fox, "Cognitive mechanisms predicting resilient functioning in adolescence: Evidence from the CogBIAS longitudinal study", *Development and Psychopathology*, 2020, pp. 1-9.
8. "No entanto, há também evidências de que algumas das características relacionadas..." (p. 78): algumas pesquisas sugerem que a diferença salarial que ainda existe entre homens e mulheres talvez ocorra devido a uma reação contra as mulheres quando elas tentam negociar salários mais altos, algo que muitas vezes é encarado como inadequado para o gênero. Jennifer Dannals, Julian Zlatev, Nir Halevy e Margaret Neale, "The dynamics of gender and alternatives in negotiation", *Journal of Applied Psychology*, 2021, https://doi.org/10.1037/apl0000867.
9. "E há uma imensa quantidade de pesquisas..." (p. 79): muitos estudos exploram as vantagens e desvantagens dos estilos focados no problema ou na emoção. Um estudo interessante que mostra a complexidade da questão é o de John Baker e Howard Berenbaum, "Emotional approach and problem-focused coping: A comparison of potentially adaptive strategies", *Cognition and Emotion*, 2007, vol. 21, pp. 95-118.
10. "Cada vez mais pesquisas revelam..." (p. 80): Cecilia Cheng, psicóloga de Hong Kong, liderou os esforços para demonstrar a importância da *flexibilidade* na construção do bem-estar e da resiliência: Cecilia Cheng e Chor-Iam Chau, "When to approach and when to avoid? Functional flexibility is the key", *Psychological Inquiry*, 2019, vol. 30, pp. 125-129; Cecilia Cheng, Hi-Po Bobo Lau e Man-Pui Sally Chan, "Coping flexibility and psychological adjustment

to stressful life changes: A meta-analytic review", *Psychological Bulletin*, 2014, vol. 140, pp. 1582-1607.

11. "Essa conclusão tem o respaldo dos nossos estudos..." (p. 81): Charlotte Booth, Annabel Songco, Sam Parsons e Elaine Fox, "Cognitive mechanisms predicting resilient functioning in adolescence: Evidence from the CogBIAS longitudinal study", *Development and Psychopathology*, 2020, pp. 1-9; Sam Parsons, Anne-Wil Kruijt e Elaine Fox, "A cognitive model of psychological resilience", *Journal of Experimental Psychopathology*, 2016, vol. 7, pp. 296-310.
12. "O modelo de déficit, porém, ignora informações interessantes..." (p. 81): o trabalho do psicólogo e antropólogo Bruce Ellis e sua equipe da Universidade de Utah sugere que procurar os pontos fortes dos jovens costuma ser mais informativo do que procurar suas dificuldades: Bruce Ellis e colegas, "Beyond risk and protective factors: An adaptation-based approach to resilience", *Perspectives on Psychological Science*, 2017, vol. 12, pp. 561-587.
13. "No começo da década de 1980, Jason Everman explodiu um vaso sanitário da escola..." (p. 83): Clay Tarver. "The Rock 'n' Roll Casualty Who Became a War Hero", *The New York Times*, 2 jul. 2013.

Capítulo 5: As vantagens da agilidade mental

1. "Paddi se deu conta de que precisava fazer algo radical." (p. 89): ouvi Paddi explicar seu movimento radical em uma conferência de negócios há vários anos. Você pode ler sobre como ele construiu sua prática odontológica centrada na felicidade em seu e-book *Building the Happiness-Centred Business*, que pode ser encontrado em: https://www.paddilund.com.
2. "Como alertou o psicólogo estadunidense Abraham Maslow..." (p. 90): Abraham Maslow, *The Psychology of Science*, Harper and Row, 1966.
3. "Estudos científicos recentes e de ponta mostram..." (p. 95): os psicólogos Todd Kashdan e Jonathan Rottenberg argumentam que a capacidade de ser psicologicamente flexível está associada à saúde e ao bem-estar. Você pode ler a extensa análise de estudos de psicologia deles em Todd Kashdan e Jonathan Rottenberg, "Psychological flexibility as a fundamental aspect of health", *Clinical Psychology Review*, 2010, vol. 30, pp. 865-878. Estudos

mais recentes revelam que a flexibilidade é importante para melhorar a saúde mental durante um período de crise. Um bom exemplo é o artigo de David Dawson e Nima Golijani-Moghaddam, "COVID-19: Psychological flexibility, coping, mental health, and well-being in the UK during the pandemic", *Journal of Contextual Behavioral Science*, 2020, vol. 17, pp. 126-134.

4. "Vou utilizar um dos meus estudos com adolescentes..." (p. 95): Sam Parsons, Annabel Songco, Charlotte Booth e Elaine Fox, "Emotional information-processing correlates of positive mental health in adolescence: A network analysis", *Cognition and Emotion*, 2021, vol. 35, pp. 956-969.
5. "Uma forma de alimentar essas conexões mais flexíveis..." (p. 97): uma boa análise de como o viés de interpretação pode influenciar o bem-estar e como ele pode ser modificado está disponível em um capítulo do trabalho de Courtney Beard e Andrew Peckham, "Interpretation bias modification", Capítulo 20 de *Clinical Handbook of Fear and Anxiety: Maintenance Processes and Treatment Mechanisms*, organizado por Jonathan Abramowitz e Shannon Blakey, American Psychological Association, 2020.
6. "No fim da década de 1990 e no começo dos anos 2000, a empresa estava em sérios apuros." (p. 100): você pode aprender tudo o que quiser sobre como a Lego se reinventou e mudou as regras da inovação em *Brick By Brick: How LEGO Rewrote the Rules of Innovation and Conquered the Global Toy Industry*, de David Robertson, professor de Inovação da Wharton, Crown Business, 2013.
7. "Apesar da aparente simplicidade, esse desafio é maldosamente difícil." (p. 102): Trina Kershaw e Stellan Ohlsson, "Multiple causes of difficulty in insight. The case of the nine-dot problem", *Journal of Experimental Psychology: Learning, Memory & Cognition*, 2004, vol. 30, pp. 3-13.
8. "Na Idade Média, doenças contagiosas e epidemias..." (p. 103): Marianna Karamanou, George Panayiotakopoulos, Gregory Tsoucalas, Antonis Kousoulis e George Androutsos, "From miasmas to germs: A historical approach to theories of infectious disease transmission", *Le Infezioni in Medicina*, 2012, vol. 1, pp. 52-56.
9. "Psicólogos da Dartmouth e de Princeton, porém, começaram a se perguntar..." (p. 105): Albert Hastorf e Hadley Cantril, "They saw a game: A case study", *Journal of Abnormal and Social Psychology*, 1954, vol. 49, pp. 129-134.

10. "É por isso que é mais fácil apontarmos os erros de desconhecidos..." (p. 106): Ursula Hess, Michel Cossette e Shlomo Hareli, "I and my friends are good people: The perception of incivility by self, friends and strangers", *European Journal of Psychology*, 2016, vol. 12, pp. 99-114.

Capítulo 6: O funcionamento da agilidade no cérebro: flexibilidade cognitiva

1. "Vestígios desse comportamento permanecem em nosso cérebro..." (p. 108): apresentei esse argumento em meu trabalho ao descrever a demora em desengajar observada em pessoas ansiosas como uma espécie de "minicongelamento cerebral": Elaine Fox e colegas, "Do threatening stimuli draw or hold visual attention in subclinical anxiety?", *Journal of Experimental Psychology*, 2001, vol. 130, pp. 681-700.
2. "Dois processos mentais internos diferentes..." (p. 110): Diana Armbruster e colegas, "Prefrontal cortical mechanisms underlying individual differences in cognitive flexibility and stability", *Journal of Cognitive Neuroscience*, 2012, vol. 24, pp. 2385-2399.
3. "Estudos de mapeamento cerebral também revelam que pessoas ágeis..." (p. 111): Urs Braun e colegas, "Dynamic reconfiguration of frontal brain networks during executive cognition in humans", *Proceedings of the National Academy of Sciences*, 2015, vol. 112, pp. 11678-11683.
4. "No cérebro, flexibilidade cognitiva..." (p. 111): na psicologia, um paradigma experimental conhecido como "alternância de tarefas" é usado para avaliar a flexibilidade cognitiva. O psicólogo britânico Stephen Monsell apresenta um resumo compreensível sobre o assunto em seu artigo "Task switching", *Trends in Cognitive Sciences*, 2003, vol. 7, pp. 134-140.
5. "O meu argumento é que a fluência..." (p. 111): a natureza e a definição de "flexibilidade cognitiva" variam em diferentes estudos da psicologia. Eu adoto uma abordagem mais geral e uso a maioria dessas definições neste livro. Um bom resumo acadêmico a respeito da natureza da flexibilidade cognitiva pode ser encontrado no artigo teórico do psicólogo romeno Thea Ionescu, "Exploring the nature of cognitive flexibility", *New Ideas in Psychology*, 2012, vol. 30, pp. 190-200.

6. "Entre os 7 e os 11 anos..." (p. 112): um bom resumo de como a flexibilidade cognitiva e outras habilidades das funções executivas se desenvolvem na infância pode ser encontrado em um estudo da Universidade do Estado de Illinois, Alison Bock, Kristin Gallaway e Alycia Hund, "Specifying links between executive functioning and theory of mind during middle childhood: Cognitive flexibility predicts social understanding", *Journal of Cognition and Development*, 2015, vol. 16, pp. 509-521.
7. "Uma boa forma de testar isso é pedir a crianças..." (p. 112): este é um exemplo de uma "tarefa de troca com classificação múltipla": B. Inhelder e Jean Piaget, *The Early Growth of Logic in the Child*, Nova York: Norton Books, 1964. Foram usadas variações dessa tarefa em diversos estudos para avaliar a flexibilidade cognitiva em crianças.
8. "Na verdade, muitos estudos revelam que crianças..." (p. 112): as crianças que são boas nesse tipo de jogo de "alternância de tarefas" também estão menos propensas a usar estereótipos rígidos: Rebecca Bigler e Lynn Liben, "Cognitive mechanisms in children's gender stereotyping: Theoretical and educational implications of a cognitive-based intervention", *Child Development*, 1992, vol. 63, pp. 1351-1363. Se forem boas nessa tarefa, as crianças também tendem a ser boas em leitura e outras habilidades cognitivas fundamentais. Para mais detalhes, consulte Kelly Cartwright, "Cognitive development and reading: The relation of reading specific multiple classification skill to reading comprehension in elementary school children", *Journal of Educational Psychology*, vol. 94, pp. 56-63, e Pascale Cole, Lynne Duncan e Agnes Blaye, "Cognitive flexibility predicts early reading skills", *Frontiers in Psychology*, 2014, vol. 5, p. 565.
9. "Mesmo que haja uma variação nos resultados..." (p. 118): existem algumas evidências de que jogos de ação para videogame que enfatizam alternância rápida entre múltiplas atividades podem provocar grandes melhoras na flexibilidade cognitiva: Kerwin Olfers e Guido Band, "Game-based training of flexibility and attention improves task-switch performance: Near and far transfer of cognitive training in an EEG study", *Psychological Research*, 2018, vol. 82, pp. 186-202, e Brian Glass, W. Todd Maddox e Bradley Love, "Real-time strategy game training: emergence of a cognitive flexibility trait", *PlosONE*, 7 ago. 2013, 8 (8):e70350.

10. "Outra forma de aumentar a flexibilidade cognitiva é viajando." (p. 118): diversos estudos na psicologia sustentam a ideia de que viajar expande a mente e, principalmente, melhora a flexibilidade cognitiva. Um resumo muito acessível está disponível em um artigo escrito para a *Harvard Business Review* pelo psicólogo estadunidense Todd Kashdan: "Mental benefits of vacationing somewhere new", https://hbr.org/2018/01/the-mental-benefits--of-vacationing-somewhere-new.
11. "Um grupo de pesquisadores estudou a criatividade de estilistas seniores..." (p. 118): Frederic Godart, William Maddux, Andrew Shipilov e Adam Galinsky, "Fashion with a foreign flair: Professional experiences abroad facilitate the creative innovations of organizations", *Academy of Management Journal*, 2015, vol. 58, pp. 195-220.
12. "O 'teste dos propósitos inusitados'..." (p. 119): Robert Wilson, J. P. Guilford, Paul Christensen e Donald Lewis, "A factor-analytic study of creative thinking abilities", *Psychometrika*, 1954, vol. 19, pp. 297-311.
13. "No entanto, conforme nossos níveis de estresse aumentam..." (p. 120): estudos mostram que o aumento na ansiedade leva a uma dificuldade maior de desviar o foco de uma tarefa atrativa: Daniel Gustavson, Lee Altamirano, Daniel Johnson, Mark Whisman e Akira Miyake, "Is set-shifting really impaired in trait anxiety? Only when switching away from an effortfully established task set", *Emotion*, 2017, vol. 17, pp. 88-101.
14. "A situação, porém, muda quando se trata do interior delas..." (p. 120): essa é a descoberta de um estudo importante conduzido na Birkbeck College, Universidade de Londres, pelos psicólogos Tahereh Ansari e Nazanin Derakhshan: "The neural correlates of cognitive effort in anxiety: Effects on processing efficiency", *Biological Psychology*, 2011, vol. 86, pp. 337-348.
15. "Em vez de optar pela versão tradicional da troca de tarefas..." (p. 121): uma versão afetiva do teste de alternância de tarefas foi desenvolvida pelos psicólogos Jessica Genet e Matthias Siemer, da Universidade de Miami. A tarefa avalia a capacidade que uma pessoa tem de alternar entre os aspectos emocionais de uma palavra ou uma imagem em contraste com os aspectos não emocionais: Jessica Genet e Matthias Siemer, "Flexible control in processing affective and non-affective material predicts individual differences in trait resilience", *Cognition and Emotion*, 2011, vol. 25, pp. 380-388. Eu

elaborei esse estudo em parceria com Eve Twivy, uma aluna que desenvolvia sua pesquisa para o mestrado no meu grupo de laboratório, e Maud Grol, uma psicóloga holandesa que era então pesquisadora de pós-doutorado no meu grupo de laboratório.

16. "Levando em conta minhas descobertas anteriores..." (p. 121): Elaine Fox, Riccardo Russo, Robert Bowles e Kevin Dutton, "Do threatening stimuli draw or hold visual attention in subclinical anxiety?", *Journal of Experimental Psychology*, 2001, vol. 130, pp. 681-700.
17. "De fato, a inflexibilidade para se afastar do material negativo..." (p. 121): Jessica Genet, Ashley Malooly e Matthias Siemer: "Flexibility is not always adaptive: affective flexibility and inflexibility predict rumination use in everyday life", *Cognition and Emotion*, 2013, vol. 27, pp. 685-695.
18. "Para compreender melhor como as pessoas lidam com pressões diárias..." (p. 122): a Hassles and Uplifts Scale (HUS) apresenta uma avaliação de quantas irritações diárias (como quebrar a pulseira de um relógio, perder o ônibus) uma pessoa vivencia em uma semana comum, juntamente de alegrias (tais como telefonar para um amigo, ir a um restaurante, concluir uma tarefa). Ela foi desenvolvida por Anita DeLongis e colegas, "Relationships of daily hassles, uplifts and major life events to health status", *Health Psychology*, 1982, vol. 1, pp. 119-136.
19. "Apesar de haver alguns sinais do aumento de rigidez..." (p. 122): você pode ler nossos resultados em "Individual differences in affective flexibility predict future anxiety and worry", de Eve Twivy, Maud Grol e Elaine Fox, *Cognition and Emotion*, 2021, vol. 35, pp. 425-434.
20. "Nesse sentido mais abrangente, a agilidade psicológica..." (p. 124): os psicólogos Todd Kashdan e Jonathan Rottenberg escreveram uma revisão seminal da literatura acadêmica mostrando os benefícios da flexibilidade psicológica para a saúde e o bem-estar: "Psychological flexibility as a fundamental aspect of health", *Clinical Psychology Review*, 2010, vol. 30, pp. 865-878.

Capítulo 7: O ABCD da agilidade mental

1. "A agilidade psicológica mais abrangente consiste em quatro processos dinâmicos..." (p. 129): esses quatro elementos foram identificados em

uma revisão detalhada de estudos de psicologia feita por Todd Kashdan e Jonathan Rottenberg: "Psychological flexibility as a fundamental aspect of health", *Clinical Psychology Review*, 2010, vol. 30, pp. 865-878.

2. "Como o empresário..." (p. 132): acesse: https://www.virgin.com/branson-family/richard-branson-blog/my-top-10-quotes-on-change.
3. "a ciência revela que observar alguém..." (p. 133): o psicólogo estadunidense-canadense Albert Bandura passou a vida inteira desenvolvendo sua teoria de "autoeficácia" e descobriu que nós aprendemos a ter êxito ao observar os outros fazerem um esforço constante para ter êxito. Ele chama isso de "modelagem social", que é quando adotamos os hábitos das pessoas que nos cercam: Albert Bandura, *Social Learning Theory*, Prentice Hall, 1977.
4. "Um exemplo disso foi demonstrado em um estudo conduzido por uma equipe de pesquisadores espanhóis e britânicos." (p. 134): Ana Isabel Sanz-Vergel, Alfredo Rodriguez-Muñoz e Karina Nielsen, "The thin line between work and home: The spillover and crossover of daily conflicts", *Journal of Occupational and Organizational Psychology*, 2014, vol. 88, pp. 1-18.
5. "Apesar de ser uma atividade que pode consumir muito tempo..." (p. 136): diversos estudos revelaram os benefícios do trabalho voluntário para o bem-estar, inclusive este com 746 trabalhadores suíços. "Busy yet socially gagged: volunteering, work-life balance, and health in the working population", de Romualdo Ramos, Rebecca Brauchli, Georg Bauer, Theo Wehner e Oliver Hammig, *Journal of Occupational and Environmental Medicine*, 2015, vol. 57, pp. 164-172.
6. "Um estudo pediu que 105 trabalhadores alemães..." (p. 136): Eva J. Mojza, Sabine Sonnentag e Claudius Bornemann, "Volunteer work as a valuable leisure-time activity: A day-level study on volunteer work, non-work experiences, and well-being at work", *Journal of Occupational and Organizational Psychology*, 2011, vol. 84, pp. 123-152.
7. "Esse estado de ficar totalmente imerso em uma tarefa..." (p. 137): o psicólogo húngaro-estadunidense Mihaly Csikszentmihalyi desenvolveu um conceito de *fluxo* e conduziu vários estudos a fim de mostrar que esse estado psicológico é fundamental para a prosperidade, produtividade e felicidade. Seu trabalho seminal é descrito em seu livro *Flow: A Psychology of Optimal Experience*, Harper and Row, 1990.

8. "Um exemplo disso foi demonstrado em um estudo..." (p. 134): Kennon Sheldon, Robert Cummins e Shanmukh Kamble, "Life balance and well--being: A novel conceptual and measurement approach", *Journal of Personality*, 2010, vol. 78, pp. 1093-1133.
9. "Na tabela abaixo, há dez áreas da vida." (p. 139): essa tabela é adaptada da *Balance Assessment Sheet* usada no Estudo 1 de Kennon Sheldon, Robert Cummins e Shanmukh Kamble, "Life balance and well-being: A novel conceptual and measurement approach", *Journal of Personality*, 2010, vol. 78, pp. 1093-1133.
10. "Em uma pesquisa realizada pela Mental Health Foundation, no Reino Unido, em 2014..." (p. 140): esse relatório pode ser baixado na página da Mental Health Foundation, em: https://www.mentalhealth.org.uk/a-to-z/w/work-life-balance.
11. "Em vez disso, ele propôs a Kennedy que respondesse..." (p. 144): esse incidente e muitos outros são discutidos em uma biografia de Thompson escrita por suas duas filhas, Jenny Thompson e Sherry Thompson, *The Kremlinologist: Llewellyn E. Thompson. America's Man in Cold War Moscow*, John Hopkins University Press, 2018.
12. "Empatia em excesso pode nos levar a priorizar os outros..." (p. 145): Adam Galinsky e colegas, "Why it pays to get inside the head of your opponent: The differential effects of perspective taking and empathy in negotiation", *Psychological Science*, 2008, vol. 19, pp. 378-384.
13. "Para descobrir seu grau de tomada de perspectiva e empatia..." (p. 145): essas questões foram adaptadas do "Índice de Reatividade Interpessoal": M. H. Davis, "A multidimensional approach to individual differences in empathy", *JSAS Catalog of Selected Documents in Psychology*, 1980, vol. 10, n. 85.
14. "Talvez você fique surpreso ao descobrir que a maioria de nós é otimista..." (p. 148): a ciência por trás do "viés otimista" é explicada de forma interessante pela neurocientista e psicóloga Tali Sharot, da University College London, em seu livro *O viés otimista: Por que somos programados para ver o mundo pelo lado positivo*, Rocco, 2016.
15. "Mesmo durante a pandemia de coronavírus..." (p. 148): Laura Globig, Bastien Blain e Tali Sharot, "When private optimism meets public despair:

Dissociable effects on behavior and well-being". Artigo em revisão, mas uma pré-impressão pode ser acessada aqui: https://psyarxiv.com/gbdn8/.

16. "Lembre-se de que o otimismo não necessariamente é fantasioso." (p. 148-9): escrevi sobre a importância de equilibrar o otimismo e o pessimismo para lidar com os desafios da vida em um outro livro, *Cérebro cinzento, cérebro ensolarado: Como retreinar o seu cérebro para superar o pessimismo e alcançar uma perspectiva mais positiva na vida*, Cultrix, 2015.
17. "Pratique as técnicas mindfulness..." (p. 149): várias sugestões de como praticar mindfulness podem ser encontradas em um livro de Mark Williams e Danny Penman, *Atenção plena: Mindfulness: como encontrar a paz em um mundo frenético*, Sextante, 2015.
18. "Estudos mostram que criar internamente aspectos de um livro..." (p. 150): Raymond Mar e colegas, "Bookworms versus nerds: Exposure to fiction versus non-fiction, divergent associations with social ability, and the simulation of fictional social worlds", *Journal of Research in Personality*, 2006, vol. 40, pp. 694-712, e Matthijs Bal e Martijn Veltkamp, "How does fiction reading influence empathy? An experimental investigation on the role of emotional transportation", *PLosONE*, 2013, vol. 8, artigo e55341.
19. "Isso é chamado de 'simulador de voo da mente'..." (p. 150): Keith Oatley, "Fiction: Simulation of social worlds", *Trends in Cognitive Sciences*, 2016, vol. 20, pp. 618-628.
20. "As funções executivas são a base da nossa competência mental..." (p. 151): um bom resumo das funções executivas e como elas se desenvolvem está disponível em uma revisão de autoria de Adele Diamond, "Executive functions", *Annual Review of Psychology*, 2013, vol. 64, pp. 135-168.
21. "De fato, estudos com crianças revelam..." (p. 153): Terrie Moffitt e colegas, "A gradient of childhood self-control predicts health, wealth, and public safety", *Proceedings of the National Academy of Sciences*, 2011, vol. 108, pp. 2693-2698.
22. "para avaliar os resultados, que se mostraram interessantes." (p. 155): nossos estudos foram conduzidos em colaboração com minha colega e amiga Nazanin Derakhshan, que é psicóloga cognitiva da Birkbeck College London e usou o que é chamado de "tarefa n-back" para ajudar pessoas altamente preocupadas a obter controle sobre o pensamento negativo. Nossos resultados foram

publicados em duas publicações científicas: "A randomized controlled trial investigating the benefits of adaptive working memory training for working memory capacity and attentional control in high worriers", de Matthew Hotton, Nazanin Deraskhshan e Elaine Fox, *Behaviour Research and Therapy*, 2018, vol. 100, pp. 67-77; e "The worrying mind in control: An investigation of adaptive working memory training and cognitive bias modification in worry-prone individuals", de Maud Grol e colegas, *Behaviour Research and Therapy*, 2018, vol. 103, pp. 1-11.

23. "Em um estudo, selecionamos voluntários com compulsão alimentar..." (p. 156): Danna Oomen, Maud Grol, Desirée Spronk, Charlotte Booth e Elaine Fox, "Beating uncontrolled eating: Training inhibitory control to reduce food intake and food cue sensitivity", *Appetite*, 2018, vol. 131, pp. 73-83.
24. "Um estudo na Holanda, por exemplo..." (p. 157): Artur Jaschke, Henkjan Honing e Erik Scherder, "Longitudinal analysis of music education on executive functions in primary school children", *Frontiers in Neuroscience*, 2018, vol. 12, artigo 103.

Capítulo 8: Conhece-te a ti mesmo

1. "A personalidade reflete hábitos básicos..." (p. 162): uma visão geral excelente da ciência da personalidade pode ser encontrada em um livro escrito pelo psicólogo e escritor Christian Jarrett, *Be Who You Want: Unlocking the Science of Personality Change*, Robinson, 2021.
2. "Esse entendimento é chamado de 'psicologia do estranho'..." (p. 163): o psicólogo estadunidense Dan McAdams sugeriu o termo "psicologia do estranho" para se referir à compreensão de uma pessoa, ou de si mesmo, no nível de testes de personalidade: Dan McAdams, "Personality, modernity, and the storied self: A contemporary framework for studying persons", *Psychological Inquiry*, 1996, vol. 7, pp. 295-321.
3. "O que muitas pessoas não entendem é que o teste Myers-Briggs foi desenvolvido..." (p. 164): o teste Myers-Briggs foi inspirado nas ideias do psicanalista suíço Carl Jung, o qual acreditava na ideia de que cada um de nós nasce com quatro arquétipos: a *persona*, que é como nos apresentamos para o mundo, a *sombra*, os nossos desejos sexuais básicos e outros instintos vitais, a *anima* ou

animus, que é a versão masculina e feminina do nosso "eu verdadeiro", e o *self*, que representa todos os aspectos conscientes e inconscientes de uma pessoa. Você pode aprender mais sobre a vida e as ideias de Jung em sua biografia completa escrita por Deirdre Bair intitulada *Jung: Uma biografia*, Globo, 2006.

4. "O teste apresenta muitos problemas..." (p. 164): Merve Emre, professora de inglês na Universidade de Oxford, escreveu um ótimo livro sobre a estranha história do teste de personalidade Myers-Briggs: *What's Your Type: The Story of the Myers-Briggs, and How Personality Testing Took Over the World*, William Collins Publishers, 2018.
5. "Mesmo assim, as pessoas adoram fazer o teste..." (p. 164): em seu livro *What's Your Type*, Merve Emre descreve o teste como um "portal para uma prática elaborada de falar e pensar sobre quem você é", e todos amamos fazer isso.
6. "Após décadas de pesquisa científica, o consenso mais recente..." (p. 165): Daniel Nettle, professor de antropologia na Universidade de Newcastle, no Reino Unido, escreveu uma visão geral ampla e acessível das dimensões dos cinco grandes fatores de personalidade em seu livro *Personality: What Makes You the Way You Are*, Oxford University Press, 2009. Consulte também Christian Jarrett's, *Be Who You Want: Unlocking the Science of Personality Change*, Robinson, 2021.
7. "A *escrupulosidade* reflete a tendência a ser diligente..." (p. 167): você pode saber mais sobre a ciência da consciência no best-seller da psicóloga Angela Duckworth, *Garra: O poder da paixão e da perseverança*, Intrínseca, 2016.
8. "Caso você seja introvertido..." (p. 167): o impacto que sua localização no espectro introversão-extroversão tem na sua vida é ilustrado lindamente no best-seller de Susan Cain, *O Poder dos quietos: Como os tímidos e introvertidos podem mudar um mundo que não para de falar*, Agir, 2012.
9. "É importante lembrar, no entanto, que essas características podem ser alteradas..." (p. 168): para encontrar muitas outras evidências, leia Christian Jarrett, *Be Who You Want: Unlocking the Science of Personality Change*, Robinson, 2021.
10. "Estudos confirmaram..." (p. 169): Elizabeth Krumrei-Mancuso e colegas, "Links between intellectual humility and acquiring knowledge", *Journal of Positive Psychology*, 2020, vol. 15, pp. 155-170.

11. "Por exemplo, uma pesquisa de 2018 determinou..." (p. 169): a pesquisa foi conduzida pelo jornalista Shane Snow e descrita em seu interessante livro *Dream Teams: Working Together Without Falling Apart*, Portfolio, 2018.
12. "As pessoas que estão dispostas a admitir que podem estar erradas costumam ser mais..." (p. 169): você pode encontrar uma boa visão do impacto da humildade na felicidade e no bem-estar de vários autores diferentes em um livro editado pela psicóloga estadunidense Jennifer Cole Wright, *Humility*, Oxford University Press, 2019.
13. "Levando em consideração a consistência relativa desse hábito mental..." (p. 169): Michael Ashton e colegas, "A six-factor structure of personality-descriptive adjectives: solutions from psycholexical studies in seven languages", *Journal of Personality and Social Psychology*, 2004, vol. 86, pp. 356-366. Uma visão geral e acessível da dimensão honestidade-humildade da personalidade e sua importância é apresentada por Kibeom Lee e Michael Ashton no livro *The H Factor of Personality*, Wilfrid Laurier University Press, 2012.
14. "Em 1996, o conhecido psicólogo social John Bargh..." (p. 170): John Bargh, Mark Chen e Lara Burrows, "Automaticity of social behavior: Direct effects of trait construct and stereotype activation on action", *Journal of Personality and Social Psychology*, 1996, vol. 71, pp. 230-244. John Bargh trabalhou em diversos estudos de *priming* social ao longo dos anos, oferecendo um material fascinante para best-sellers de autores como, por exemplo, Malcolm Gladwell, *Blink: A decisão num piscar de olhos*, Sextante, 2016, e Daniel Kahneman, *Rápido e devagar: Duas formas de pensar*, Objetiva, 2012. Bargh descreveu esse trabalho em seu livro *O cérebro intuitivo: Os processos inconscientes que nos levam a fazer o que fazemos*, Objetiva, 2020.
15. "Vamos pular para 2012, quando um grupo de psicólogos em Bruxelas..." (p. 170): Stéphane Doyen, Olivier Klein, Cora-Lise Pichon e Axel Cleermans, "Behavioral priming: It's all in the mind, but whose mind?", *PlosONE*, 18 jan. 2021, artigo 0029081.
16. "Bargh ficou furioso..." (p. 171): o jornalista de ciência Ed Yong escreveu a respeito da reação extraordinária de John Bargh a fracassos em reproduzir seu trabalho: "A failed replication draws a scathing personal attack from a psychology professor", *National Geographic*, mar. 2012.

17. "Por exemplo, uma pesquisa fascinante..." (p. 171): Leor Zmigrod e colegas, "The psychological roots of intellectual humility: The role of intelligence and cognitive flexibility", *Personality and Individual Differences*, 2019, vol. 141, pp. 200-208.
18. "Para ter noção do seu nível de humildade intelectual..." (p. 171): essa escala foi desenvolvida pelas psicólogas Tenelle Porter e Karina Schumann, "Intellectual Humility and openness to the opposing view", *Self and Identity*, 2018, vol. 17, pp. 139-162.
19. "a humildade intelectual pode ser aumentada ao cultivar uma mentalidade de crescimento..." (p. 173): isso foi relatado no Estudo 4 de Porter e Schumann, "Intellectual Humility and openness to the opposing view", *Self and Identity*, 2018, vol. 17, pp. 139-162. O impacto notável que as mentalidades "fixa" e "de crescimento" podem ter sobre a vida das pessoas é descrito lindamente pela psicóloga Carol Dweck em seu livro *Mindset: A nova psicologia do sucesso*, Objetiva, 2017.
20. "A compreensão desses sinais sutis do corpo..." (p. 175): a interocepção — a capacidade de descrever nossas sensações e sentimentos físicos — é agora considerada fundamental para a autoconsciência na psicologia. Visões gerais excelentes podem ser encontradas em um livro de autoria de A. D. (Bud) Craig, *How Do You Feel? An Interoceptive Moment with Your Neurobiological Self*, Princeton University Press, 2014, e em um livro de Guy Claxton chamado *Intelligence in the Flesh: Why Your Mind Needs Your Body Much More Than It Thinks*, Yale University Press, 2015.
21. "Nos primórdios da psicologia científica nos Estados Unidos, em 1884..." (p. 175): uma descrição da teoria de James pode ser encontrada em um artigo que ele escreveu em 1884, "What Is an Emotion?". O artigo foi reimpresso no livro *Heart of William James*, organizado por Robert Richardson, Harvard University Press, 2012.
22. "uma técnica chamada 'tarefa de detecção de batimentos cardíacos'..." (p. 177): mesmo que essa tarefa ainda seja amplamente usada e possa nos ajudar a compreender nossos sinais internos, ela ainda apresenta alguns problemas: Georgia Zamariola e colegas, "Interoceptive accuracy scores

from the heartbeat counting task are problematic: Evidence from simple bivariate correlations", *Biological Psychology*, 2018, vol. 137, pp. 12-17.

23. "Em geral, no entanto, a percepção que temos de nossas sensações internas..." (p. 177): o trabalho de Sarah Garfinkel e Hugo Critchley na Universidade de Sussex mostrou que a percepção das pessoas a respeito de quanto elas são boas em interpretar seus sinais internos na verdade não é muito correta. Uma boa visão geral desse trabalho pode ser encontrada em um artigo da *Wired* escrito por João Medeiros, "Listening to your heart might be the key to conquering anxiety", https://www.wired.co.uk/article/sarah-garfinkel-interoception, 20 out. 2020.
24. "Apesar de autoavaliações também não serem o ideal..." (p. 177): essas questões foram adaptadas a partir de vários questionários amplamente usados na pesquisa. Estão incluídos o *Questionário de Percepção Corporal*, desenvolvido por Stephen Porges: https://www.stephenporges.com/body-scales, e a *Escala de Avaliação Multidimensional da Consciência*, Wolf Mehlings e colegas, "The multidimensional assessment of interoceptive awareness", *PlosONE*, 2012, vol. 7, artigo e48230.
25. "E essa configuração parece ser importante para nos ajudar a diferenciar..." (p. 178): António Damásio apresentou argumentos convincentes sobre o papel da interocepção na formação da autoconsciência em *E o cérebro criou o homem*, Companhia das Letras, 2011.
26. "Sabemos disso porque..." (p. 178): Mariana Babo-Rebelo, Craig Richter e Catherine Tallon-Baudry, "Neural responses to heartbeats in the default network encode the self in spontaneous thoughts", *Journal of Neuroscience*, 2016, vol. 36, pp. 7829-7840.
27. "Estudos desse tipo nos revelam que é melhor entender a mente..." (p. 178): Babo-Rebelo, Richter e Tallon-Baudry, conforme acima. Resumos interessantes também estão disponíveis em Damiano Azzalini, Ignacio Rebollo e Catherine Tallon-Baudry, "Visceral signals shape brain dynamics and cognition", *Trends in Cognitive Sciences*, 2019, vol. 23, pp. 488-509, e A. D. (Bud) Craig, "How do you feel — now?", *Nature Reviews Neuroscience*, 2009, vol. 10, pp. 59-70.

28. "Esse fato ganha ainda mais importância..." (p. 179): esse trabalho é lindamente descrito em um livro da psicóloga e neurocientista de Boston Lisa Feldman Barrett, *Sete lições e meia sobre o cérebro*, Temas e debates, 2022.
29. "Mais importante: foi observado que esses sinais..." (p. 179): Ruben Azevedo, Sarah Garfinkel, Hugo Critchley e Manos Tsakiris, "Cardiac afferent activity modulates the expression of racial stereotypes", *Nature Communications*, 2017, artigo 13854.
30. "Nos Estados Unidos, pessoas negras correm o dobro de risco de estarem desarmadas ao serem assassinadas..." (p. 179): essa é uma estatística chocante que foi encontrada em uma análise detalhada de dados da USA: Cody Ross, "A multi-level Bayesian analysis of racial bias in police shootings at the county-level in the United States", *PlosONE*, vol. 10, artigo e0141854.
31. "Os potenciais motivos para essa estatística deprimente..." (p. 179): Joshua Correll, Bernadette Park e Charles Judd, "The police officer's dilemma: Using ethnicity to disambiguate potentially threatening individuals", *Journal of Personality and Social Psychology*, 2002, vol. 83, pp. 1314-1329.
32. "Outras pesquisas mostraram que a maioria dos erros de identificação..." (p. 180): Ruben Azevedo, Sarah Garfinkel, Hugo Critchley e Manos Tsakiris. "Cardiac afferent activity modulates the expression of racial stereotypes", *Nature Communications*, 2017, artigo 13854.
33. "Devido a um viés inconsciente, homens negros..." (p. 180): John Paul Wilson, Kurt Hugenberg e Nicholas O. Rule. "Racial bias in judgments of physical size and formidability: From size to threat", *Journal of Personality and Social Psychology*, 2017, vol. 113, pp. 59-80.
34. "Há vários estudos os quais mostram..." (p. 181): Robert Schwitzgebel, "The performance of Dutch and Zulu adults on selected perceptual tasks", *The Journal of Social Psychology*, 1962, vol. 57, pp. 73-77, e Dahl Pedersen e John Wheeler, "The Muller-Lyer illusion among Navajos", *The Journal of Social Psychology*, 1982, vol. 121, pp. 3-6.
35. "Um estudo intrigante com corretores financeiros..." (p. 182): Narayanan Kandasamy e colegas, "Interoceptive ability predicts survival on a London trading floor", *Scientific Reports*, 2016, vol. 6, artigo 32986.
36. "Uma equipe de pesquisadores decidiu analisar o impacto da meditação..." (p. 183): Laura Mirams, Ellen Poliakoff, Richard Brown e Donna Lloyd,

"Brief body-scan meditation practice improves somatosensory perceptual decision making", *Consciousness and Cognition*, 2013, vol. 22, pp. 348-359.

Capítulo 9: Crenças e valores

1. "Muitos dos espectadores acharam se tratar de uma piada..." (p. 187): um bom resumo da história de Cliff Young pode ser encontrado em um blog de Darko Kankaras, publicado em "Monitor the Beat": https://monitorthebeat.com/blogs/news/cliffyoung-the-legend-of-ultramarathon.
2. "Para descobrir uma crença fundamental por conta própria..." (p. 189): há muitos conselhos bons na plataforma virtual PositivePsychology.com, que oferece dicas baseadas em evidências de profissionais. Você pode encontrar várias planilhas para lhe ajudar a identificar e questionar suas crenças em: https://positivepsychology.com/core-beliefs-worksheets/.
3. "De fato, você só conseguirá criar uma vida valiosa, completa e cheia de significado..." (p. 192): uma visão geral bastante acessível de como identificar seus valores mais profundos pode ser encontrada no livro do terapeuta e life coach australiano Russ Harris, *The Happiness Trap: Stop Struggling, Start Living*, Robinson Books, 2008.
4. "Crenças políticas estão na lista das mais difíceis de mudar..." (p. 194): estudos usando imagens do cérebro descobriram que, quando uma das nossas crenças mais fortes é questionada, é observada mais ativação nas partes do cérebro associadas a autoidentidade e fortes emoções: Jonas Kaplan, Sarah Gimbel e Sam Harris, "Neural correlates of maintaining one's political beliefs in the face of counterevidence", *Scientific Reports*, 2016, vol. 6, artigo 39589.
5. "Isso se chama 'viés de confirmação'..." (p. 194): Raymond Nickerson, "Confirmation bias: A ubiquitous phenomenon in many guises", *Review of General Psychology*, 1998, vol. 2, pp. 175-220.
6. "essa peculiaridade da mente se chama 'dissonância cognitiva'..." (p. 195): o exemplo clássico de como frequentemente nos apegamos a uma crença antiga em vez de mudá-la quando ela é questionada ocorreu em 1954, no Illinois, quando um grupo de pessoas que acreditava que seria resgatado de uma enchente por criaturas extraterrestres chamadas Guardiões passou a

noite toda esperando por eles. Quando a enchente não aconteceu e nenhuma nave espacial apareceu para resgatá-los, eles não abandonaram a crença, mas concluíram que deviam ter errado a data, reforçando a crença de que seriam resgatados pelos extraterrestres. Três dos pesquisadores que investigaram esse episódio dramático de dissonância cognitiva o relataram em *When Prophecy Fails*, de Leon Festinger, Henry Riecken e Stanley Schachter, Pinter & Martin, reimpressão, 1958.

7. "Vejamos o caso de PJ Howard..." (p. 195): a história de PJ Howard e sua companheira, Sharon Collins, foi contada em vários jornais irlandeses da época, inclusive em um artigo escrito por Emer Connolly, "He was still in love with her, and desperately wanted to believe her", *Irish Independent*, 13 jul. 2008.
8. "Somos basicamente 'pobres de cognição'..." (p. 197): esse termo foi criado pelo psicólogo escocês Colin Macrae, que conduziu diversos estudos os quais mostravam que estereótipos e outras crenças podem liberar recursos mentais: Colin Macrae, Alan Milne e Galen Bodenhausen, "Stereotypes as energy-saving devices: A peek inside the cognitive toolbox", *Journal of Personality and Social Psychology*, 1994, vol. 66, pp. 37-47.
9. "Frequentemente, acabamos nos tornando dependentes de nossas versões mais superficiais..." (p. 200): o filósofo francês Jean-Paul Sartre falou sobre essa questão à luz do que ele chama de "má-fé". Jean-Paul Sartre, *Essays in Existentialism*, Citadel Press, 1993, pp. 167-169.
10. "Nossas histórias pessoais criam significado para nós..." (p. 200): Dan McAdams, psicólogo da Universidade Northwestern, nos Estados Unidos, passou a maior parte da vida profissional investigando como compreendemos o nosso "eu verdadeiro" por meio da nossa história de vida. Você pode encontrar um bom resumo da pesquisa dele e de outros no livro *The Art and Science of Personality Development*, Guildford Press, 2015. A jornalista Julie Beck também escreveu uma análise muito acessível desse trabalho em um artigo de 2015 para a revista *The Atlantic*, "Story of My Life: How Narrative Creates Personality".
11. "De acordo com pesquisas de psicólogos do desenvolvimento..." (p. 202): Kate McLean, Monisha Pasupathi e Jennifer Pals, "Selves creating stories

creating selves: A process model of self-development", *Personality and Social Psychology Review*, 2007, vol. 11, pp. 262-278.

12. "As histórias que contamos para nós mesmos são importantíssimas." (p. 202): uma equipe de psicólogos realizou uma análise enorme em busca das estruturas típicas das histórias que contamos sobre nós mesmos: Kate McLean e colegas, "The empirical structure of narrative identity: The initial Big Three", *Journal of Personality and Social Psychology*, 2020, vol. 119, pp. 920-944.
13. "A ciência afirma que histórias de redenção..." (p. 202): uma boa visão desses trabalhos pode ser encontrada em Dan McAdams, *The Redemptive Self: Stories Americans Live By*, Oxford University Press, 2006.

Capítulo 10: Compreenda suas emoções

1. "Dois componentes para ter sucesso..." (p. 213): Kevin Dutton, *Flipnose: A arte de persuadir em frações de segundo*, Record, 2020. Para saber mais sobre os princípios evolucionários de persuasão, consulte *Influence: The Psychology of Persuasion*, de Robert B. Cialdini, Harper Business, edição revisada, 2006.
2. "Por exemplo, hoje sabemos que a raiva pode ser uma ferramenta de negociação muito eficiente..." (p. 214): uma série de estudos fascinantes realizados pelo psicólogo Gerben van Kleef, da Universidade de Amsterdã, nos revelou quanto a raiva pode ser poderosa durante negociações: "Expressing anger in conflict: When it helps and when it hurts", de Gerben van Kleef e Stéphane Côté, *Journal of Applied Psychology*, 2007, vol. 92, pp. 1557-1569.
3. "Compradores irritados têm mais chances de conseguir fechar um negócio melhor..." (p. 215): Gerben van Kleef, Carsten de Dreu e Antony Manstead, "The interpersonal effects of anger and happiness in negotiations", *Journal of Personality and Social Psychology*, 2004, vol. 86, pp. 57-76.
4. "Expressar raiva contra pessoas bem mais poderosas que você..." (p. 215): Gerben van Kleef, Carsten de Dreu, Davide Pietroni e Antony Manstead, "Power and emotion in negotiation: Power moderates the interpersonal effects of anger and happiness on concession making", *European Journal of Social Psychology*, 2006, vol. 36, pp. 557-581.

5. "Elas são cruciais para que possamos estar mais bem adaptados..." (p. 215): os psicólogos Keith Oatley e Philip Johnson-Laird desenvolveram uma teoria cognitiva de emoções que apresenta a ideia de que emoções são degraus que nos ajudam a ir de um objetivo a outro, em 1987. "Towards a cognitive theory of emotions", *Cognition and Emotion*, 1987, vol. 1, pp. 29-50.
6. "Quando se trata da ciência do afeto sobre a origem das emoções..." (p. 217): escrevi uma visão geral, e possível ponto em comum, entre as duas escolas de pensamento da ciência afetiva sobre como são feitas as emoções — a perspectiva clássica e a de emoção construída — no seguinte artigo científico: Elaine Fox, "Perspectives from affective science on understanding the nature of emotion", *Brain and Neuroscience Advances*, 2018, vol. 2, pp. 1-8.
7. "A chamada 'visão clássica'..." (p. 217): existem vários exemplos dessa perspectiva. Uma visão ampla pode ser encontrada no livro acadêmico do neurocientista Jaak Panksepp, que tem uma ênfase grande em pesquisa com animais, *Affective Neuroscience*, Oxford University Press, 1998. Visões gerais sobre o trabalho em voluntários humanos podem ser encontradas em artigos de autoria de Paul Ekman e Daniel Cordaro, "What is Meant by Calling Emotions Basic?", *Emotion Review*, 2011, vol. 3, pp. 364-370, e Carroll Izard, "Basic emotions, natural kinds, emotion schemas, and a new paradigm", *Perspectives on Psychological Science*, 2007, vol. 2, pp. 270-280. Uma visão ampla da ideia de que emoções básicas são exemplos daquilo que filósofos chamam de "tipos naturais" pode ser encontrada no artigo de Lisa Feldman Barrett, "Are emotions natural kinds?", *Perspectives on Psychological Science*, 2006, vol. 1, pp. 28-58.
8. "Na década de 1960, uma ideia popular na psicologia..." (p. 217): a ideia de um cérebro trino, que se desenvolve camada por camada, foi inicialmente desenvolvida pelo neurocientista estadunidense pioneiro Paul MacLean. A teoria é bem explicada em seu livro *The Triune Brain in Evolution: Role in Paleocerebral Functions*, Plenum Press, 1990.
9. "Apesar de existir certo grau de verdade estrutural..." (p. 218): apesar de a ideia de um cérebro trino ter sido descartada pela neurociência, principalmente por sabermos agora que os sistemas cerebrais não sofrem "acréscimos"

durante a evolução, como era presumido por essa teoria, não devemos esquecer que o trabalho de Paul MacLean foi um precursor importante para uma visão evolucionária do cérebro, que ainda é muito presente.

10. "Em vez disso, assim como uma organização..." (p. 220): essa metáfora foi usada pela psicóloga e neurocientista Lisa Feldman Barrett em seu livro de fácil leitura *How Emotions are Made*, Macmillan, 2017. A obra estabelece uma perspectiva muito diferente da visão clássica das emoções e argumenta que, em vez de nascermos com circuitos de emoções pré-programados no cérebro, nossa vida emocional é amplamente *construída* ao longo da vida. Tal perspectiva deriva de uma linha de trabalho muito mais antiga, a qual mostra que nossa forma de interpretar a excitação fisiológica e nossos meios sociais acaba por determinar como nos sentimos. Esses estudos seminais foram conduzidos pelos psicólogos Stanley Schachter e Jerome Singer, "Cognitive, social, and physiological determinants of emotional state", *Psychological Review*, 1962, vol. 69, pp. 379-399.
11. "Em vez disso, o que as pessoas descrevem são *dimensões* muito mais amplas..." (p. 221): um modelo dimensional de emoção foi inicialmente proposto pelo fundador da psicologia científica, Wilhelm Wundt, em *Outlines of Psychology*, originalmente publicado em 1897. Uma versão influente dessa perspectiva é chamada "modelo circumplex" e foi desenvolvida pelo psicólogo estadunidense James Russell. Boas versões acadêmicas estão disponíveis em: James Russell, "A circumplex model of affect", *Journal of Personality and Social Psychology*, 1980, vol. 39, pp. 1161-1178, e "The circumplex model of affect: An integrative approach to affective neuroscience, cognitive development, and psychopathology", de Jonathan Posner, James Russell e Bradley Peterson, *Developmental Psychopathology*, 2005, vol. 17, pp. 715-734.
12. "Os resultados confirmam que o cérebro funciona como um sistema conectado e altamente fluido..." (p. 222): uma visão geral de fácil leitura a respeito de como o cérebro funciona pode ser encontrada no livro da psicóloga e neurocientista Lisa Feldman Barrett, de Boston, *Sete lições e meia sobre o cérebro*, Temas e debates, 2022.

13. "Isso mostra que mudanças no corpo são transformadas em uma emoção..." (p. 223): essa perspectiva teórica foi apresentada em um livro interessante de Lisa Feldman Barrett, *How Emotions Are Made: The Secret Life of the Brain*, Macmillan, 2017.
14. "Essas observações nos forçam a reconsiderar..." (p. 224): consulte o livro *How Emotions are Made*, de Lisa Feldman Barrett, para mais detalhes sobre essa perspectiva de emoção construída.
15. "Sabemos que as pessoas costumam ser capazes de lembrar cerca de sete itens..." (p. 225): George Miller, "The magical number seven, plus or minus two: Some limits on our capacity for processing information", *Psychological Review*, 1956, vol. 63, pp. 81-97.
16. "Os sentimentos corporais conspiram com pensamentos poderosos para induzir ações..." (p. 227): essa perspectiva é descrita lindamente pela psicóloga e neurocientista Lisa Feldman Barrett em seu interessante livro *How Emotions are Made*, Macmillan, 2017.
17. "Emoções positivas tendem a ampliar nossa atenção..." (p. 229): Barbara Fredrickson e Christine Branigan, "Positive emotions broaden the scope of attention and thought-action repertoires", *Cognition and Emotion*, 2005, vol. 19, pp. 313-332. O trabalho de Barbara Fredrickson e sua equipe nos proporcionou um modelo para entender como as emoções positivas afetam a saúde, o bem-estar e a construção da resiliência com a teoria "expandir e construir". Uma ótima visão geral do trabalho dela pode ser encontrada em dois livros inspiradores: *Positividade*, Rocco, 2009, e *Amor 2.0*, Companhia Editora Nacional, 2015.
18. "Esse centro pode ser dividido em duas partes..." (p. 229): Kent Berridge e Terry Robinson, "Parsing reward", *Trends in Neuroscience*, 2003, vol. 26, pp. 507-513.
19. "enquanto as partes do 'desejar' liberam a substância química dopamina..." (p. 229): sabemos sobre o funcionamento interno do sistema de recompensas em grande parte devido à pesquisa detalhada do neurocientista e psicólogo Kent Berridge, da Universidade de Michigan. Um bom resumo das descobertas dele a respeito da dopamina pode ser encontrado em Kent

Berridge, "Affective valence in the brain: Modules or modes?", *Nature Reviews Neuroscience*, 2019, vol. 20, pp. 225-234.

20. "Quando estamos de bom humor..." (p. 230): o trabalho da psicóloga estadunidense Alice Isen foi fundamental para nos mostrar quanto acontecimentos positivos simples impulsionam criatividade, aumentam nossa resiliência e melhoram nosso processo de tomada de decisões. Alguns artigos importantes são: "The influence of positive affect on clinical problem solving", de Alice Isen e colegas, *Medical Decision Making*, 1991, vol. 11, pp. 221-227; Alice Isen e colegas, "Positive affect facilitates creative problem solving", *Journal of Personality and Social Psychology*, 1987, vol. 51, pp. 1122-1131; e Gregory Ashby, Alice Isen e And Turken, "A neuropsychological theory of positive affect and its influence on cognition", *Psychological Review*, 1999, vol. 106, pp. 529-550.
21. "E até médicos experientes..." (p. 230): Carlos Estrada e colegas, "Positive affect improves creative problem solving and influences reported source of practice satisfaction in physicians", *Motivation and Emotion*, 1994, vol. 18, pp. 285-299.
22. "Experiências emocionais positivas podem incentivar todos nós..." (p. 230): uma visão geral abrangente da ciência por trás das emoções e dos processos de tomada de decisão pode ser encontrada na seguinte revisão acadêmica: Jennifer Lerner e colegas, "Emotion and decision making", *Annual Review of Psychology*, 2015, vol. 66, pp. 799-823.
23. "Após os ataques terroristas do 11 de Setembro..." (p. 231): Barbara Fredrickson e colegas, "What good are positive emotions in crisis? A prospective study of resilience and emotions following the terrorist attacks on the United States on September 11th, 2001", *Journal of Personality and Social Psychology*, 2003, vol. 84, pp. 365-376.
24. "Experiências e emoções positivas também podem ser 'acumuladas'..." (p. 231): Barbara Fredrickson e Robert Levenson, "Positive emotions speed recovery from the cardiovascular sequelae of negative emotions", *Cognition and Emotion*, 1998, vol. 12, pp. 191-220.

25. "Anos de pesquisas minuciosas revelam..." (p. 231): a psicóloga Barbara Fredrickson, da Universidade da Carolina do Norte, descobriu que, para ter sucesso, é preciso vivenciar pelo menos três acontecimentos positivos para cada acontecimento negativo. É possível se informar mais sobre essa pesquisa e como aumentar a proporção de positividade no livro de autoria dela, *Positividade*, e ainda verificar sua proporção de positividade no site http://www.positivityratio.com/index.php.

Capítulo 11: Aprenda a controlar suas emoções

1. "Nós podemos aprender muito sobre como controlar emoções fortes..." (p. 236): uma visão geral breve da terapia comportamental dialética (TCD) e suas origens pode ser encontrada em um artigo de autoria de Linda Dimeff e Marsha Linehan, "Dialectical Behavior Therapy in a Nutshell", *The California Psychologist*, 2001, vol. 34, pp. 10-13.
2. "A terapia comportamental dialética (TCD) sugere..." (p. 237): o seguinte manual técnico oferece vários exercícios para lhe ajudar a regular suas emoções. Matthew McKay e Jeffrey C. Wood, *The Dialectical Behavior Skills Workbook: Practical DBT exercises for learning mindfulness, interpersonal effectiveness, emotion regulation and distress tolerance*", New Harninger, 2ª edição, 2019.
3. "Por sorte, há muitas coisas que podemos fazer para controlar sentimentos específicos." (p. 239): o psicólogo James Gross, de Stanford, liderou estudos sobre controle emocional e desenvolveu o que ele chama de teoria de "processo" de controle emocional. Essa estrutura é muito influente e inspirou uma infinidade de pesquisas sobre a regulação de sentimentos. A ideia de que emoções podem ser controladas em diferentes momentos foi investigada no artigo de James Gross "Antecedent- and response-focused emotion regulation: Divergent consequences for experience, expression, and physiology", *Journal of Personality and Social Psychology*, 1998, vol. 74, pp. 224-237. Um excelente resumo da pesquisa e teoria sobre controle emocional, com capítulos escritos por vários especialistas, pode ser encontrado em *The Handbook of Emotion Regulation* (2ª edição), organizado por James Gross, Guilford Press, 2015.

4. "Nós ainda sabemos surpreendentemente pouco..." (p. 239): Meghann Matthews, Thomas L. Webb, Roni Shafir, Miranda Snow e Gal Sheppes, "Identifying the determinants of emotion regulation: a systematic review with meta-analysis", *Cognition and Emotion*, publicado on-line, 24 jun. 2021.
5. "O diagrama abaixo ilustra os quatro tipos gerais de estratégias..." (p. 240): esse diagrama é uma adaptação do modelo de processo de controle emocional desenhado por James Gross e colegas. As versões originais podem ser vistas na Figura 1 de Kateri McRae e James Gross, em "Introduction to a special issue on 'Fundamental Questions in Emotion Regulation'", *Emotion*, 2020, vol. 20, pp. 1-9.
6. "O cérebro vai sempre dar mais destaque aos perigos em potencial em detrimento das recompensas em potencial..." (p. 243): escrevi extensivamente sobre essa pesquisa e suas consequências em um livro anterior: Elaine Fox, *Cérebro cinzento, cérebro ensolarado: Como retreinar o seu cérebro para superar o pessimismo e alcançar uma perspectiva mais positiva na vida*, Cultrix, 2015.
7. "O problema surge quando esses pensamentos se tornam uma reação habitual..." (p. 244): na psicologia, os "pensamentos negativos automáticos" foram identificados por Aaron Beck, que é amplamente considerado o "pai da terapia cognitivo-comportamental", mais conhecida como terapia da fala: você pode acessar muitos recursos úteis em seu site: https://beckinstitute.org/resources-for-professionals/multimedia-resources/. A útil sigla ANT (pensamentos negativos automáticos, em inglês) é usada com frequência.
8. "Assim, um aspecto importante da regulação emocional..." (p. 244): o psicólogo e cientista afetivo Ethan Kross da Universidade de Michigan, escreveu um livro maravilhoso sobre a natureza do "falatório" e como você pode reorientar e reformular o falatório negativo em sua mente e ter uma vida mais feliz: *A voz na sua cabeça: Como reduzir o ruído mental e transformar nosso crítico interno em maior aliado*, Sextante, 2021.
9. "Psicólogos clínicos acreditam que essa técnica simples funciona muito bem." (p. 246): minha colega de Oxford, a psicóloga clínica Jennifer Wild, usa essas técnicas extensivamente para ajudar pessoas a reconstruir a vida após

traumas graves. Ela escreveu um livro envolvente e informativo sobre como usá-las por conta própria: *Be Extraordinary: Seven Key Skills to Transform Your Life from Ordinary to Extraordinary*, Robinson, 2020.

10. "De fato, alguns estudos descobriram que é a flexibilidade..." (p. 248): o psicólogo George Bonanno, da Universidade Columbia, conduziu um trabalho seminal sobre flexibilidade na regulação emocional, resumido na obra de George Bonanno e Charles Burton "Regulatory flexibility: An individual differences perspective on coping and emotion regulation", *Perspectives on Psychological Science*, 2013, vol. 8, pp. 591-612. Outras visões gerais e ideias interessantes sobre quando escolher diferentes estratégias regulatórias podem ser encontradas em James Gross, "Emotion regulation: Current status and future prospects", *Psychological Inquiry*, 2015, vol. 26, pp. 1-26, e Ethan Kross, "Emotion regulation growth points: Three more to consider", *Psychological Inquiry*, 2015, vol. 26, pp. 69-71.
11. "Por exemplo, um estudo acompanhou um grupo..." (p. 248): George Bonanno e colegas, "The importance of being flexible: The ability to both enhance and suppress emotional expression predicts long-term adjustment", *Psychological Science*, 2004, vol. 15, pp. 482-487.
12. "Uma abordagem terapêutica poderosa..." (p. 250): existem vários livros que fornecem uma ótima visão geral da ACT. Dois que considerei especialmente úteis: o primeiro escrito pelo fundador da ACT, Steven Hayes, *A Liberated Mind: The Essential Guide to ACT*, Vermillion Press, 2019; e o segundo, a obra de autoajuda altamente acessível de Russ Harris, *The Happiness Trap*, Robinson Publishing, 2008.
13. "Um estudo pediu que um grupo de engenheiros..." (p. 252): Stephanie Spera, Eric Buhrfeind e James Pennebaker, "Expressive writing and coping with job loss", *Academy of Management Journal*, vol. 37, pp. 722-733.
14. "Então permaneça firme, porque os benefícios da escrita expressiva..." (p. 253): você pode ler um resumo desse trabalho, escrito pelo psicólogo pioneiro na área, James Pennebaker, em seu divertido livro *The Secret Life of Pronouns*, Bloomsbury Publishing, 2013.

15. "Um estudo mostra que o segredo para a saúde mental..." (p. 253): em uma série fascinante de estudos, uma equipe de psicólogos das universidades de Toronto e Berkeley, Califórnia, descobriu que aceitar emoções negativas proporciona uma série de benefícios para nossa saúde mental: Brett Ford, Phoebe Lam, Oliver John e Iris Mauss, "The psychological health benefits of accepting negative emotions and thoughts: Laboratory, diary, and longitudinal evidence", *Journal of Personality and Social Psychology*, 2018, vol. 115, pp. 1075-1092.
16. "Há muitas técnicas para escolher." (p. 255): muitas técnicas que ajudam a reprimir emoções vêm da prática do mindfulness. Muito tem sido escrito sobre esse assunto, e vários aplicativos e livros estão disponíveis. Meu colega de Oxford, o psicólogo Mark Williams, escreveu com o jornalista Danny Penman, um livro particularmente útil: *Atenção plena: Mindfulness: Como encontrar a paz em um mundo frenético*, Sextante, 2015. Outro livro ótimo é o da comediante Ruby Wax, *A Mindfulness Guide for the Frazzled*, Penguin Life, 2016.
17. "A maioria dos negociadores em situações de crise..." (p. 256): o método se chama Behavior Change Stairway Model [Modelo da Escada da Mudança de Comportamento] e foi desenvolvido por Gary Noesner, ex-chefe da unidade de negociação de reféns do FBI. Você pode ler mais sobre sua vida e obra em seu livro *Stalling for Time: My Life as an FBI Hostage Negotiator*, Fodor's Travel Publications, 2010.
18. "Ao serem questionados sobre os principais atributos de um bom negociador..." (p. 258): Kirsten Johnson, Jeff Thomson, Judith Hall e Cord Meyer, "Crisis (hostage) negotiators weigh in: The skills, behaviors, and qualities that characterize an expert crisis negotiator", *Police Practice and Research*, 2018, vol. 19, pp. 472-489.
19. "A capacidade de descrever sentimentos nos mínimos detalhes..." (p. 259): um bom resumo pode ser encontrado em Todd Kashdan, Lisa Feldman Barrett e Patrick McKnight, "Unpacking emotion differentiation: Transforming unpleasant experience by perceiving distinctions in negativity", *Current*

Directions in Psychological Science, 2015, vol. 24, pp. 10-16, e também em *How Emotions are Made*, de Lisa Feldman Barrett.

20. "O poder da granularidade emocional..." (p. 260): Lisa Feldman Barrett e colegas, "Knowing what you're feeling and knowing what to do about it: Mapping the relation between emotion differentiation and emotion regulation", *Cognition and Emotion*, 2001, vol. 15, pp. 713-724.
21. "Classificar sentimentos positivos..." (p. 260): Michelle Tugade, Barbara Fredrickson e Lisa Feldman Barrett, "Psychological resilience and positive emotional granularity: Examining the benefits of positive emotions on coping and health", *Journal of Personality*, 2004, vol. 72, pp. 1161-1190.

Capítulo 12: Como funciona a intuição

1. "Muitos estudos da psicologia nos revelam que a intuição..." (p. 267): há vários livros muito acessíveis sobre o poder da intuição e a mente inconsciente na vida cotidiana. Um exemplo estimulante e envolvente é *Blink: A decisão num piscar de olhos*, Sextante, 2016, do escritor de ciências Malcolm Gladwell. Outra ótima leitura é *O cérebro oculto*, Guerra & Paz, 2011, do jornalista Shankar Vedantam.
2. "Isso foi demonstrado em um estudo agora clássico..." (p. 267): Antoine Bechara, Hanna Damásio, Daniel Tranel e António Damásio, "Deciding advantageously before knowing the advantageous strategy", *Science*, 1997, vol. 275 (5304), pp. 1293-1295.
3. "A intuição é a parte da nossa mente que nos apresenta..." (p. 268): a base do trabalho sobre como desenvolvemos conhecimento intuitivo quanto a ambientes complexos foi desenvolvido pelo psicólogo Arthur Reber, da City University de Nova York, e chamada de "aprendizagem implícita": Arthur Reber, "Implicit learning and tacit knowledge", *Journal of Experimental Psychology: General*, 1989, vol. 118, pp. 219-235. 50 Years On, Routledge, 2019.

4. "É aquela 'voz interior' que ignoramos." (p. 268): uma ótima síntese sobre a intuição pode ser encontrada em um livro do psicólogo alemão Gerd Gigerenzer, *Gut Feelings: Short Cuts to Better Decision Making*, Penguin, 2008.
5. "Essa capacidade de deduzir informações vitais..." (p. 269): o termo "fatiar fino" foi cunhado pela psicóloga social Nalini Ambady, da Universidade Stanford, e popularizado pelo escritor de ciências Malcolm Gladwell em seu livro best-seller *Blink: A decisão num piscar de olhos*, Sextante, 2016.
6. "Em um dos mais famosos, estudantes tiveram que avaliar seus professores..." (p. 269): Nalini Ambady e Robert Rosenthal, "Half a minute: Predicting teacher evaluations from thin slices of nonverbal behavior and physical attractiveness", *Journal of Personality and Social Psychology*, 1993, vol. 64, pp. 431-441.
7. "Isso se baseia em algo chamado 'conhecimento tácito'..." (p. 270): o conceito de conhecimento tácito foi apresentado por um químico que se tornou filósofo de ciências, Michael Polanyi, no livro *Personal Knowledge*, Routledge, 1998 (publicado pela primeira vez em 1958). Ele defendia que o tipo de conhecimento adquirido por tradições, valores implícitos e práticas herdadas é muitas vezes subestimado e é, na verdade, uma parte crucial da prática científica.
8. "Donald Rumsfeld, que foi secretário da Defesa dos Estados Unidos..." (p. 270): Donald Rumsfeld explicou as limitações dos relatórios da inteligência durante uma coletiva na Casa Branca em 12 de fevereiro de 2002, dizendo que "Existem conhecidos fatores conhecidos. Existem coisas que sabemos que sabemos. Também sabemos que há conhecidos fatores desconhecidos, isto é, sabemos que há algumas coisas que não sabemos. Mas também há desconhecidos fatores desconhecidos, os que não sabemos que não sabemos".
9. "Meu trabalho sobre o impacto profundo dos sinais de perigo..." (p. 271): Elaine Fox, "Processing emotional facial expressions: The role of anxiety and awareness", *Cognitive, Affective, & Behavioral Neuroscience*, 2002, vol. 2, pp. 52-63.

10. "O mais surpreendente foi que, quando preveni..." (p. 271): o bloqueio da percepção dos rostos foi feito com uma técnica chamada "mensagem ao contrário", que apliquei ao sobrepor a imagem de um rosto neutro sobre a imagem original quase no mesmo instante — após apenas 17 milissegundos, para que a imagem original não pudesse mais ser vista.
11. "Segundo muitas fontes, Albert Einstein disse..." (p. 272): é quase certo que Einstein nunca tenha dito essa frase, mas ele acreditava muito no poder da mente intuitiva. Você pode ler sobre a história dessa frase aqui: https://quoteinvestigator.com/2013/09/18/intuitive-mind/.
12. "Conhecido como sistema nervoso entérico..." (p. 273): você pode aprender tudo o que sempre quis saber sobre seu sistema digestivo no divertido livro da escritora alemã Guila Enders, *O discreto charme do intestino: Tudo sobre um órgão maravilhoso*, WMF Martins Fontes, 2018. Caso queira um resumo mais acadêmico, consulte o texto de Meenakshi Rao e Michael Gershon, "The bowel and beyond: The enteric nervous system in neurological disorders", *Nature Reviews Gastroenterology and Hepatology*, 2016, vol. 13, pp. 517-528.
13. "É óbvio, em um sentido mais amplo, contexto se torna cultura..." (p. 274): um resumo abrangente do impacto da cultura e do contexto no processo de decisões e resolução de problemas na prática pode ser encontrado no livro organizado pelo psicólogo Robert Sternberg e colegas, *Practical Intelligence in Everyday Life*, Cambridge University Press, 2000.
14. "Em uma série de estudos conduzidos na área rural do Quênia..." (p. 274): Robert Sternberg e colegas, "The relationship between academic and practical intelligence: A case study in Kenya", *Intelligence*, 2001, vol. 29, pp. 401-418.
15. "Também podemos observar isso..." (p. 276): Stephen Ceci e Jeffrey Liker, "A day at the races: A study of IQ, expertise, and cognitive complexity", *Journal of Experimental Psychology: General*, 1986, vol. 115, pp. 255-266.

16. "Talvez você pense que a capacidade de uma pessoa..." (p. 277): Stephen Ceci e Ana Ruiz, "The role of general ability in cognitive complexity: A case study of expertise", em Robert Hoffman (org.), *The Psychology of Expertise*, Springer, 1992.
17. "O valor da intuição costuma ser menosprezado..." (p. 277): em seu livro *The ESP Executive*, Prentice Hall, 1974, os analistas de negócios Douglas Dean e John Mihalasky descreveram vários estudos em que milhares de executivos admitiram usar a intuição com regularidade ao tomar decisões de negócios, algo que os autores chamaram de percepção extrassensorial (ESP, na sigla em inglês). Um bom resumo da importância de usar a intuição juntamente com uma análise racional mais tradicional nos negócios pode ser encontrada no artigo de Eugene Sadler Smith e Erella Shefy, "The intuitive executive: Understanding and applying 'gut feel' in decision-making", *Academy of Management Executive*, 2004, vol. 18, pp. 76-91.
18. "O cientista cognitivo Herbert Simon..." (p. 278): Herbert Simon, "What is an explanation of behavior?", *Psychological Science*, 1992, vol. 3, pp. 150-161.

Capítulo 13: Olhe para fora — como o contexto fortalece a intuição

1. "No Grand Prix de Mônaco de 1950..." (p. 280): encontrei a história de Juan Manuel Fangio em um blog do site "ClienteWise", de Chris Holman: "Trusting Your Gut", 22 abr. 2010.
2. "Chamado na psicologia de *sensibilidade ao contexto*..." (p. 281): o psicólogo George Bonanno, da Universidade e Columbia, desenvolveu juntamente com sua equipe uma escala para avaliar as diferenças individuais de sensibilidade ao contexto: George Bonanno, Fiona Maccallum, Matteo Malgaroli e Wai Kai Hou, "The Context Sensitivity Index (CSI): Measuring the ability to identify the presence and absence of stressor context cues", *Assessment*, 2020, vol. 27, pp. 261-273.

3. "Recentemente, tive um gostinho da sensibilidade ao contexto em ação..." (p. 281): o interesse por videntes nunca esteve tão em alta; de acordo com alguns relatórios da YouGov, um terço da população do Reino Unido afirma já ter procurado a ajuda de um vidente, principalmente em momentos de incerteza pessoal ou política. Essas consultas tendem a aumentar significativamente após acontecimentos importantes, como o atentado durante a Maratona de Boston e a pandemia de coronavírus.
4. "Fazer em vez de pensar..." (p. 284): acumulamos um vasto banco de dados de conhecimento durante uma vida inteira, que nos ajuda a perceber sinais e padrões sutis ao nosso redor: Peter Frensch e Dennis Runger, "Implicit learning", *Current Directions in Psychological Science*, 2003, vol. 12, pp. 13-18.
5. "Como C. S. Lewis nos lembra..." (p. 284): Clive Staples Lewis, *Cartas a Malcolm*, Thomas Nelson Brasil, 2019 (originalmente publicado em 1964).
6. "Em 2004, o tenente Donovan Campbell..." (p. 285): Donovan Campbell, *Joker One: A Marine Platoon's Story of Courage, Leadership, and Brotherhood*, Presidio Press, 2010.
7. "Minhas pesquisas atestam, por exemplo..." (p. 287): esse foi um trabalho feito em colaboração com o colega psicólogo cognitivo Nilli Lavie, da UCL. Realizamos vários experimentos os quais mostraram que, se você precisar guardar quatro informações ou mais na cabeça, distrações externas têm pouco efeito: Nilli Lavie e Elaine Fox, "The role of perceptual load in negative priming", *Journal of Experimental Psychology: Human Perception and Performance*, 2000, vol. 26, pp. 1038-1052.
8. "Em um estudo, foi solicitado que alguns voluntários roubassem US$ 20..." (p. 288): Andrea Webb e colegas, "Effectiveness of pupil diameter in a probable-lie comparison question test for deception", *Legal and Criminological Psychology*, 2009, vol. 14, pp. 279-292.

9. "Essas podem ser boas formas de guiar..." (p. 288): o principal motivo para a importância da dilatação das pupilas é que essa é uma janela discreta, que nos mostra quando a pessoa está fazendo esforço: Pauline van der Wel e Henk van Steenbergen, "Pupil dilation as an index of effort in cognitive control tasks: A review", *Psychonomic Bulletin and Review*, 2018, vol. 25, pp. 2005-2015.
10. "Por exemplo, estudos revelam que crianças..." (p. 290): Kristin Buss, Richard Davidson, Ned Kalin e Hill Goldsmith, "Context-specific freezing and associated physiological reactivity as a dysregulated fear response", *Developmental Psychology*, 2004, vol. 40, pp. 583-594.
11. "Nós observamos reações inadequadas a contextos semelhantes..." (p. 290): Jonathan Rottenberg e colegas, "Sadness and amusement reactivity differentially predict concurrent and prospective functioning in major depression disorder", *Emotion*, 2002, vol. 2, pp. 135-146.
12. "Com base nesse tipo de evidência..." (p. 291): Jonathan Rottenberg e Alexandra Hindash, "Emerging evidence for emotion context insensitivity in depression", *Current Opinion in Psychology*, 2015, vol. 4, pp. 1-5. Jonathan Rottenberg escreveu um livro interessante e muito fácil de ler sobre essa instigante perspectiva sobre a depressão: *The Depths: The Evolutionary Origins of the Depression Epidemic*, Basic Books, 2014.
13. "Em um estudo interessante, psicólogos reuniram três grupos..." (p. 292): Yair Bar-Haim, Talee Ziv, Dominique Lamy e Richard Hodes, "Nature and nurture in own-race face processing", *Psychological Science*, 2006, vol. 17, pp. 159-163.
14. "Um estudo fascinante revela que a preferência..." (p. 292): David Kelly e colegas, "Three-month-olds, but not newborns, prefer own-race faces", *Developmental Science*, 2005, vol. 8, pp. 1-8.
15. "Segundo algo que é chamado de 'instinto de classificação'..." (p. 293): meu marido, o psicólogo social Kevin Dutton, propôs o termo "instinto de categorização"

no livro *Black and White Thinking: The Burden of a Binary Brain in a Complex World*, Transworld Publishers, 2020.

16. "Publicações de psicologia social estão cheias..." (p. 293): um estudo inicial sobre os "efeitos da homogeneidade fora do grupo" é relatado por Edward Jones, George Wood e George Quattrone em "Perceived variability of personal characteristics in in-groups and out-groups. The role of knowledge and evaluation", *Personality and Social Psychology Bulletin*, 1981, vol. 7, pp. 523-528.
17. "Isso ficou evidente na série de estudos..." (p. 294): Patricia Linville, "Self-complexity as a cognitive buffer against stress-related illness and depression", *Journal of Personality and Social Psychology*, 1987, vol. 52, pp. 663-676.
18. "De fato, alguns estudos revelam..." (p. 298): uma equipe alemã de psicólogos mostrou que o bom humor melhora julgamentos intuitivos. Annette Bolte, Thomas Goschke e Julius Kuhl, "Emotion and intuition: Effects of positive and negative mood on implicit judgments of semantic coherence", *Psychological Science*, 2003, vol. 14, pp. 416-421.
19. "Nos momentos de cansaço e distração..." (p. 299): diversos estudos mostram que nossos momentos mais criativos e intuitivos ocorrem quando estamos cansados. Um bom resumo desse trabalho pode ser encontrado em um artigo da psicóloga estadunidense Cindy May: "The inspiration paradox: Your best creative time is not when you think", *Scientific American*, 6 mar. 2012.

Conclusão

1. "Então não é surpreendente observar que muito já tenha sido escrito sobre a determinação..." (p. 303): em seu interessante livro, a psicóloga Angela Duckworth descreve sua pesquisa detalhada a respeito dos benefícios da resiliência em crianças e adultos, *Garra*, Intrínseca, 2016.

2. "Mantenha um pouco de fascínio e brilho..." (p. 309): há um número crescente de evidências as quais indicam que sentir fascínio traz benefícios positivos à saúde e felicidade. Você pode encontrar um bom resumo sobre o assunto em um artigo escrito por Summer Allen para a revista *Greater Good*, "Eight reasons why awe makes your life better", set. 2018.
3. "Há muitos exemplos de como pessoas generalistas..." (p. 309): você pode ler sobre vários exemplos fascinantes no livro best-seller de David Epstein, *Range: How Generalists Triumph in a Specialized World*, Riverhead Books, 2019.

AGRADECIMENTOS

A base de *O método switch* foi formada há muitos anos e percorreu um caminho longo e tortuoso até chegar a seu estágio atual. De fato, foi preciso ter adaptabilidade e muita agilidade para escrever um livro o qual espero que os leitores gostem e considerem útil. Sou grata às várias pessoas que me ajudaram nesta jornada.

Em primeiro lugar, meu maravilhoso agente literário e amigo, Patrick Walsh. Patrick sempre acreditou no projeto e conseguiu transformar um amplo e complicado conjunto de ideias em algo que fazia mais sentido. Obrigada, Patrick, pelo apoio e amizade constantes ao longo dos anos. Também devo muito a Kirty Topiwala, minha editora na Hodder, cujo entusiasmo por este livro me motivou a seguir em frente. Kirty apoiou *O método switch* desde o começo, e seu incentivo carinhoso a reduzir aqui e expandir um pouquinho ali deixaram o manuscrito melhor. Foi um prazer trabalhar com você, e espero que um dia possamos repetir a experiência. Kirty precisou soltar as rédeas quando este livro se aproximava do fim para ser lançado ao mundo. Essas rédeas foram assumidas de forma brilhante por Anna Baty, que, com sua leitura cuidadosa e seus comentários editoriais incisivos, nos ajudou a cruzar a linha de chegada. Sou grata a todos na equipe da

Hodder, cujo entusiasmo por *O método switch* me deu forças em muitas sessões matinais de escrita. Também sou muito grata ao meu editor, Gideon Weil, da Harper One nos Estados Unidos, que ajudou a dar forma ao livro com seus comentários iniciais e sua fé incondicional no poder da adaptabilidade.

Meu eterno agradecimento aos muitos colaboradores, antigos e atuais, cujas ideias e discussões me ajudaram a moldar meu pensamento e abrir minha mente para emoções, sentimentos e o impacto deles no nosso jeito de pensar. Eles incluem Lisa Feldman-Barrett e sua equipe em Boston, assim como Naz Derakshan e sua equipe em Londres, e mais tantos outros da comunidade "cognição e emoção", entre eles: Yair Bar-Haim, Eni Becker, Simon Blackwell, Andy Calder, Patrick Clark, Tim Dalgleish, Rudi De Raedt, Chris Eccleston, Ben Grafton, James Gross, Colette Hirsh, Emily Holmes, Jennifer Hudson, Ernst Koster, Jennifer Lau, Andrew Matthews, Colin MacLeod, Lies Notebaert, Hadas Okon-Singer, Mike Rinck, Elske Salemink, Louise Sharpe, Reinout Wiers, Mark Williams, Marcella Woud, Jenny Yiend.

Eu gostaria também de agradecer aos muitos daqueles que foram parte essencial do meu grupo de laboratório, o OCEAN, em Oxford: Charlotte Booth, Emilia Boehm, Luis Casedas Alcaide, Rachel Cross, Keith Dear, Hannah DeJong, Alessio Goglio, Maud Grol, Sam Hall-McMaster, Lauren Heathcote, Matthew Hotton, Rob Keers, Anne-Wil Kruijt, Michele Lim, Danna Oomen, Sam Parsons, Anne Schwenzfeir, Annabel Songco, Olivia Spiegler, Desirée Spronk, Laura Steenbergen, Johannes Stricker, Eda Tipura, Ana Todorović, John Vincent, Janna Vrijsen. Faço menção especial a Alex Temple-McCune, que infelizmente faleceu com apenas 26 anos, enquanto eu terminava este livro. A maneira com que Alex enfrentou a doença e o fluxo constante de más notícias foi uma verdadeira força para todos nós.

O método switch não existiria sem as centenas de participantes dos meus diversos estudos ao longo dos anos, e sou grata a todos eles pelas contribuições em troca de pouca recompensa pessoal. As histórias e experiências dos vários atletas, empresários e militares com quem trabalhei no decorrer dos anos ocupam estas páginas, e agradeço a todos pela honestidade e disposição a nos ajudar a encontrar formas de aumentar o desempenho. Muitos amigos do mundo dos esportes também ajudaram a aguçar meu raciocínio com perguntas inquisitivas e diversos exemplos tirados de suas experiências sobre a importância da agilidade. Incluo aqui Joey Barton, John Collins, Sean Dyche, Eddy Jennings, Ronnie O'Sullivan, Iwan Thomas, Harvey Thorneycroft e sua equipe "Brilliant Minds", além de Jon Bigg e seu grupo fantástico de atletas de Sussex, que inclui Charlie Grice, Elliot Giles e Kyle Langford.

Por fim, meu agradecimento e apreço eternos à pessoa que eu mais amo no mundo: meu marido, Kevin. A capacidade que ele tem de resistir às várias tempestades, como as que surgiram nos últimos anos, sempre me impressiona. Kevin é meu guia, meu companheiro e minha inspiração em tudo o que faço. Ele leu vários trechos, sugeriu o título, deu diversos conselhos, fez algumas edições brutais, sugeriu histórias e anedotas, fez chá para mim e me manteve sã.

ÍNDICE

As referências de páginas para notas de rodapé são acompanhadas por um n.

Este livro foi composto na tipografia Adobe Jenson Pro,
em corpo 11/16, e impresso em papel off-white no Sistema
Cameron da Divisão Gráfica da Distribuidora Record.